液相色譜

液クロ犬の巻

誰にも聞けなかった
HPLC Q&A
High Performance Liquid Chromatography

監修■東京理科大学薬学部教授 薬学博士
中村 洋

編集■(社)日本分析化学会
液体クロマトグラフィー研究懇談会

筑波出版会

『犬の巻』の発刊によせて

　何事もマンネリ化は避けられない．江戸時代には，『売家と唐様で書く三代目』という川柳が作られ，現在に伝わっている．創業者が苦労して築き上げた家業を二代目が引継ぎ，苦労を知らぬ三代目が本業を放ったらかしにして習い事に現を抜かし，とうとう家が傾いて売りに出す羽目になったが，似つかわしくない立派な筆使いで客寄せの文字が書いてあるという皮肉である．私も液体クロマトグラフィー研究懇談会の運営を任された三代目に当たるため，この川柳を以って戒めとしている．「液クロ虎の巻」シリーズは1年ごとに新作を刊行し，今日を迎えた．幸いにして，このシリーズは多くの読者に支持されているが，この春に第4集の出版を企画した際，前の2冊の場合と同様，肝心のネタがあるかどうか訝る意見もあった．ところが，運営委員にQ(質問)部分の原稿案を募ったところ，168問という過去最高の質問数が寄せられた．運営委員恐るべし．衰えを知らぬ運営委員の出題意欲と能力に敬意を表するばかりである．早速，全ての問題について回答執筆者を決定し，じっくりと回答原稿の推敲をお願いした．

　今年の原稿査読会は(株)日立ハイテクノロジーズの横浜経営研修所をお借りして行った．お盆明けの8月16日午後1時に集まって，翌日の午後1時に解散するスケジュールであったが，20名を超える運営委員の参加を得，4グループに分かれて精力的に査読作業を行った．例によって先ずグループ内で原稿の疑問点を解決し，未解決部分を二日目の午前中に全体で討論して解決する方式である．その場で修正できない原稿は持ち帰って貰い，速やかに再提出をお願いした．

　このような過程を経て出来あがった本書の書名は前3作と同じく，周の太公望の撰と称する兵法書『六韜(リクトウ)』に因んだ．六韜を構成する文韜・武韜・竜韜・虎韜・豹韜・犬韜の6巻のうち，未使用の動物名である犬を採用した．犬の歴史は1万5千年前に遡るが，犬は常に人間と生活を共にした身近な動物である．犬からは『桃太郎』，『南総里見八犬伝』などの物語や「忠犬ハチ公」などが連想される．「イヌの巻」を「戌の巻」として本シリーズの書名を干支に繋げる案，あるいは」「狗の巻」とする案もあったが，漢字が馴染み易く六韜に忠実な「犬の巻」とした．また，表紙は緑の原野に佇む北海道犬をイラスト化したものとした．これは，今年は台風の当たり年で福井・新潟豪雨をもたらしたばかりか，浅間山の噴火，新潟県中越地震などの天変地異の多発が特記されるが，それと共に全国各地で連日のように報道されたクマ騒動を記憶しておきたかったか

らである．山に樅の実やどんぐりが不足し，クマが里に出没し，柿の木に登って柿を頬張る写真は国民の殆が初めて目にするものであったに違いない．北海道犬は今では天然記念物であるが，昔はアイヌ犬としてアイヌの人々がヒグマの狩りに日常的に使用していた．我が国の北海道犬は甲斐犬，紀州犬などと共に，舌の裏側にある紫色の斑点を特徴とする縄文犬に分類される．縄文犬はインドネシア，パプアニューギニア，フィリピンを経て日本列島に至る島々に分布するという．因みに，政府が地域限定で規制を緩和する「構造改革特区」に提案を募ったところ，人里に現れるクマを追い払う目的で犬の放し飼いを認める「忠犬特区」を長野県などが提案したそうである．

今年はプロ野球界にも近鉄バファローズの消滅，ダイエーホークスと西鉄ライオンズの身売り騒動，ライブドアと楽天による新球団申請と，これまでにない大異変が続発した．本研究懇談会が編集する「液クロ虎の巻」シリーズの書名中の動物名が，セントラルリーグの2年後の優勝チームと符合する幸運が2回続けて起こった．1回目は「虎の巻」（第1集）刊行2年後の阪神タイガースの優勝（2003年），2回目は「龍の巻」（第2集）刊行2年後の中日ドラゴンズの優勝（2004年）である．第3集「彪の巻」，第4集「犬の巻」はプロ野球に該当チームが見当たらないので，予想ゲームも中断であるが，他のスポーツではどうであろうか？　密かな楽しみを失わないためには，この辺にも配慮して書名を選ぶべき事に，いま気が付いた次第である．「虎」，「龍」，「彪」，「犬」，果たして第5集は？

さて，刊心なのは本書の中味である．前3作と同じテーマを採り上げ，見方を変えてQ&A化した嫌いがある問題も皆無ではないが，大部分はより深い専門的なテーマに関するものである．本書も含め，番号を付したQ&Aの数は何れも，100未満であるが，番号のない短めのQ&Aを加えると各作とも優に100問を超える．従って，本シリーズには既に四百数十問が収載されており，将来それらをデータベース化して活用を図りたい．また，資料編には，これまでで最多の関係企業20社の最新製品紹介を掲載した．さらに，本書の巻末には本シリーズの第1集である「液クロ虎の巻」，第2集である「液クロ龍の巻」，第3集である「液クロ彪の巻」のそれぞれの目次を掲載して読者の便を図った．本文，資料編とも誤りがないように細心の注意を払ったが，不都合な点があればご連絡戴きたい．本書「犬の巻」が前3作に伍し，日本中を縦横に駆け巡ることを願って止まない．

最後に，筑波出版会の花山　亘社長，悠朋舎（製作担当）の飯田　努社長，ならびに関係各位の労苦に感謝の意を表する．

平成16年11月

液体クロマトグラフィー研究懇談会委員長　中　村　　　洋

執筆者一覧

監修：東京理科大学薬学部教授　薬学博士　中　村　　　洋
編集：(社) 日本分析化学会　液体クロマトグラフィー研究懇談会

赤 星 竹 男	化学物質評価研究機構
池ヶ谷 智 博	日本ウォーターズ
石 倉 正 之	シグマアルドリッチジャパン
井 上 剛 史	東京化成工業
大河原 正 光	横河アナリティカルシステムズ
大 竹 　 明	ジーエルサイエンス
大 津 善 明	山之内製薬
春 日 喜 雄	エル・エム・エス
岡 橋 美貴子	病態解析研究所
沓 名 　 裕	資生堂
工 藤 　 忍	グラクソ・スミスクライン
熊 谷 浩 樹	横河アナリティカルシステムズ
小 池 茂 行	ライオン
紺 世 智 徳	三共
澤 田 　 豊	関東化学
坂 本 美 穂	東京都健康安全研究センター
佐々木 久 郎	関東化学
住 吉 孝 一	日本ダイオネクス
高 橋 　 豊	日本電子

執筆者一覧

瀧内 邦雄	和光純薬工業
滝埜 昌彦	横河アナリティカルシステムズ
冨澤 洋	東ソー
長江 徳和	野村化学
中村 洋	東京理科大学薬学部
西岡 亮太	住化分析センター
二村 典行	城西国際大学薬学部
菱沼 義寛	病態解析研究所
古野 正浩	ジーエルサイエンス
坊之下 雅夫	日本分光
星野 忠夫	病態解析研究所
本田 俊哉	日立ハイテクノロジーズ
前川 保彦	アプライドバイオシステムズジャパン
三上 博久	島津製作所
宮野 博	味の素
向井 敏和	ダイソー
村上 重美	日本ウォーターズ
吉田 達成	横河アナリティカルシステムズ

(所属は2004年11月現在　五十音順)

あらまし Question 項目

1章　HPLCの基礎と分離　1

1　最近よく聞くHILICとは？ ── 2
2　シリカゲルカラムに水を含む移動相を用いることは可能？ ── 4
3　ペプチドを分離・精製するよい方法とは？ ── 5
4　親水性相互作用クロマトグラフィーの分離機構は？ ── 6
5　親水性相互作用クロマトグラフィーと逆相クロマトグラフィーとの選択性の違いは？ ── 8
6　ペプチドを分離するメリットは？ ── 10
7　逆相充填剤の細孔に移動相が入ったり，出たりするのは？ ── 11
8　分離中，溶出時間の再現性を低下させないためには？ ── 13
9　極性基内包型逆相固定相の特徴と利用法は？ ── 14
10　塩基性化合物でないのにテーリングするのは？ ── 16
11　現在のカラムでアミンの添加は必要？ ── 17
12　逆相カラムでC1～C4程度のカラムが使われないのは？ ── 19
13　複合分離とは？ ── 21
14　ルーチン分析でHPLCシステムの改造は必要？ ── 25
15　どの程度の大きさの粒子径の充填剤が市販？ ── 26
16　カラム洗浄によって劣化カラムを回復させることは可能？ ── 27
17　カラムに重金属が蓄積する原因は？ ── 29
18　カーボンを使った固相抽出剤やHPLCカラムのカーボンは同じもの？ ── 30
19　充填剤の細孔径，細孔容積，比表面積は保持や理論段数とどのような関係？ ── 33
20　ポリマー型モノリスカラムのキャパシティーが高い理由は？ ── 37
21　流速に対する理論段数の変化が少ない理由は？ ── 38
22　配位子交換クロマトグラフィーの原理と適用例は？ ── 40
23　異性体の分離に適したカラムとは？ ── 42
24　pHグラジエントとはどんな方法？ ── 44
25　カラム温度が高い方が保持時間は小さい，逆の現象は？ ── 45
26　構造による分離しやすい化合物，分離しにくい化合物は存在？ ── 47

27 光学異性体を分離するときカラムや移動相の選択法は？ ———— 49
28 ODSカラムより，キラル固定相を用いた方が分離がよいのは？ ———— 51

> 炭素含有量の少ないカラムの利点は？ ———— 53
> カラム圧がメーカーやグレードで違うのは？ ———— 53
> 分析カラム，分取カラムでカートリッジタイプの利点と欠点は？ ———— 53
> デッドボリュームとはどんな意味？ ———— 54
> 低pH，高温で使用できる逆相カラムとは？ ———— 54
> 低pHでもエンドキャッピングは必要？ ———— 54
> 高pHでルーティン分析できるカラムは？ ———— 55
> ODSカラムで塩基性化合物の分析条件は？ ———— 55

2章 検出・解析 57

29 FTIRをSFC，SFEやHPLCの検出器として利用するには？ ———— 58
30 蛍光強度を低下させてしまう溶離液条件や成分は？ ———— 60
31 古いUV/VIS検出器の波長正確さの確認は？ ———— 62
32 レーザー蛍光検出法の利点と弱点は？ ———— 63
33 データ取込み・ピーク検出に関しての注意事項は？ ———— 65
34 LC/NMRはどのようにしたらできる？ ———— 67
35 AUFS設定とインテグレーターのAUあるいはmV表示の関係は？ ———— 70
36 LC/ICPの利点と欠点は？ ———— 71
37 光化学反応検出法の原理は？ ———— 73
38 化学発光検出法の原理は？ ———— 74
39 電気伝導度検出器の測定原理は？ ———— 75
40 電気伝導度検出器でどのようなものを測定できる？ ———— 77
41 HPLCに用いられる検出器の種類と注意点は？ ———— 79
42 検出器をミクロ化する効果は？ ———— 82
43 液体クロマトグラフィーでのオンカラム検出法は？ ———— 84
44 知っていると便利なインターネットのアドレスは？ ———— 87
45 FDA21 CFR Part11の内容は？ ———— 92
46 算術的に不分離ピークを分離できる？ ———— 95
47 データ処理におけるベースラインの引き方は？ ———— 96

48	HPLCのバリデーション計画の手順は？	*99*
49	超臨界流体クロマトグラフィーを分取クロマトグラフィーとして利用する利点は？	*101*
50	精製度を知る方法は？	*102*
51	リサイクル分取の方法や注意点は？	*104*
52	擬似移動床法とは？	*106*
53	分析用HPLCで分取するさいの注意点や限界は？	*108*
54	CEとHPLCの利点と欠点は？	*110*
55	イオン排除クロマトグラフィーの原理は？	*111*
56	マイクロセパレーション，ナノフローとは？	*113*
57	網羅的分析とはどのような分析？	*114*
58	二次元クロマトグラフィーのハード，ソフトは？	*116*

> 分析カラムから分取カラムに移行するときの分析条件は？ ———— *120*
> 絶対検量線法と内標準法の使い分けと利点は？ ———— *120*
> 分配クロマトグラフィーで液相と呼ぶ由来は？ ———— *121*

3章　試料の前処理　*123*

59	除タンパク前処理法の条件は？	*124*
60	血漿中で分解する薬物を安定化させる方法は？	*126*
61	逆相HPLCフラクションの濃縮時に突沸などが発生する解決方法は？	*127*
62	オンライン固相抽出法で使用される前処理カラムは？	*128*
63	固相抽出の自動化装置やロボットを使用するときの留意点は？	*129*
64	生体試料分析でカラム寿命をのばすには？	*131*
65	浸透抑制型充填剤カラムと内面逆相型充填剤カラムは同じもの？	*133*
66	プレカラム誘導体化法でアミノ酸の定量分析を行うときの問題は？	*134*
67	糖類の検出法は？	*135*
68	有機酸の検出法は？	*137*
69	安定剤が含まれている溶媒にはどんなものがある？	*138*
70	LC/MSにはLC/MS用の溶媒の使用が望ましいのは？	*140*
71	移動相の最適流量とは？	*141*
72	酸性，塩基性物質両用のイオン対試薬は？	*143*

viii　あらまし Question 項目

73　古い試薬が使えるかどうかの判断は？ ——— 144
74　カラム評価にはどのような試薬が使われている？ ——— 145
75　移動相に THF を使うときの注意点は？ ——— 146
76　バッファーの選択での注意点は？ ——— 147
77　装置間で保持時間が変わらないようにするには？ ——— 148
78　溶離液を再現性よく調製するコツは？ ——— 150
79　カラム内のシリカゲルが溶けたり，チャネリング現象がみられるのは？ ——— 153
80　リン酸緩衝液を簡便に調製する方法は？ ——— 154
81　グラジエント溶出のためのミキサーの種類と特徴は？ ——— 155

> HPLC に試料を注入するさい，移動相で希釈するのが望ましいのは？ ——— 156
> アルカリにのみ可溶な物質の HPLC 分離を行う場合の注意点は？ ——— 156
> ノック式ピペットに使用するチップで，親水性の材質のものは？ ——— 157
> オンライン固相抽出法を使用する注意点は？ ——— 157
> HPLC 実験からでた廃液の処理方法は？ ——— 156
> 酢酸アンモニウム粉末の正しい保管方法は？ ——— 158
> 移動相用有機溶媒の入っていたガロン瓶の処理は？ ——— 158

4章　LC/MS　*159*

82　LC/MS の日常的なメンテナンスの方法は？ ——— 160
83　APCI，ESI 以外のインターフェイスは？ ——— 161
84　分子量より大きな質量数のイオンが観測されたのは？ ——— 163
85　新品の LC を MS に接続するときの注意点は？ ——— 164
86　LC/MS で測定したら，界面活性剤が検出されたのは？ ——— 165
87　UV で見えるピークが MS で見えないのは？ ——— 167
88　TIC でベースラインの落ち込みとしてピークが観測されるのは？ ——— 168
89　LC/MS/MS スペクトルのライブラリーデータベースは？ ——— 169
90　LC/MS の溶離液を検討するときの注意点は？ ——— 170
91　イオン化条件の最適化の方法は？ ——— 171
92　異なるメーカーの装置でパラメーターを組む場合の留意点は？ ——— 172
93　LC/MS 装置の精度管理は？ ——— 173
94　LC/MS で測定するときのパラメータの設定は？ ——— 174

あらまし Question 項目　ix

95　緩衝液の選択の目安は？ ——————————— *176*
96　LC/MS で未知試料の分子量を推定するには？ ——————— *177*
97　ピーク強度に再現性が得られない原因と対策は？ ——————— *178*
98　LC/TOF-MS で定量分析は可能？ ——————————— *180*

LC/MS で M+Cl や M+Na などが見えた．Cl や Na の由来は？ ——————— *182*
TOF/MS のダイナミックレンジは狭いのは？ ——————————— *182*

資　料　編　*183*

財団法人化学物質評価研究機構 ——————— *184*
野村化学株式会社 ——————— *185*
株式会社住化分析センター ——————— *186*
株式会社島津製作所 ——————— *187*
ジーエルサイエンス株式会社 ——————— *188*
ダイセル化学工業株式会社 ——————— *189*
株式会社日立ハイテクノロジーズ ——————— *190*
関東化学株式会社 ——————— *191*
メルク株式会社 ——————— *192*
東京化成工業株式会社 ——————— *193*
和光純薬株式会社 ——————— *194*
日本ダイオネクス株式会社 ——————— *195*
シグマ アルドリッチ ジャパン株式会社 ——————— *196*
林純薬工業株式会社 ——————— *197*
横河アナリティカルシステムズ株式会社 ——————— *198*
日本ウォーターズ株式会社 ——————— *200*
東ソー株式会社 ——————— *201*
日本分光株式会社 ——————— *202*
アプライドバイオシステムズジャパン株式会社 ——————— *203*
株式会社資生堂 ——————— *204*

索　引　*205*

1章　HPLCの基礎と分離

Question

1 最近よく聞く HILIC とは何ですか．

Answer

　最近，HILIC（ヒリック）という分離モードが論文・学会ででていますが，これは"Hydrophilic Interaction Chromatography"の略で，日本語では親水性相互作用クロマトグラフィーと訳されています．これは1990年当時，Johns Hopkins School of Medicine の Andrew J. Alpert によって命名された分離モードで，この用語がはじめて記載された論文[1]には，固定相にシリカゲル基材に 2-hydroxyethyl asparamide を結合させた充塡剤と，移動相にアセトニトリル比率70％以上の水溶液を用い，アミノ酸，糖，ペプチド，オリゴDNAの分離した例が紹介されています．彼はこの論文の中で，「HILIC とは親水性固定相と大部分が有機溶媒である疎水的な移動相との組合せによるクロマトグラフィーである」と定義しています．

　HILIC という用語は上述のように1990年に提案されましたが，この分離モードは広義には順相液体クロマトグラフィー（Normal-phase liquid chromatography）に属すると考えられ[2]，古くは1975年頃からアミノ基を有する固定相とアセトニトリル-水系移動相を用いた多糖分離の論文では Normal-phase liquid chromatography として報告されています[3]．また日本語としては水系順相液体クロマトグラフィーといったイメージになります．下に代表的な固定相，移動相，溶出方法を示しました．

適用試料：　　　　極性基（水酸基，アミノ基，カルボキシル基，イミダゾール基など）を有する有機化合物，生体試料（アミノ酸，ペプチド，タンパク質，核酸など）
代表的な固定相：　シリカゲル，グリセロール基，ポリオール基，アミノ基，アミド基，アスパラギン誘導体などの極性基を有する固定相
代表的な移動相：　アセトニトリル-水（アセトニトリル比率70％以上）＋酸（ギ酸，酢酸，TFAなど）
　　　　　　　　　アセトニトリル-水（アセトニトリル比率70％以上）＋トリエチルアミンリン酸緩衝溶液
代表的な溶出方法：水の比率を高くするグラジエント，過塩素酸ナトリウムによる塩グラジエント

　以上の組合せにより HILIC 分離が可能です．糖のように，おもに極性基として水酸基で構成されている化合物を分離する場合の移動相はアセトニトリル-水のみの使用が可能で，酸の添加や緩衝溶液の使用は必要ありません[4]．一方，アミノ基やカルボキシル基，アミド基をもつ

ペプチド[2,5]や薬物[6]のような試料では，移動相への酸の添加や緩衝溶液の使用が必要になります．これはイオン交換的な相互作用を抑えるために必要で[1,2,6]，これらがない場合，試料が溶出しなかったりピーク形状が悪くなったりします[2]．

1) A. J. Alpert, *J. Chromatogr.*, **499**, 177-196 (1990).
2) T. Yoshida, *Anal.Chem.*, **69**, 3038-3043 (1997).
3) J.C. Linden, C.L. Lawhead, *J. Chromatogr.*, **105**, 125-133 (1975).
4) S.C. Churms, *J.Chromatogr. A*, **720**, 75-91 (1996).
5) T. Yoshida, *J.Biochem. Biophys. Methods*, **60**, 265-280 (2004).
6) M.A. Strege, *Anal.Chem.*, **70**, 2439-2445 (1998).

Question

2 シリカゲルカラムに水を含む移動相を用いることが可能ですか．
親水性相互作用クロマトグラフィーモードでシリカゲルカラムが用いられ，移動相には10％以上の水が含まれます．シリカゲルは溶け出さないでしょうか．

Answer

シリカゲルは加水分解を受け水に溶けます．しかし，シリカゲルの水への溶解性はpHにより大きく異なり，pH 1.7で最も溶解性が低くなり，pH 1.7より低くても高くても溶解性は上がります．特にpH 5以上になると指数関数的に溶解度が大きくなるため，溶出が実感できるレベルとなります．また移動相に有機溶媒が含まれる場合には，有機溶媒濃度が高いほどシリカゲルの溶解性は下がりますが，それでもある程度のシリカゲルは溶解します．

シリカゲルカラムに水を含む移動相を用いることができるかどうかの判断は，その使用条件においてカラムの寿命がどの程度かにかかわってきます．通常，500時間の使用が可能であれば十分な寿命があると判断できます．シリカゲルをイオン交換カラムとして用いた例が報告[1,2]されています．有機溶媒を含まない水溶液移動相でもpHを2に設定することにより，十分な耐久性が示され，実用できることが確認されています．HILICモードでシリカゲルカラムを用いる場合には有機溶媒が含まれるため，溶解性が下がり，pH 2〜4程度ならば実用範囲であると考えられます．しかしpH 5以上になるとシリカゲルの水への溶解性が増すため，実用範囲とはいいにくくなります．しかしながらpH 5付近の条件でも，ガードカラムまたはシリカゲルのサチュレーションカラム（インジェクターの前に取り付け，移動相に積極的にシリカゲルを溶け出させることを目的としたミニカラム）を用いることにより，カラム寿命をのばすことが可能となります．通常，逆相モードでのカラム洗浄は極性の低いクロロホルムなどを用いて行われますが，HILICモードでは逆に極性の高い水が洗浄溶媒として最も優れています．しかしシリカゲルカラムを用いる場合にはこの洗浄溶媒としての水がカラム寿命の点から使用できません．したがって，本カラムへの吸着物を事前に除去するガードカラムが必須になります．

以上述べてきたように，シリカゲルが水に溶ける事実を認識したうえで，溶解性の低くなる酸性条件の設定や，ガードカラムやサチュレーションカラムをうまく組み合わせることにより，シリカゲルカラムも水を含む移動相を使用することが可能となります．

---

1) K. Ohta, *et. al.*, *J. Chromatogr. A*, **752**, 167-172 (1996).
2) K. Ohta, *et. al.*, *J. Chromatogr. A*, **770**, 219-227 (1997).

Question

3 逆相クロマトグラフィーで保持しない**ペプチドを分離・精製するよい方法**はありますか.

Answer

　逆相クロマトグラフィー（RPLC）で保持しないような親水性の高い（≒極性が高い）ペプチドをよく保持し，分離するクロマトグラフィーに，親水性相互作用クロマトグラフィー（hydrophilic-interaction chromatography, HILIC）があります．この分離モードの詳細については本巻 Q4 を参照ください．アミド基をシリカゲルに固定した固定相を用いてペプチド分離を行った例を下に示します．

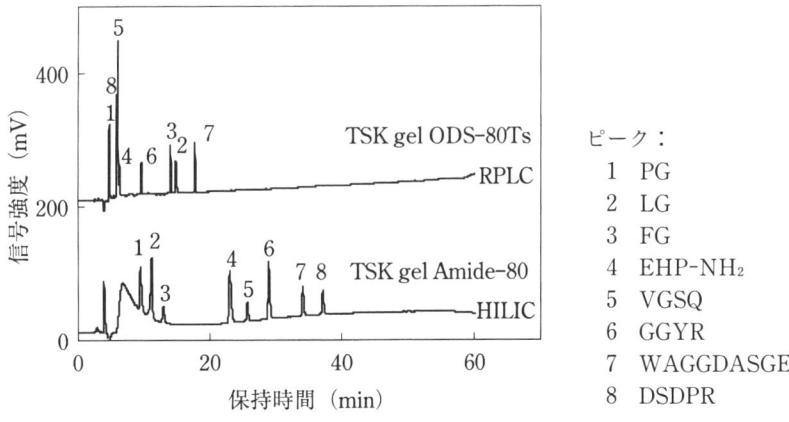

RPLC 条件　　　カラム：C18 結合型（TSK gel ODS-80 Ts）
　　　　　　　　移動相 A：水-アセトニトリル（95：5）+0.1%TFA
　　　　　　　　移動相 B：水-アセトニトリル（50：50）+0.1%TFA
　　　　　　　　　A から B へ 60 分グラジエント
HILIC 条件　　　カラム：アミド結合型（TSK gel Amide-80）
　　　　　　　　移動相 A：水-アセトニトリル（5：95）+0.1%TFA
　　　　　　　　移動相 B：水-アセトニトリル（50：50）+0.1%TFA
　　　　　　　　　A から B へ 60 分グラジエント

図 1　逆相モードと HILIC モードによるペプチド分離

　RPLC はアセトニトリルの比率を高くしていくグラジエントでペプチドを溶出しますが，HILIC はその逆で水の比率を高くしていくグラジエントでペプチドを溶出します．ここでは RPLC も HILIC も B 液は全く同じものを使用しています．図のように RPLC では全く保持されないあるいは保持の極めて弱いペプチド 1, 4, 5, 8 が HILIC ではよく保持され分離されています．このように HILIC は逆相法で保持しないペプチドを分離・精製するよい方法として大変有用な分離手法です．

Question

4 親水性相互作用クロマトグラフィーの分離機構を教えてください．

Answer

親水性相互作用クロマトグラフィー（HILIC）の分離機構をまず相互作用の点から考察した報告を記します．NikolovとReillyの報告[1]によると，アミノ，ジオールおよびシリカカラムの場合，アミノ基や水酸基（シラノール基やジオール基）などの極性基と糖の水酸基との間の水素結合がおもな相互作用であるとしています．さらに，糖の保持容量と水素結合による固定相に吸着した水の量との間に相関があることを見出しています．また，YuとRassiは，このHILICの相互作用は水素結合と双極子相互作用の両方によるものであると報告しています[2]．またAlpertらは，アミノカラムを用いた糖のHILICにおいて，糖は正に荷電したアミノ基に直接保持されるのではなく，アミノ基のもつ親水性に対して相互作用していると考察しています[3,4]．以上の研究報告より，HILICにおいて支配的な相互作用は水素結合である，と考えられています．

これを実証した実験例を以下に示します．図のように初期移動相のアセトニトリル比率を高くするとペプチドはよく保持され，逆に初期移動相のアセトニトリル比率が低くなるとペプチ

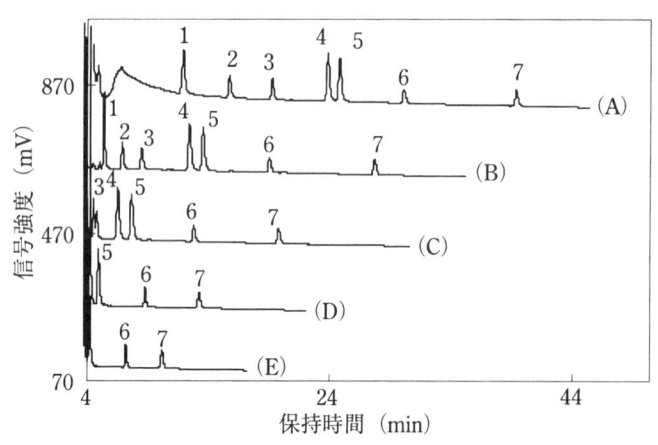

ピーク：
1　FY
2　FGGF
3　FLEEI
4　DYMGWMDP-NH$_2$
5　NFTYGGF
6　AGSE
7　WAGGDASGE

実験条件　　カラム：アミド結合型（TSK gel Amide-80）
　　　　　　初期移動相から溶出移動相へ70分グラジエント
　　　　　　初期移動相：(A) 水-アセトニトリル(3:97)+0.1% TFA
　　　　　　　　　　　　(B) 水-アセトニトリル(10:90)+0.1% TFA
　　　　　　　　　　　　(C) 水-アセトニトリル(15:85)+0.1% TFA
　　　　　　　　　　　　(D) 水-アセトニトリル(20:80)+0.1% TFA
　　　　　　　　　　　　(E) 水-アセトニトリル(25:75)+0.1% TFA
　　　　　　溶出移動相：水-アセトニトリル(50:50)+0.1% TFA

図1　ペプチドのHILIC分離における移動相中の有機溶媒含量の影響

ドは保持が弱くなります．この実験からも，HILIC において支配的な相互作用は水素結合であると考えられます[5]．

次に，この分離機構を平衡の点から考察した報告について記します．Verhaar と Kuster[6] そして，Orth と Engelhardt[7] らによると，分離機構は固定相付近の水を豊富に含んだ分配相（water-enriched stagnant phase）と水-アセトニトリルの移動相との間の糖の分配である，としています．また，Alpert は，固定相に部分的に水を吸着しているよどんだ移動相（stagnant mobile phase）と疎水性移動相との間に糖が分配されると報告しています[8]．このよどんだ移動相とは，Orth らの表現する water-enriched stagnant phase と同様，固定相表面に移動相中の水を吸着した液相と解釈できます．このように HILIC における分離機構は現在のところ，分配であると考えられています．

---

1) Z. L. Nikolov, P. J. Reilly, *J. Chromatogr.*, **325**, 287-293 (1985).
2) J. Yu, Z. E. Rassi, *J. High Resolution Chromatogr.*, **17**, 773-778 (1994).
3) A. J. Alpert, M. Shukla, A. K, Shukla, L. R. Zieske, S. W. Yuen, M. A. Ferguson, J. A. Mehlert, M. Pauly, R. Orlando, *J. Chromatogr. A*, **676**, 191-202 (1994).
4) B. Y. Zhu, C. T. Mant, R. S. Hodges, *J. Chromatogr.*, **548**, 13-24 (1991).
5) T.Yoshida, *Anal. Chem.*, **69**, 3038-3043 (1997).
6) L. Verhaar, A. Th. B. F. M. Kuster, *J. Chromatogr.*, **234**, 57-64 (1982).
7) P. Orth, E. Engelhardt, *Chromatographia*, **15**, 91-96 (1982).
8) A. J. Alpert, *J. Chromatogr.*, **499**, 177-196 (1990).

Question 5

親水性相互作用クロマトグラフィーと逆相クロマトグラフィーとの選択性の違いは何ですか．

Answer

親水性相互作用クロマトグラフィー（HILIC）と逆相クロマトグラフィー（RPLC）との溶出順序の関係は，おおむね逆の関係にあると報告[1]されています．しかしながら実際に複数のペプチド試料を用いて実験を行うと以下のようなクロマトグラムが得られ，単純に逆の関係ではありません[2]．ペプチドに関してはHILICとRPLCとの選択性の違いが数値的に解明されています．

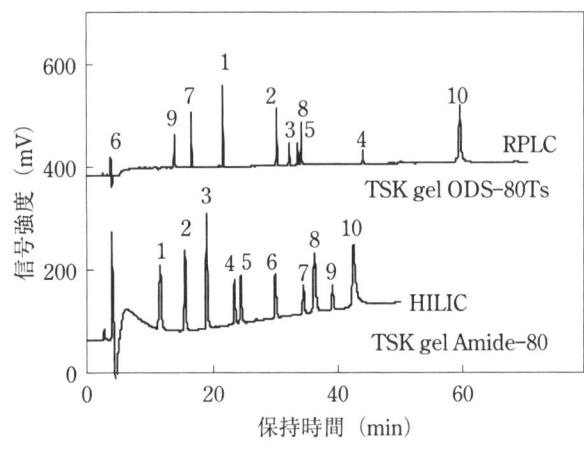

ピーク：
1 FY
2 FGGF
3 FLEEI
4 DYMGWMDP-NH$_2$
5 NFTYGGF
6 AGSE
7 WAGGDASGE
8 YGGFMTSQKSQTPLVT
9 ASTTTNYT
10 VLSEGEWQLVLHVWA-KVEADVAGHGQDILIRLFK-SHPETLEKDRFKHLKTEAE

図 1

　RPLCにおいてはすでに，ペプチドを構成する各アミノ酸の保持の貢献度は，疎水性保持係数（hydrophobicity retention coefficients）として表現され，逆相法の保持機構の解明に役立っています[3]．これは保持時間は構成されるアミノ酸残基の各保持係数の和であるという事実に基づいています．またこの疎水性保持係数は，$\log P$値やRekkerの疎水性フラグメント定数（hydrophobic fragmental constant）と相関があることも報告されており，逆相法の保持の挙動と疎水性との関係解明にも利用されています．

　一方HILICにおいても同様に，ペプチドの分離の保持機構を明らかにするために，ペプチドを構成する各アミノ酸の保持への貢献度（親水性保持係数（hydrophilicity retention coefficients））が計算されています[4]．

　RPLC法で得られた疎水性保持係数とHILIC法で算出された親水性保持係数とをプロットしてみると図2のようになります．これからすると，RPLCではトリプトファン（W）やフェニルアラニン（F），ロイシン（L），イソロイシン（I），チロシン（Y）といった疎水性アミノ酸が保持

に大きく貢献していますが，HILIC においては否定的です．対して RPLC では保持の貢献度の小さいアスパラギン(N)，ヒスチジン(H)，アルギニン(R)，グルタミン(Q)，リジン(K)，スレオニン(T)，セリン(S)，グルタミン酸(E)，アスパラギン酸(D) が HILIC では保持に貢献しています．この図からわかりますように右下さがり．関係があることから，RPLC に保持されないものが HILIC で保持されることは明らかです．そこには直線関係がなく，必ずしも溶出順序が単純に逆にならないこともこの図から明らかです．

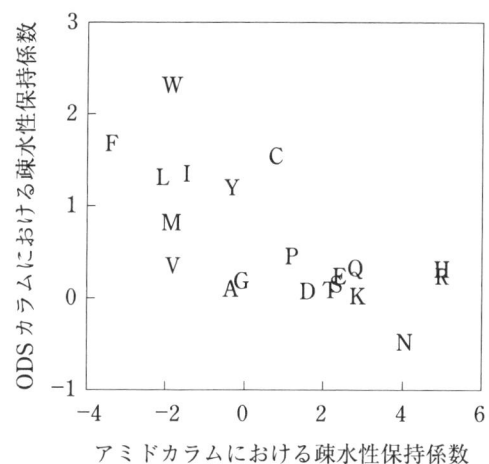

図2　逆相モードと HILIC モードにおけるアミノ酸の保持

---

1) A.J. Alpert, *J.Chromatogr.*, **499**, 177-196 (1990).
2) T. Yoshida, *Anal. Chem.*, **69**, 3038-3043 (1997).
3) T. Sasagawa, T. Okuyama, D.C. Teller, *J. Chromatogr.*, **240**, 329-340 (1982).
4) T. Yoshida, T. Okada, T. Hobo, R. Chiba, *Chromatographia*, **52**, 418-424 (2000).

Question

6 親水性相互作用クロマトグラフィーで**ペプチドを分離するメリット**は何ですか.

Answer

　ペプチドの高速液体クロマトグラフィー（HPLC）では，揮発性移動相とオクタデシルシリカ（ODS）カラムを用いる逆相クロマトグラフィー（RPLC）がほとんどの場合用いられています．その大きな理由は，RPLCが高分解能であることと，通常揮発性の高い移動相を用いるため分離後の精製が容易であること，の2点によります．しかし，この逆相法においても，非常に親水性または疎水性の高いペプチドに対しては，保持されなかったり，あるいは回収率が著しく低下するなどの問題がありました．従来このような場合には，RPLCのかわりにイオン交換法やサイズ排除法が用いられていましたが，しかし，この二つの方法は分離のときに多量の塩を用いるため，ペプチドを精製するさいには，煩雑な脱塩操作を施さなければなりません．RPLCのような揮発性移動相を用いて，かつRPLCとは選択性の異なる分離方法の開発が必要とされていました．その要求に満たした分離方法が親水性相互作用クロマトグラフィー（HILIC）で，これがHILICでペプチドを分離する最大の長所です．

　下にRPLCとHILICで分離したペプチドの比較図を示しました．タンパク質消化物などの実試料の場合，RPLC（図中上のクロマトグラム）のボイドボリューム付近では塩や他の混合物が溶出し，1のようなペプチドが存在しても無視されるか解析の対象になることはほとんどありませんでした．一方，こうしたペプチドはHILIC（図中下のクロマトグラム）ではよく保持されます．RPLCで見捨てられていたペプチドの解析にHILICは大変有用な分離方法であるといえます.

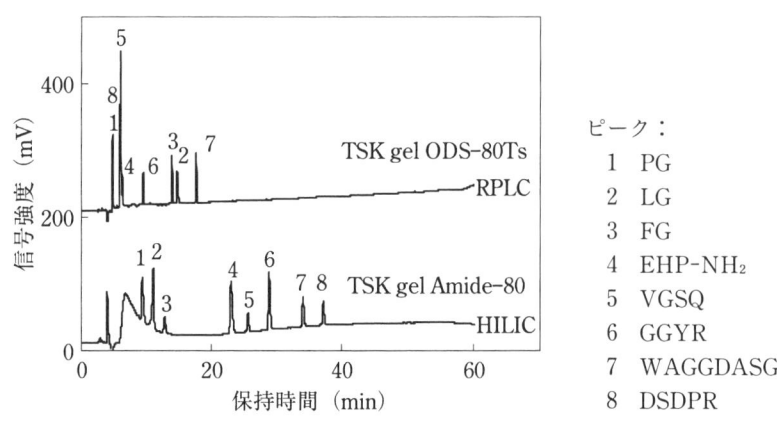

図1　RPLCとHILICにおけるペプチド分離の比較

Question

7 逆相充塡剤の細孔に移動相が入ったり，出たりすることは身近な毛管現象が働いているのではないでしょうか．

Answer

　ODSのような逆相カラムに水を移動相として用いると保持が安定せず，送液ポンプを停止すると急激に保持が減少します．この現象について「液クロ龍の巻」Q29および「液クロ彪の巻」Q24に述べられているように，充塡剤細孔から水移動相が抜け出すことが原因であるといわれています．この水の抜け出しの説明に，水銀圧入による細孔分布測定技術の元になっているWashburnの式が紹介されています．

$$pr = -2\gamma\cos\theta$$

　ここで，p：圧力，r：半径，γ：表面張力，θ：接触角

　上記Washburnの式は，実は毛管現象の式と同じです．以下に"理化学辞典第3版"(岩波書店)に載っている毛管現象を引用します．

　『液体中に細い管(毛細管)を立てると，管内において液面が管外よりも上がりまたは下がる現象．液体が管をぬらす(付着力が大きい)ときは液面は上昇し，ぬらさないときは下降する．管の内外の液面の高さの差をh，管の半径をr，液体の密度をρ，液体の表面張力をγ，接触角をθ，重力加速度をgとすれば，$h = 2\gamma\cos\theta/r\rho g$となる．』

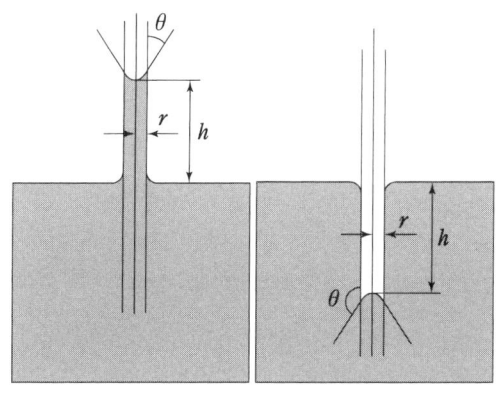

液体が管に濡れる場合　　液体が管に濡れない場合
$\theta < 90°$　　　　　　　$\theta > 90°$

図1　毛管現象

　毛管現象の式の$r\rho g$を移項して，移項後$h\rho g$はp(圧力)と等しくなるので，毛管現象の式は$pr = 2\gamma\cos\theta$となります．この式はWashburnの式と同じで，力の働く向きを考慮して，プラス・マイナスを変換したのみです．

毛管現象とは液体が管と濡れる場合細管内の液面は上昇し，濡れない場合は下降することです．一般的には液面が上昇することは知られていますが，下降することはあまり知られていません．液面の高さ h は $\cos\theta$ に比例することから，接触角が 90° より大きくなれば $\cos\theta$ はマイナスになり同時に高さ h もマイナスになるため，液面が下降することは容易に推察されます．

　ODS 固定相表面は水に濡れなく，水との接触角は 90° より大きい，細孔内も同様であるため，ODS カラムに水移動相に置換した場合上述の毛細管現象の液面が下降するのと同じ状態になり，細孔から押し出す力が働きます．したがって，ODS 充塡剤細孔から水が抜け出ます．このように誰でも知っている毛管現象により，ODS 充塡剤細孔からの水の抜け出しを説明することができます．

第1章 HPLCの基礎と分離　13

Question

8 逆相系カラムを用いてグラジエント溶出法による分離を行っているときに**溶出時間の再現性を低下させない**ための留意点があったら教えてください．

Answer

　グラジエント溶出法は，分離に使用する溶離液を溶出力の弱い移動相溶媒から溶出力の強い溶媒へ連続，または段階的に変化させて測定する方法です．そのため，グラジエント溶出に使用する溶離液の違いが，ピークの溶出時間の再現性に影響を与えることがあります．このようなピークの溶出時間に影響を与えるパラメーターをうまくコントロールすることにより再現性を低下させずに測定できる条件をつくることができます．

　ピークの溶出時間に影響を与える溶離液のパラメーターは，逆相系のグラジエントでは，有機溶媒の組成，pH，塩濃度，イオンペア試薬の濃度などがあります．

　これらのパラメーターのカラム内での平衡状態は，分析を繰り返すごとに，同じように変化していれば，よい再現性を得ることができますが，カラムの初期溶媒への平衡化時間が短い場合やなかなか平衡化しにくいパラメーターがあると溶出時間の再現性が低下することがあります．そのため，できるだけこれらのパラメーターの変化を少なくするような溶離液組成することが再現性を低下させないコツの一つとなります．

　例えば，下記のような溶離液条件の場合は，イオンペア試薬が溶離液Bには入っていません．このような溶離液では，グラジエントともにイオンペア試薬の濃度が変わってしまい，初期条件でカラム内を平衡化させてもイオンペア試薬の濃度が同じような状態にならずに保持時間の再現性が低下する場合があります．このようなときは，溶離液A，Bともに同じ濃度のイオンペア試薬が含まれている条件にした方がよいことがあります．

例1　　　溶離液A：アセトニトリル-10 mM リン酸Na 緩衝液＋10 mM
　　　　　　　　テトラ-n-ブチルアンモニウムヒドロキシド（10：90）
　　　　　溶離液B：アセトニトリル-10 mM リン酸Na 緩衝液＋（50：50）
　　　　　溶離液A-Bを30 min で100：0から0：100へグラジエント．

　なお，グラジエント溶出のプロファイルをいつも一定の時間でまわるようにプログラムする方が再現性によい結果を与えると同時に，初期条件でのカラムのコンディショニングを十分行うことは，大変重要で，溶離液の種類とは別に必要な留意点となります．

　関連する資料として，グラジエント法，イソクラティック法などの溶離液の特徴と応用については，「液クロ虎の巻」Q42，逆相HPLCにおいて移動相を切り換える場合，カラムを平衡化させ安定した分離を行うにはどの程度移動相を流せばよいかについては，「液クロ龍の巻」Q43に記載してありますので参照ください．

Question 9

C18のような化学結合基に極性基（アミド基など）を埋め込んだ**極性基内包型逆相固定相**の，**特徴と利用法**について教えてください．

Answer

　塩基性化合物の逆相分離では，いろいろな問題が生じやすいことが知られています．十分にエンドキャッピングされた逆相充填剤カラムを使用しても，ピークのテーリングが顕著な場合があります．こういった化合物の場合，C18やC8のような一般的なアルキル基をだけを導入した充填剤のかわりに，アミド基やカルバメート基を内包させたアルキル固定相充填剤を使用すると，テーリングが解消されたり，分離の選択性が変化する場合があります．これは，内包されている極性基が水分子との親和性が高いため，極性基に水分子が水素結合し極性基付近の水分子濃度が高まった結果，残存シラノールと相互作用しやすい塩基性化合物との作用を軽減させることができ，テーリングの少ないピーク形状を得られるものと考えられます（図1）．

　図2に，カルバメートタイプの極性基内包型固定相カラムを使用したカテキン類の分離を通常の逆相固定相カラムのそれと比較した例を示します．

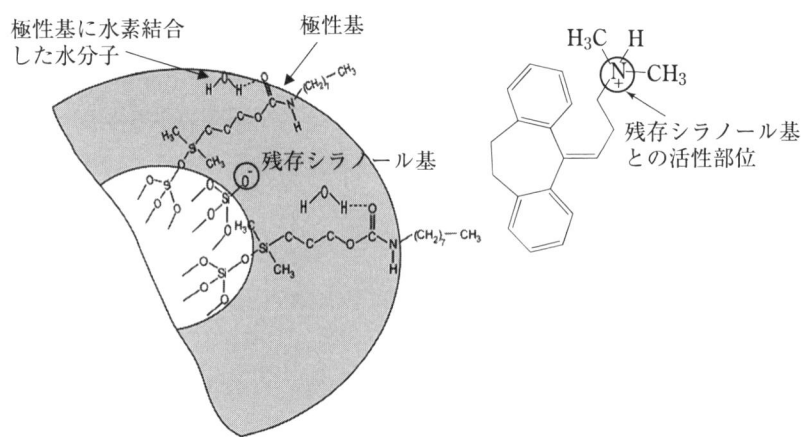

図1　極性基内包型固定相

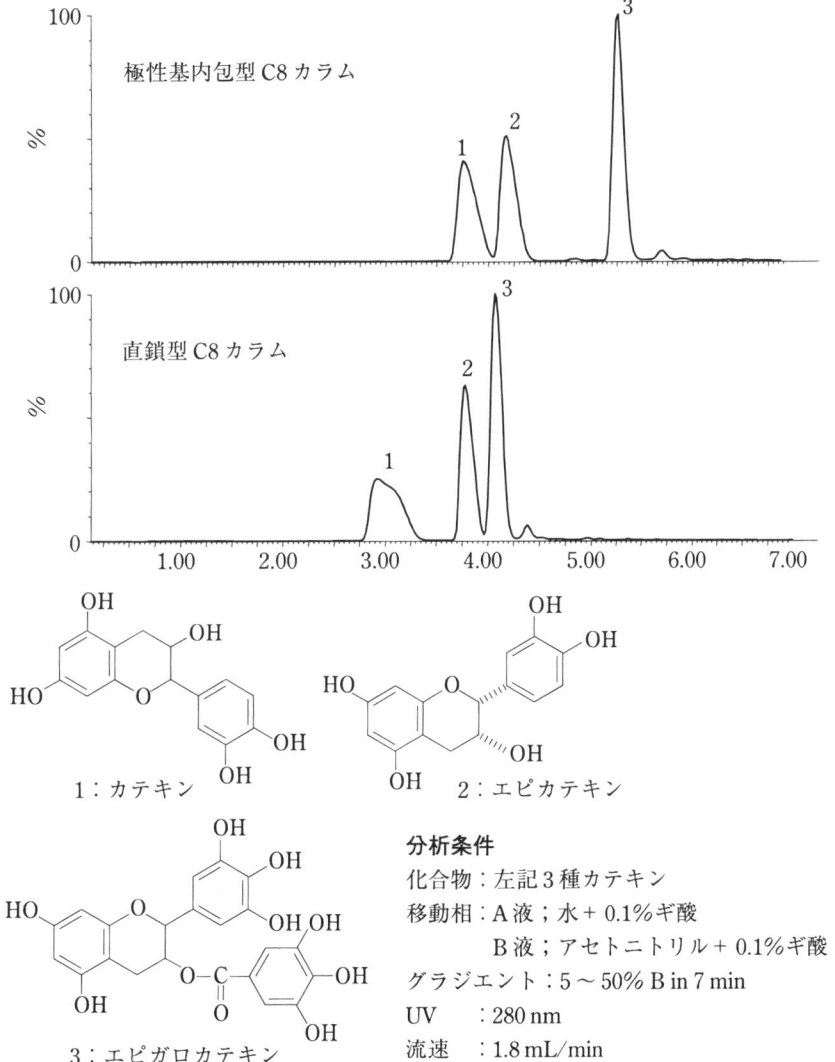

図 2　極性基内包型カラムと直鎖型カラムの比較

Question

10 塩基性化合物ではないのにテーリングするのは何故でしょうか．

Answer

逆相系カラムを用いる分析の場合，充填剤に残存シラノールが多く存在するほど，塩基性化合物のピークのテーリングがひどくなります．

塩基性化合物以外にも金属とキレート形成能をもつ配位化合物は，特に著しいテーリングを示します．この相互作用は金属不純物の残存量に依存するため，試料濃度が低くなるほどテーリングが著しくなります．試料濃度が高い場合には，ピークはシャープであるのに，テーリングが数分以上も裾を引く特異的なピーク形状になります．試料濃度が低い場合（数 μg/mL 以下）では，カラムに吸着されて全く溶出しないこともあります．

一般に高純度シリカゲルとはいえ，数 ppm 程度の濃度の金属不純物は残存しています．トリメチルクロロシランやヘキサミチルジシラザンなどの一般のエンドキャッピング剤は，シリカゲル以外の金属酸化物に対しては反応性が悪いため，例えばポリマーコーティングなどの特別な方法を用いない限り，いくらエンドキャップしても金属の露出面が残ってしまいます．配位化合物としては，カテコールやキノンなどの部位を有する化合物があげられます．これ以外にも，8-キノリノール，サリチル酸，ヒノキチオールなど，数多くの物質が配位化合物としてあげられます．

配位化合物の分析でピーク形状や回収率に問題が生じた場合には，移動相に 1 mmol/L の EDTA-2 Na を程度添加することにより回避できることもあります．しかしながら，ヒノキチオールなどの強い配位化合物については，優れた逆相カラムを選択しないと効果がないこともあります（図）．

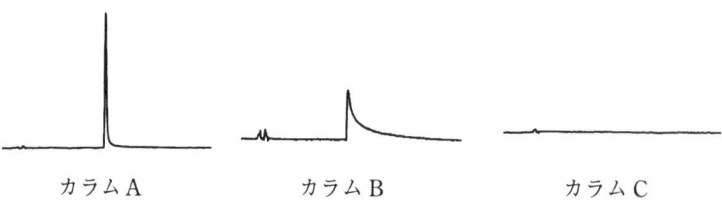

カラム：3 社の ODS (4.6 mm i.d. × 150 mm)　カラム温度：40 ℃
移動相：20 mmol/L KH$_2$PO$_4$, 1 mmol/mL EDTA-2 Na,
　　　　水-アセトニトリル (60 : 40 (v/v))
流　速：1.0 mL/min　　検　出：UV (320 nm)　　注入量：7 μL
試　料：ヒノキチオール（100 μg/L）

図 1　代表的な ODS カラムにおけるヒノキチオールのピーク形状

Question

11 古い文献などで溶離液にトリエチルアミンやトリエタノールアミンなどを添加して分析している例があります．現在のカラムでアミンの添加は必要ですか

Answer

参考にした文献がどのようなカラムを使用しているか，分離対象の試料がどのような物であるかにより異なります．

逆相系カラムで溶離液にトリエチルアミンなどを添加して分析する場合，二つの理由が考え

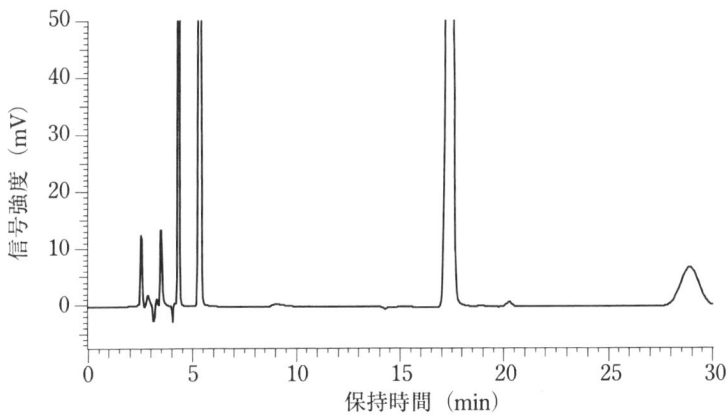

溶離液：0.1%トリエタノールアミン含有アセトニトリル-THF-水（40：55：905）
　　　（リン酸でpH2.2に調整）

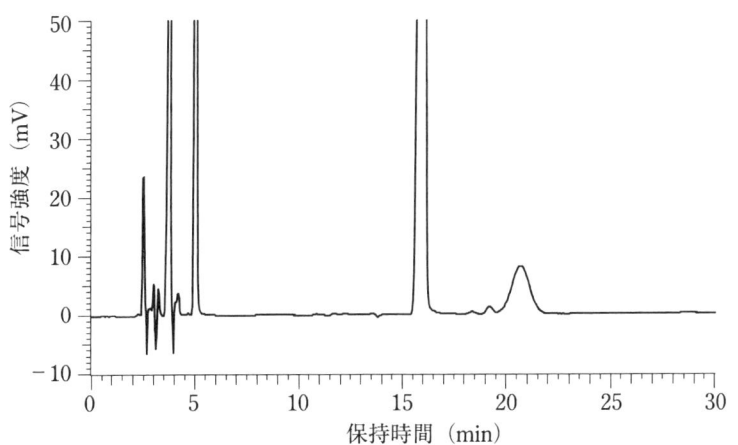

溶離液：アセトニトリル-THF-水（40：55：905）
　　　（リン酸でpH2.2に調整）

カラム：Mightysil RP-18
　　　GP 250-4.6（5 μm）
溶離液：蒸気
流　束：1 mL/min
温　度：40℃
検　出：214 nm
試　料：かぜ薬
　　　（シロップ剤）
注入量：20 μL

図1　トリエタノールアミンの添加効果を比較したクロマトグラム

られます．
　一つめは，使用されている逆相系カラムの残存シラノール処理が不十分である場合，分析対象試料が塩基性であるとシラノール基の影響によりピークが検出されなかったり，テーリングが現れることがあります．この現象を防ぐために，溶離液にアミン系の化合物をあらかじめ添加し，残存シラノール基の影響をなくします．現在の逆相系カラムでは，エンドキャップ技術が発達しているため，残存シラノールの影響はほとんどないと考えられますので添加の必要性はなくなります．
　二つめは分析対象試料が酸性である場合，溶離液に添加したアミン系化合物が，イオンペア試薬として機能していると考えられることがあります．この場合，添加する必要があります．実際，判断がつかない場合は，目的の結果が得られるか比較評価しすることをおすすめします．
　図1に例を示します，この場合は，目的の分離が達成されていますので，添加の必要性はないといえます．

Question 12

逆相系カラムではC18(ODS)またはC8(オクチル)が圧倒的に多く使われています．C1～C4程度のカラムが使われないのは何故でしょうか．

Answer

クロマトグラフィーの基礎的な要件として分析対象物質を保持することがあげられます．ある程度の保持ができてこそ分離分析が行われます．アルキル鎖のリガンドをもつ逆相系カラムの保持力は，炭素数が大きくなるに従い，ある種の移動相組成のもとでは保持は大きくなります．この保持の増加に関しては，炭素数の増加に従い直線的に増加する考え方と（図1参照），アルキル鎖長を増加しても保持の連続した増加は起こらず保持は臨界鎖長（C6～C10）まで急速に増大し，その後徐々に減少する考え方があります（図2参照）．

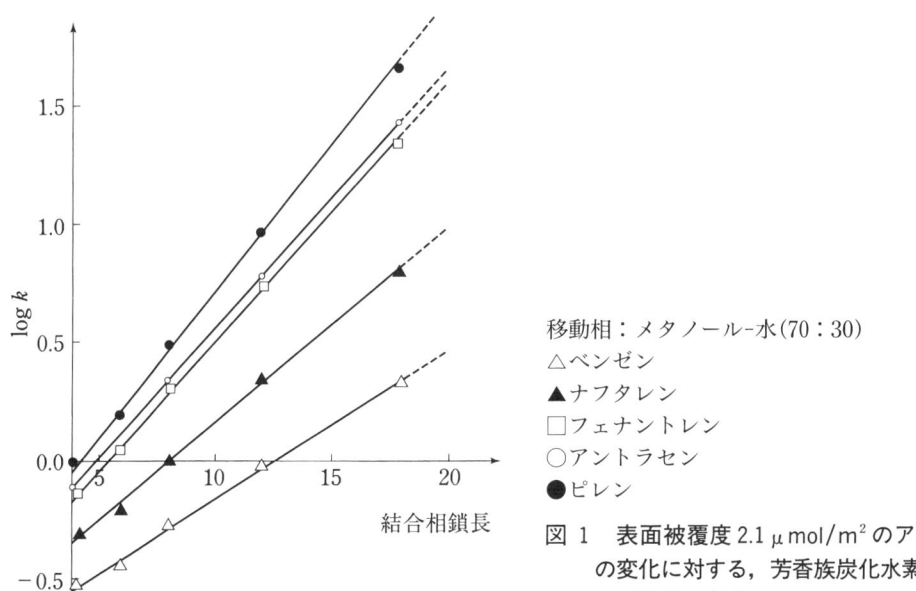

図1 表面被覆度 $2.1\ \mu mol/m^2$ のアルキル鎖長の変化に対する，芳香族炭化水素の保持係数の対数値の変化

移動相：メタノール-水(70：30)
△ベンゼン
▲ナフタレン
□フェナントレン
○アントラセン
●ピレン

また，鎖長は選択率へはほとんど影響を及ぼさないとする説と，最初は鎖長とともに選択率が増加し（C6～C14），その後一定になる説があります（図3参照）．

試料の負荷量に関しては，鎖長の増加に伴って直線的ではありませんが増大します．また，一般的にC1～C4などの鎖長が短い充填剤は，疎水性が弱いために，移動相が基材シリカゲルに直接触れやすくなりので，耐酸性，耐アルカリ性は低くなります．以上のことを考えますと，C8またはC18程度の鎖長をもつ充填剤を使用したカラムが使いやすく，C1～C4などの短い鎖長の充填剤を使用したカラムは特殊用途向けになりあまり使われていないと考えられます．

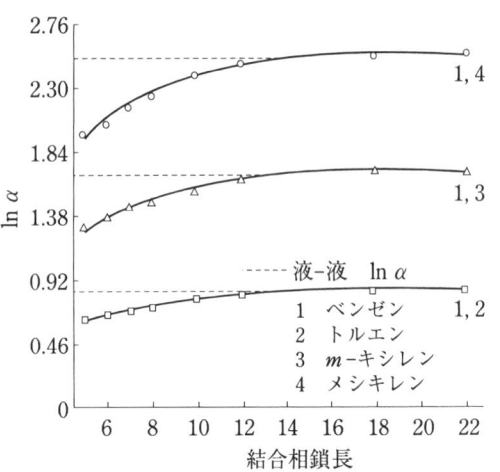

図2 アルキル相結合炭素鎖長に対する選択率の対数値のプロット
破線は，液-液（結合していない）系に対して得られた $\ln \alpha$ 値である．

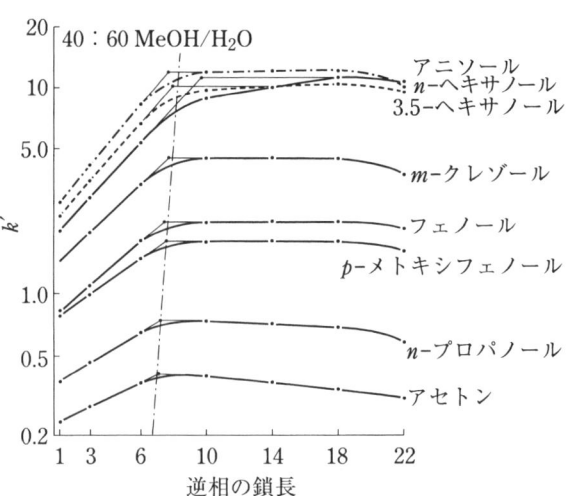

図3 メタノール-水（40：60）および純粋中での逆相の鎖長に対するキャパシティーファクターの変化
星印は臨界鎖長を示し，これは曲線の外挿が交差したところから求めた．

Question

13 複合分離とは何ですか．また，複合分離による利点を教えてください．

Answer

　複合分離とは多種多様な分離モードの組合せになります．分離モードを系統づけると，① 吸着モード，② 順相分配モード，③ 逆相分配モード，④ イオン交換モード，⑤ サイズ排除モード，⑥ アフィニティー，などさまざまなものがあります．これらをいくつか組み合わせたものが"複合分離"といえます．

　ただ，何も複合分離は特別なカラムというわけではありません．例えば，C18を固定相とした逆相ODSカラム一つをとっても複合分離をするものがあります．図1に示したものは逆相系ODSカラムの保持挙動をグラフ化したものです．同じ疎水性相互作用を期待したODSでも結果が同じではないことがわかります．疎水性相互作用のみが働いていたとするとアセトニトリル濃度が増すに従い保持が小さくなるはずです．ところが図1のいくつかのカラムではアセトニトリル濃度が80％を超えると保持が大きくなるといった結果が得られます．これはC18固定相の疎水性相互作用と，残存したシリカゲル表面のシラノールによるイオン交換モードです．シラノール基の（$-O^-$）と塩基性物質の陽イオン部分とのイオン交換が行われていると推測されます．これも逆相分配モードとイオン交換モードと組み合わせた複合分離の一つです．

　しかしながら，この結果は複合分離を期待したわけではなく，シリカ粒子の製造技術の違いで

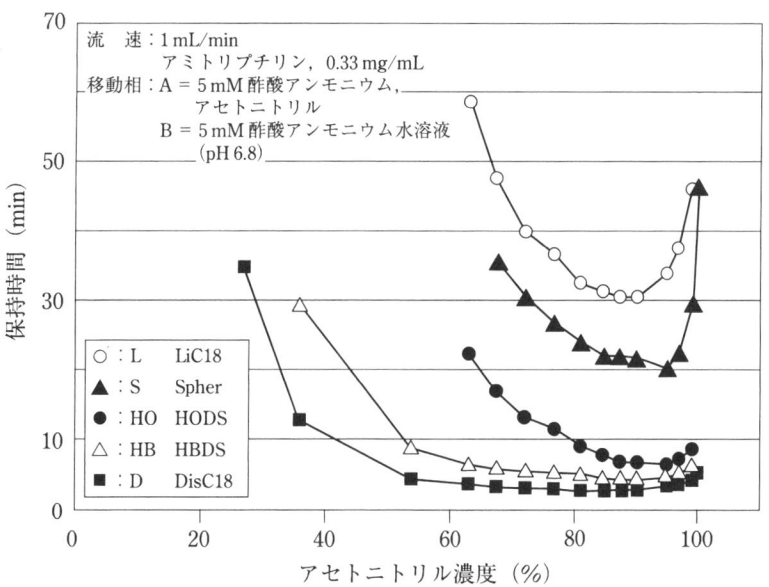

図1　各種C18カラムの有機溶媒濃度と保持挙動

あるといえます．つまり，C18固定相をどれだけ導入したか，また残存したシラノールがどの程度エンドキャップされているかなどの違いであるといえます．図1では『■』のDカラムが最もエンドキャップされたカラムといえます．他の相互作用としてはシリカゲル製造時に必ず混入する金属の不純物の影響などさまざまなファクターはありますが，ここではふれずにおきます（参照：「液クロ虎の巻」，「龍の巻」，「彪の巻」　第2章－充填剤とカラム－シリカカラムの特性について詳解されています）．

最近では，積極的に複合分離を意図したカラムが販売されています．アミノプロピルカラム，シアノプロピルカラムをはじめ，アルキル鎖とイオン交換基をもたせたカラム，ポリエチレングリコールを固定相としたカラム，ペンタフルオロフェニルプロピル（PFPP）を固定相としたカラムなど多種多様にあります．そこでメーカーの製品情報を交えながら解説します．まず，いくつかの逆相分配を基調とする固定相と基本相互作用を表1にまとめてあります．

次に，研究者が複合分離を求める要因をまとめます．

① 分離を改善したい，もしくは目的物質に対する選択性を高めたいとき．

② 移動相条件に制約がある場合．これらは多岐にわたると思われます．例えば下記に示したものです．

A：MS，ECD，RIなどの検出器側の制約がある場合

表1　逆相系固定相の種類

官能基	結合相	おもな分離モード
オクタデシル　C18	$-O-Si(CH_3)_2-(CH_2)_{17}-CH_3$	逆相分配
フェニル　Phenyl	$-O-Si(CH_3)-(C_6H_5)$	逆相分配 π-π 相互作用
ペンタフルオロフェニルプロピル　PFPP/F5	$-O-Si(CH_3)_2-(CH_2)_3-C_6F_5$	逆相分配 π-電子欠乏 π 相互作用 Fの弱いイオン交換性
ポリエチレングリコール　PEG	固定相＝$-(CH_2CH_2O)_n-$	エチレン部分の逆相分配 ポリエーテルの水素結合
プロピルアミドヘキサデシル　AmideC16	$-O-Si(CH_3)_2-(CH_2)_3-NHCO-(CH_2)_{14}-CH_3$	逆相分配水素結合
アミノプロピル　NH_2	$-O-Si(CH_3)_2-(CH_2)_3-NH_2$	逆相分配水素結合
シアノプロピル　Cyano	$-O-Si(CH_3)_2-(CH_2)_3-CN$	逆相分配水素結合

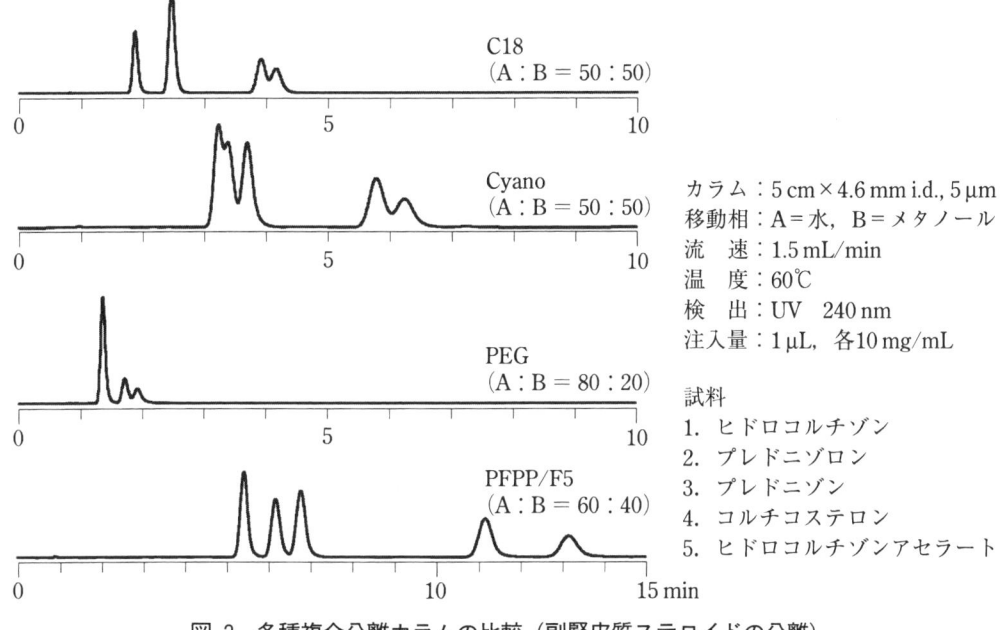

```
                                      C18
                                      (A：B＝50：50)
  0              5              10
                                      Cyano
                                      (A：B＝50：50)
  0              5              10
                                      PEG
                                      (A：B＝80：20)
  0              5              10
                                      PFPP/F5
                                      (A：B＝60：40)
  0          5         10       15 min
```

カラム：5 cm×4.6 mm i.d., 5 μm
移動相：A＝水，B＝メタノール
流　速：1.5 mL/min
温　度：60℃
検　出：UV 240 nm
注入量：1 μL，各10 mg/mL

試料
1. ヒドロコルチゾン
2. プレドニゾロン
3. プレドニゾン
4. コルチコステロン
5. ヒドロコルチゾンアセラート

図2　各種複合分離カラムの比較（副腎皮質ステロイドの分離）

　　B：目的物質の溶媒への溶解性
　　C：目的物質の失活の問題
　①　に関して，複合分離モードは最大の効力を発揮します．図2に示す通りC18カラムでは分離不完全なステロイド類を複合分離カラムを用い，わずかの移動相条件の検討で完全分離しています．この場合も分離は疎水性相互作用と各種カラムの複合分離 特性が現れています．
　②　について示す前に，現在では一般的な手法となったMSと逆相カラムの関係について考えてみましょう．条件は『強塩基性物質を逆相C18カラムで分離しMS（ESI Positive）で検出する』，あくまで一般論ではありますが，ここで強塩基性物質を保持させるには，移動相は次のようになります．
　1)　pHをできるだけ高い移動相とします（塩基性物質を分子型にし保持を高めます）
　2)　水比率の多い移動相とします（疎水性の固定相との相互作用を強め保持を高めます）
　3)　イオン対試薬を用いた移動相とします（塩基性物質とイオン対をつくり固定相と作用させ保持を高めます）
　ところが，MSでは目的物質のイオン化率がその感度を決めるため，目的物質が分子型である場合，水比率の多い移動相である場合，試薬としてのイオン夾雑が増える場合などでは著しく感度が低下します．ここで複合分離カラムを選択するといくつかまたは全ての問題が解決します．図3は複合分離カラムのPFPP（F5）カラムの保持挙動を示したグラフです．強塩基性物質において，有機溶媒濃度が高い状態でも十分に保持していることがわかります．また，条件に注目するとpH 6.8ですから化合物はイオン型をとります．当然，保持をするためイオン対

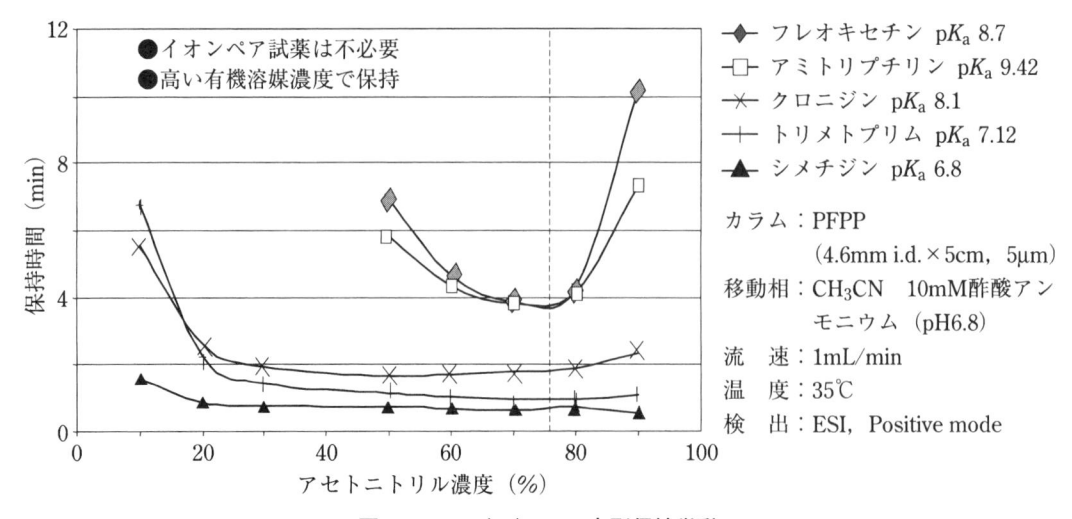

図3　PFPP(F5)のU字型保持挙動

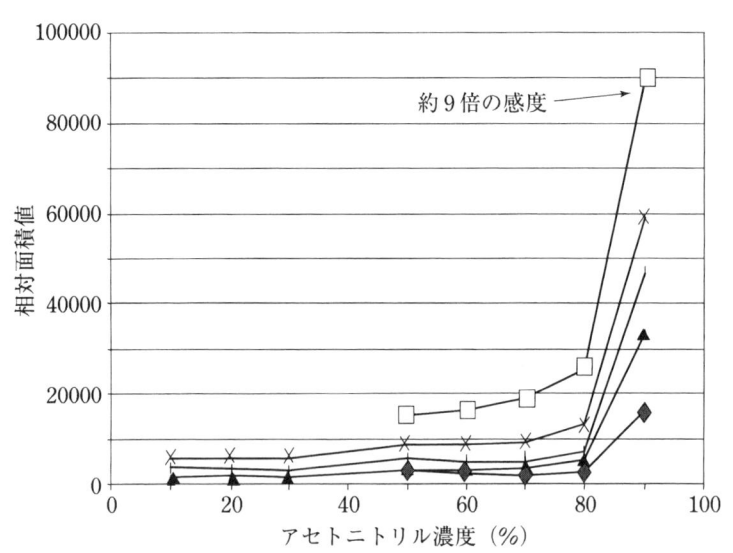

凡例:
- ◆ フレオキセチン pK_a 8.7
- □ アミトリプチリン pK_a 9.42
- ✕ クロニジン pK_a 8.1
- ＋ トリメトプリム pK_a 7.12
- ▲ シメチジン pK_a 6.8

● イオンペア試薬は不必要
● 高い有機溶媒濃度で保持

カラム：PFPP（4.6mm i.d.×5cm，5μm）
移動相：CH_3CN　10mM酢酸アンモニウム（pH6.8）
流　速：1mL/min
温　度：35℃
検　出：ESI，Positive mode

図4　LC/MS感度と有機溶媒濃度

約9倍の感度

試薬も必要ありません．図4は同じ塩基性化合物群のMS感度をプロットしたグラフです．有機溶媒濃度が高い状態でMS感度が高いことが伺えます．この結果，PFPP（F5）カラムは塩基性物質を測定するうえではLC/MSに有用なカラムであるとわかります．また，PFPPは塩基性化合物の分離，保持において移動相中の緩衝液などのイオン質が少なければ少ないほど全体的な保持が高まることがわかっています．このこともPFPP（F5）カラムはLC/MSに有用なカラムといえます．

初期の検討はODSカラムが最適ですが，複合分離カラムはその特性でメソッド開発を飛躍的に促進することができます．まずは信頼のおける複合分離カラムを準備し，使い慣れることをおすすめします．愛用の複合分離カラムの特性をあらかじめ把握することにより，迅速なメソッド開発の可能性が広がるでしょう．

Question

14 ルーチン分析でコストを下げるために内径を細くしたカラムがあると聞きました. HPLCシステムの改造が必要でしょうか.

Answer

　カラムの最適流量範囲はカラム内径に依存します. 内径を細くしたカラムを利用して流量を下げることにより, 移動相にかかわるコストを下げることができます. 例えば, LC/MSで汎用されている内径2.1 mmのカラムは通常0.2 mL/min前後の流量で使用されますから, 内径4.6 mmのカラムを流量1.0 mL/minで使用したときと比較して移動相にかかわるコストは単純計算で1/5になります. しかし, カラムの内径を細くすればそれに応じてHPLCシステムにおける低拡散化が必要になる場合があります. 内径2.1 mmのカラム(いわゆるセミミクロカラム)では, 内径4.6 mmのカラムで最適なHPLCシステムをそのまま利用できない場合もあります. 移動相にかかわるコスト削減を目的にカラム内径を細くするのであれば, 内径3.0 mmのカラムを選択するのがベストです. 内径3.0 mmのカラムは通常0.5 mL/min前後の流量で使用されるので, 内径4.6 mmのカラムと比較して移動相にかかわるコストは半分になります. 一方HPLCシステムは多くの場合, 内径4.6 mmのカラムで問題なく使用できているシステムならそのまま使用できます.

　ここで参照として理論値を下記に求めます. 試料の種類, カラム長さ, 線速度, 移動相, 充填剤, 保持時間を一定とした場合, 各パラメーターは次の式で表されます.

　　流　量（F）　：$F_2 = F_1 (D_2/D_1)^2$　　　移動相消費量（M）：$M_2 = M_1 (D_2/D_1)^2$
　　注入量（V）　：$V_2 = V_1 (D_2/D_1)^2$　　　　　　　　　　　　　（D）：カラム内径

この式に基づき内径4.6 mmのカラムに対する相対数値を表に示します.

表1　内径4.6 mmのカラムに対する各パラメーターの相対数値

カラム内径 (mm i.d.)	流　量	サンプル 注入量	移動相 消費量	一般に使用されている流量 (mL/min)
4.6	1.0	1.0	1.0	1.0～2.0
3.0	0.42	0.42	0.42	0.4～0.8
2.1	0.21	0.21	0.21	0.2～0.4
1.0	0.047	0.047	0.047	50～100
0.5	0.012	0.012	0.012	10～20
0.32	0.0048	0.0048	0.0048	5～10
0.18	0.0015	0.0015	0.0015	1～5
0.075	0.00027	0.00027	0.00027	0.2～1
0.050	0.00012	0.00012	0.00012	0.1～0.2
0.025	0.000030	0.000030	0.000030	<0.1

Question

15 分析カラムで**充填剤の粒子径が小さくなればなるほど分離がよくなる**と思います．どの程度小さい粒子が市販されているのでしょうか．また，微小粒子径充填剤カラムを使用するさいに注意することを教えてください．

Answer

シリカゲル充填剤で1.5〜1.8 μm，ポリマー系で3 μm程度の粒子径の充填剤が市販されています．シリカ系では全多孔性（ポーラス）タイプと無孔性（ノンポーラス）タイプがあります．全多孔性シリカゲル充填剤では1.8 μmのものが市販されています．

このような微小粒子径充填剤カラム使用する場合の注意点としては，HPLCシステムに対する圧力問題があります．充填剤の粒子径が2分の1になるとカラム圧は約7.7倍程度になります．一般的なHPLCシステムでは，装置の耐圧性が最大40 MPa（約400 kg/cm^2）程度ですから，移動相の種類や流速の設定を，システムの耐圧の範囲内でメソッドを作成する必要があります．また，幅広いアプリケーションメソッドに対応するためには，カラムの背圧が低い微小粒子充填剤を選択することが必要になってきます．

また，微小粒子径充填剤カラムでは，充填剤間の空隙による物質拡散が抑制されるためピークは非常にシャープになります．したがって，カラム以外のHPLCシステムを低デッドボリューム化し低拡散のインジェクターや検出器セルを使用する必要があります．データの取り込み周期の設定にも注意が必要です．

さらに，微小粒子径充填剤カラムでは，メッシュの細かなフィルターをカラムのエンドフィッティングに使用していますので，汎用される5〜10 μm程度の粒子径充填剤を使用する場合に比べ，移動相中やサンプル中に含まれる固形夾雑物が目詰まりしやすくなります．したがって，移動相やサンプルは，ポアサイズが0.2 μm程度のメンブランフィルターで沪過してから使用するようにしてください．

Question

16 ピークが異常になるなど，カラムが劣化したと思われるときに，**カラム洗浄によって回復させる**ことはできますか．可能なら，その洗浄方法を教えてください．

Answer

　劣化したと思われるカラムは，洗浄により回復できることもあれば，できないこともあります．カラム洗浄を考える前に，注入する試料を極力クリーンアップして，極力カラムを汚さないことも心がけるべきです．試料は沪過した後に注入することや，移動相に溶解しない試料を強引に注入しないことにも留意してください．

　順相系のシリカゲルカラムが試料で汚染して劣化した場合，比較的極性の高いジクロロメタンやメタノールなどを用いて洗浄しても，シリカゲル表面のシラノールに非可逆的に吸着されているため，回復できないことが多いといえます．

　また，タンパク質を含む生体試料により汚染された逆相系カラムは，洗浄してもほとんど回復しません．除タンパクの方法によりタンパク質除去率が大きく異なりますから[1]，前処理の方法には十分注意する必要があります．

　カラム劣化の具体的な症状は，下記のものがあげられます．

① ピークがブロードになる．
② ピークがリーディングする（ピークが開裂する）．
③ ピークがテーリングする．
④ 保持時間が次第に変化する．
⑤ ベースラインが不安定になる（ドリフトする）．
⑥ 保持が減少する．
⑦ カラム圧が上昇する．

　これらの劣化症状は，以下のことが原因として考えられます．

① カラム内に強く保持される物質が蓄積する．
② カラム入口の焼結フィルターが不溶物で目詰まりする．
③ 充塡状態が崩れている．

　カラム内に強く保持されて蓄積される成分を含むような試料を注入し続けると，充塡剤の官能基との相互作用が不十分となるうえ，汚染された成分との二次効果が発現するため，ピークが次第にブロードになり，保持時間も変化することがあります．このようなとき，前述のように汚染物質がタンパクでない場合には，溶出力の強い移動相を流して洗浄することにより，ピーク形状を回復できる可能性があります．

　カラムが汚染により劣化したと思われる場合は，想定される汚染物質が溶けやすく，しかも

溶出力の強い溶媒で洗浄してください．逆相系カラムの場合の代表的な洗浄溶媒は，メタノール，アセトニトリル，イソプロピルアルコールなどです．カラム内に残存した汚染物質が塩基性化合物である場合，1％程度の濃度の酸（リン酸，酢酸，ギ酸）を併用すると効果的なこともあります．一般に逆相系カラムの洗浄で，メタノールまたはアセトニトリルを数時間通液しても性能が回復しない場合，さらに極性の低い溶媒（例えば，ジクロロメタン）を用いて洗浄しても回復する可能性はほとんどないと考えるべきです．何故なら，ODS カラムでメタノールやアセトニトリルを移動相に用いると溶質の保持力は極めて小さいからです．

ピーク形状の劣化のみならず，圧力も上昇している場合は，流速を下げて（内径 4.6 mm カラムで 0.2 mL/min）カラムの逆方向から，通液洗浄することにより，回復することもあります．逆方向から低流速で洗浄するのは，カラムの充填状態を崩さないように配慮しながら，カラム入口に強く保持された成分を効率的に溶出させるためです．

洗浄は，移動相との相溶性を考慮して実施してください．移動相に塩を使用しているときは，100％有機溶媒に水-アセトニトリル（1：1）または水-メタノール（1：1）の洗浄液を用いて，カラム内の塩を十分に排出した後に，順次洗浄液の極性を下げてゆき，また逆の順で移動相に戻す操作で洗浄を行います．なお，水 100％で長時間洗浄すると充填剤からシリカゲルが溶出してカラムが劣化することがありますので避けてください．

ピークが開列している場合は，充填状態の崩壊による移動相の流れが乱れが疑われ，洗浄しても回復できないと考えるべきです．

汚染がひどいカラムは，洗浄で手間をかけても回復しないことが多いため，人件費を含むトータルコストを考慮すれば新しいカラムを購入する方が，好ましいものと考えられます．研究費に余裕がないが，時間はある場合には，とにかく試料をクリーンアップすることがおすすめです．

---

1) 日本分析化学会関東支部 編，"高速液体クロマトグラフィーハンドブック（初版）"，p. 450，丸善 (1988)．

Question

17 長く使っている間に**カラムに重金属が蓄積する**と聞いたのですが，原因は何ですか．

Answer

　ODSカラムの開発の歴史の中で，良好なピーク形状を与えるよう，種々の工夫がなされてきました．その中でODSカラムに用いられるシリカゲル中の重金属はピークテーリングの原因と考えられて低く抑えられるようになってきています．これは重金属が活性の高いシラノール基を与えるだけでなく自身も正電荷をもつことによるものです．最近ではほとんどのカラムメーカーから高純度シリカを用いたODSカラムが発売されています．

　ところが，使用開始時には良好なピーク形状が得られたにもかかわらず，長く使っている間にピーク形状が悪化するという現象がときおり観察されます．これについては種々の原因が考えられますが，使用時にカラムに重金属が蓄積するという報告が複数あります．

　具体的な由来は移動相およびHPLC装置（移動相と接する部分がSUSの場合）と考えられています．HPLC装置にはSUSではなくPEEKで作成されたものもあり，こちらでは重金属の蓄積もやや緩やかであると思われます．

　なお，筆者の経験ではピーク形状の悪化はまれです．また，重金属が使用時に蓄積することで水素結合性などのパラメーターが変化することも予想されますが，高純度シリカと低純度シリカの違いのように極端な変化はみられません．したがって，必要以上に神経質になる必要はないでしょう．いうまでもありませんが，使用中に重金属が蓄積されるからといって，最初から重金属の含有率が高いカラムを使用することはおすすめしません．やはり高純度シリカを用いたODSカラムをおすすめします．

---

1) H. Engelhardt, T. Lobert, *Anal. Chem.*, **71**, 1885 (1999).
2) R. W. Slingsby, A. Bordunov, M. Grimes, *J. Chromatogr. A*, **913**, 159 (2001).

Question

18 カーボンを使った固相抽出剤やHPLCカラムがありますが，カーボンはどれも同じでしょうか．

Answer

まず"カーボン"，"C"の集合体を理解する必要があります．学校の授業では炭素を『ダイヤモンド構造』，『アモルファス構造』，『グラファイト構造』，『乱層構造』などといった言葉で教わってきたかと思います（図1）．クロマトグラフィーの世界ではさらにこの表面での分離の場について考察する必要があります．炭素集合体は硬く，非極性の表面をもち，分離は吸着モードに支配されます．カーボンはHPLC，固相抽出充填剤として，フレキシブルなC18固定相とは違いジアステレオマーなどの立体構造認識能をもつ粒子となります．事実，食品中の残留農薬分析におけるクリーンナップカラムとして，環境中のダイオキシン類の分画精製として，構造異性体を多くもつ糖類の分離として応用されています．また，あまり知られてはいませんが，カーボン粒子の製造過程に残る酸化部位（図2）によるアニオン交換が働いています[1,2]．例えば，尿・血清中のエストラジオールのフリー／グルクロン酸抱合体／硫酸抱合体との分画に，河川水中の酸性農薬と中性・塩基性農薬の分画に，LAS, NP, NPC, SPCの界面活性体の分画に応用されています．基本的には前述した通り吸着モードなので皆様のなじみあるC18固定相と比べ溶離液は順相的になります．感覚としては『平面にくっついた物を無理やりに引き剥がす』といったところです．

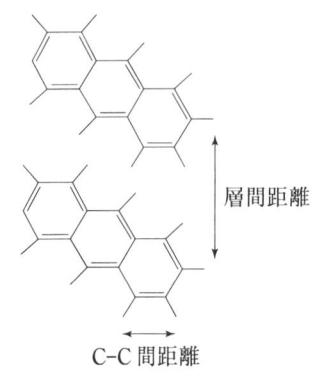

カーボンの分類	C-C間距離 (Å)	層間距離 (Å)
amorphous（無定形）	1.39	—
turbostratic（乱層構造）	1.42	3.65
graphitic（グラファイト構造）	1.42	3.35
diamond（ダイヤモンド構造）	1.55	—

図1 カーボンの立体構造

クロメン様構造 → ベンズピリリウム + OH^- + H_2O_2

$2H$-ピラン

図2 カーボンの酸化サイトのできる反応経路

ここで固相抽出に使用できるカーボンをいくつかに分類します．また市販されているカーボン系充塡剤についても表1にまとめてあります．非常にたくさんの種類があることが理解でき，また，それぞれが全く違った特性をもっていることがわかるかと思います．

表1 カーボン系充塡剤の種類と仕様

分類	製品	表面積 (m^2/g)	密度 (g/mL)	ポロシティー(mL/g)			平均ポアサイズ(Å)
				ミクロポア >500Å	メソポア 20~500Å	マイクロポア <20Å	
活性炭	―	700~1500	―				
グラファイトカーボンブラック(GCB)	Carbopack F	5	0.64	―	―	―	非多孔性
	Carbopack C	10	0.68	―	―	―	非多孔性
	Carbopack Y	24	0.42	―	―	―	非多孔性
	Carbopack B	100	0.35	―	―	―	非多孔性
	Carbopack X	240	0.41	―	0.62	―	(100)
カーボンモレキュラーシーブ(CMS)	Carboxen 563	510	0.53	0.24	0.15	0.24	7~10
	Carboxen 564	400	0.6	0.24	0.13	0.14	6~9
	Carboxen 569	485	0.58	0.2	0.14	0.1	5~8
	Carboxen 1000	1200	0.48	0.44	0.16	0.25	10~12
	Carboxen 1001	500	0.61	0.22	0.13	0.11	5~8
	Carboxen 1002	1100	0.43	0.36	0.28	0.3	10~12
	Carboxen 1003	1000	0.46	0.38	0.26	0.28	5~8
	Carboxen 1006	715	―	0.29	0.26	0.23	7~10
	Carboxen 1010	675	0.6	0.35	―	―	6~8
	Carboxen 1011	1100	0.48	0.41	0.19	0.24	10~12
	Carboxen 1012	1500	0.5	―	0.66	―	(19~21)
	Carboxen 1016	75	0.52	―	0.34	―	メソ孔のみ
	Carboxen 1017	61	0.55	―	0.33	―	メソ孔のみ
	Carbosieve S-III	820	0.61	0.35	0.04		8~11

次に皆様が学校で教わってきた通りカーボンはさまざまな構造体になりえます．これがクロマトグラフィーに大きな影響を与えます．例えば，グラファイト構造の集合体（グラファイトカーボンブラック，GCB）と（筆者は全くなじみありませんが）ダイヤモンドを比較すると，GCBではπ電子の連なりであるシート構造に芳香族を選択的に吸着する力があると推察されます．このことがHPLCカラムや固相抽出管とした場合に影響がでないはずがありません．また，同じ活性炭といえ，原料によってはまた，その立体構造によっては全く違う性質をもつこととなります．例えば，ヤシガラ活性炭と石炭系活性炭と全く違う性質をもちます．焼成するさいに植物特有の繊維構造そのままに炭化する．よって同じ重さでもこの二つの活性炭は表面積の全く違う物となります．結果，何らかのクロマトグラフィーを行うさいの保持力，キャパシティー，選択性，また，溶離液の選択は違う物となります．特にヤシガラ活性炭はその生育状況に応じて繊維構造は全く違うものとなります．非常にロット間差が大きくなるのは致し方ありません．

さらに GCB と CMS については表 1 の通り，ポアサイズが綿密に決まっています．これの製造方法は合成ポリマー粒子を作成し，無酸素化で焼成させる．このときの温度，時間で各種マクロ，メソ，ミクロ，表面積が決定します．また，全体の粒子は合成ポリマーを作成した段階にほぼ決定します．活性炭に比べ非常に頑健な機械強度ももっています．クロマトグラフィーを行ううえで扱いやすい材質といえます．

これらのことよりカーボン系充填剤はさまざまな特長を有する強力なツールといえます．今まで使われたことのない方は是非，一度，試してください．メーカーから固相抽出管のサンプルを取り寄せてもよいし，頑丈な材質なので HPLC カラムを一本位はもっていても邪魔にはならないのではないかと思います．

1) F. Andoreolini, C. Borra, *et al.*, *Anal. Chem.*, **59**(13), 1720-1725 (1987).
2) スペルコ 固相抽出総合カタログ 2004.

Question

19 充填剤の細孔径，細孔容積，比表面積は保持や理論段数にどのように関係するのでしょうか．

Answer

本題に入る前に，少し定義を確認しておきましょう．市販シリカゲルの中には，図1に示すきれいな球状のものや図2のようなしわ（凹凸）をもつものがあります．

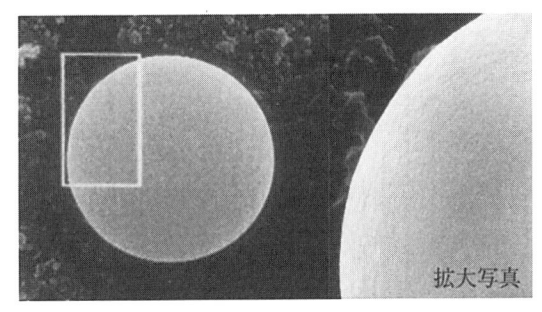

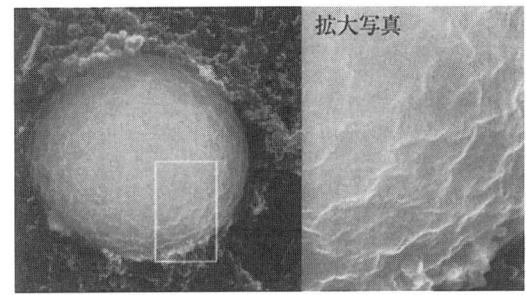

図1　シリカゲルの電顕写真　　　　図2　しわのあるシリカゲルの電顕写真

故意に凹凸をつける場合もありますが，種々の原因でできてしまうこともあります．深さが凹部の直径よりも大きいものを細孔（pore）といいます．細孔は，吸着化学の分野では，ミクロ孔（～0.5～2nm），メソ孔（2～50nm），マクロ孔（＞～50nm）に分類されています．ミクロ孔は，極めて低分子しか入ることができませんから，オクタデシル基を化学結合することも，エンドキャッピングすることも難しくなります．ポリマー系の充填剤や最近のゾル-ゲル法によりつくられたシリカゲルでは，ポア径がコントロールされていますので，ミクロ孔はほとんどありません．これらの細孔の単位重量当たりの容積を全細孔容積（total pore volume）または多孔度（porosity）といいます．

比表面積は，単位重量当たりの表面積ですが，細孔径が小さくなるほど増えることになります．また，細孔径ほど影響は大きくありませんが，粒子径が小さくなるほど大きくなります．そしてメソ孔に一定の密度でブラシ状（ヒゲ状）に結合されたモノメリック型の充填剤でしたら，比表面積が増えるほどカーボン量が増えることになります．

充填剤メーカーのカタログでは，粒子径，平均細孔径，細孔容積，比表面積や化学結合相が表示されており，平均細孔径，細孔容積，比表面積は一定の関係にありますから，これらの情報で大まかな充填剤の多孔性などの特徴を知ることはできます．一般的に，粒子径が理論段数や速度論に，平均細孔径が測定対象の分子サイズや理論段数に，比表面積と化学結合量が，保持や試料負荷量に関係してきますが（「液クロ彪の巻」Q21），細孔に入ることができるかどうかが問題になるタンパク質などと異なり，低分子化合物は高分子化合物ほど大きな影響は受けません．

図3にシリカゲルの物性の違いによるクロマトグラムを示します．表面積が増えると保持が増える傾向あり，また炭素量が増えるほど保持が増える傾向になります．理論段数は細孔内の拡散の影響を受けるため，細孔径，細孔容積の少ない方が，理論段数が高くなる傾向にあります．

厳密に考えると，細孔の形状（インク壺型か円筒形か），粒子系に対する細孔の深さ，細孔分布の状況なども重要になってきます．細孔の状態を直接観察するのは難しいのですが，細孔分布や状態をサイズ排除モードで間接的に把握することができます．図3, 4は，通常の逆相系充填剤として用いられているシリカゲル母体に，ジオール基を結合してサイズ排除モードで測定

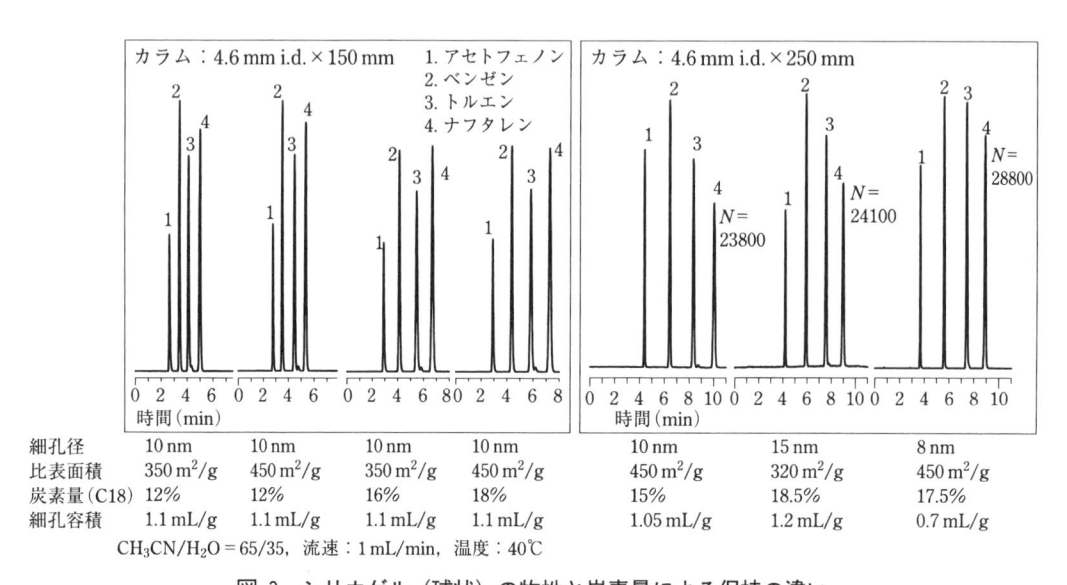

図3 シリカゲル（球状）の物性と炭素量による保持の違い

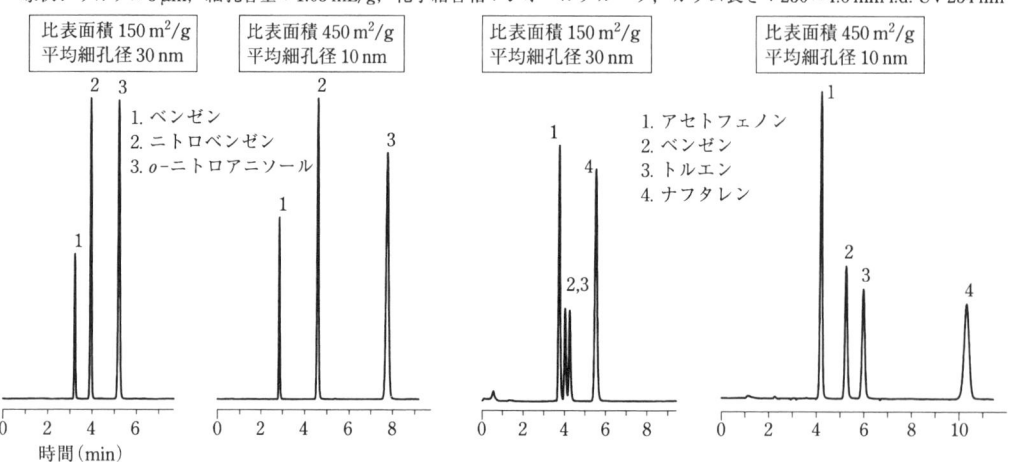

図4 サイズ排除モードでの溶出特性（低分子化合物）

した例です．低分子化合物では，極性移動相，無極性移動相のどちらでも，明らかに細孔径の小さい充填剤の方が保持が大きくなり選択性が上がっています．一方，タンパク質などの巨大分子では，細孔径が小さいとポアに入ることができず，同じ溶出容量のところに出てきます．細孔分布のよい充填剤では，分子サイズの認識能が上がることがわかります．

多孔性充填剤で理論段数や高速分析の議論をするときに留意することの一つは，細孔の中に移動相が流れていないということです．アナライトの細孔内への出入りは，内部と外側の濃度の差がエネルギーとなり移動が起こり，移動には時間が必要になります．カラムの理論段高さ（HETP，理論段数の逆数で小さいほどよい）と移動相の速度の式は，一般的に次のように示されますが，細孔や固定相の状態を示す項は5項になります．

$$H = Au^{0.33} + \frac{B}{u} + Cu + Du$$

1) Eddy 拡散： $C_e d_p$
2) 移動相中での分子移動による広がり： $C_m d_p^2 u / D_m$ $\Big\} = Au^{0.33}$
3) カラムの断面方向への広がり： $C_d D_m / u = B/u$
4) 移動相中(流れのない部分：粒子の間など)での広がり： $C_{sm} d_p^2 u / D_m = Cu$
5) 固定相での広がり： $C_s d_f^2 u / D_s = Du$

ここで，u：移動相の線速度，d_p：ゲルの粒子径，d_f：固定相の厚さまたは深さ，D_m：移動相中でのアナライトの拡散係数，D_s：固定相中でのアナライトの拡散係数，C_d，C_e，C_m，C_{sm}，C_s，A，B，C，D：定数

5項は，固定相の厚さまたは深さ d_f が小さいほど，移動相の線速度が遅いほど，またアナラ

球状シリカゲル5 μm，細孔容量：1.05 mL/g，化学結合相：ジオールグループ，カラム：250×6.0 mm i.d.
移動相：0.05 mol Na$_2$HPO$_4$ + 0.3 mol NaCl (pH7.0)，温度：30℃，流速：0.5 mL/min, UV 280 nm

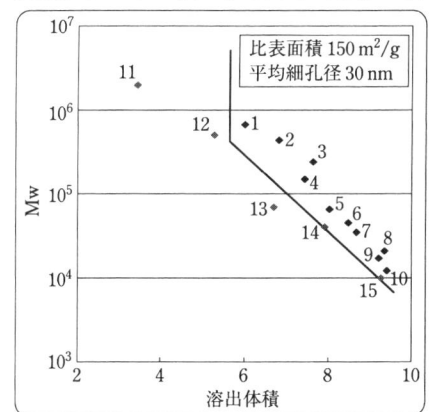

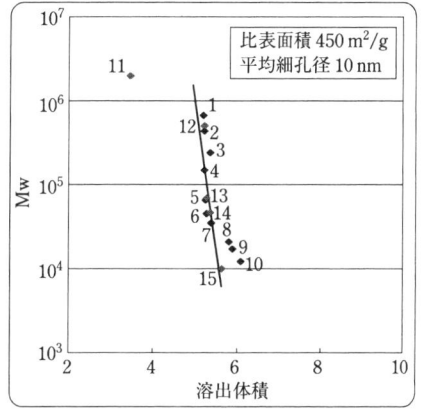

1. チログロブリン(669.0 kDa), 2. フェリチン(440.0 kDa), 3. カタラーゼ(220.0 kDa), 4. Bovin IgG (150.0 kDa), 5. ウシ血清アルブミン(67.0 kDa), 6. オボアルブミン(45.0 kDa), 7. b-ラクトグロブリン(35.0 kDa), 8. トリプシンインヒビター(22.1 kDa), 9. ミオグロビン(18.0 kDa), 10. シトクロムc(13.1 kDa), 11. ブルーデキストラン(200.0 k), 12. デキストラン(505.0 k), 13. デキストラン(70.0 k), 14. デキストラン(40.0 k), 15. デキストラン(10.0 k).

図5 サイズ排除モードでの溶出特性（高分子化合物）

イトの拡散速度が速いほど，広がりが小さいことを示しています．粒子系が 10 μm 以上の充填剤では，他の項の寄与が大きく，5 項は無視するケースもありましたが，粒子系の小さな高理論段数のカラムや高速分析では，5 項でのピークの広がりが無視できなくなってきました．細孔の最深部までアナライトがいくかどうかという議論は残りますし，保持は弱くなるのですが，1～2 μm の微小粒子を充填したカラムでは，ノンポーラスの充填剤が使われています．また，細孔の深さを制限するために，表面だけを多孔性にしたペリキュラー型の充填剤も見直されるようになってきました．なお，移動相と細孔内を満たしている溶液の組成，さらにミクロにみるとブラシ状に化学結合されたアルキル鎖の間にある溶液の組成も異なってくることも意識していてだけるとよいかもしれません．繰り返しのグラジエント分析のときに，初期移動相の平衡化時間に関係してきます．

---

1) A.M. Krstulović, P.R. Brown 著，波多野博行，牧野圭祐，中野勝之 訳，"逆相高速液体クロマトグラフィー"，東京化学同人 (1985).
2) L.R. Snyder, J.J. Kirkland, "Introduction to Modern Liquid Chromatography 2 nd ed.", John Wiley & Sons (1979).

Question

20 高分子化合物に対する**ポリマー型モノリスカラムのキャパシティーが高い**とのことですが，どのような理由によるものでしょうか．

Answer

　一般にカラムの試料負荷容量は空隙率（これに伴う有効表面積）に依存することが多いと思いますが，モノリスカラムは確かにその他のビーズを充填したカラムに比較して空隙率は高くなっています．しかしながらモノリスカラムは，メゾポアとマクロポアがあり，このうち分離能およびキャパシティー（試料負荷容量）に影響するのはメゾポアでありマクロポアは背圧を抑えるのに役立っています．したがって，モノリスカラムのメゾポアの比率がどの程度であるかが問題となってくると思います．

　また，モノリスカラムはポアが貫通しているため，流速に影響されない分離が特徴であることから，高分子の保持力は非常に高くなると考えられます．この理由は，ビーズタイプの場合では高分子が充填剤に接触している時間が分離における非常に大きなファクターとなっていることから，ビーズタイプのカラムでは流速を上げることにより分離能が低下することからも明らかです．

　モノリスカラムが高分子に対してキャパシティーが高いことは，プラスミドDNAの分離精製における実験例でも驚異的な保持容量を示しており，実用化されております．

　ただし，低分子においては特に高い試料負荷容量を示すことはないと思います．

表1　pDNAの精製における陰イオン交換樹脂の比較

カラム	回収率%	負荷容量 μg pDNA/mL	gDNAng/μg プラスミド	RNAng/μg プラスミド
ポリマーDEAE モノリスカラム	100	7900	80	28
ビーズタイプ DEAEカラム	100	240	n.d.	43
セファロース DEAEカラム	93	270	0.25	44

Question

21 3 μm 充填剤は 5 μm の充填剤に比べ**流速に対する理論段数の変化が少ない理由**を説明してください.

Answer

ピークの広がりを,理論段高さ H と平均線流速 u (cm/s) の関係で考え,パラメーターとして,流れ(乱流,層流),拡散(移動相中での拡散,固定相中での拡散),物質移動(液相-移動相の溶質の出入り)を三つの主要な要因とし次式が考案されました.

$$H = A + B/u + Cu \tag{1}$$

ここで,u:平均線流速,A,B,C:定数

この式は van Deemter により考案され van Deemter の式と呼ばれています.定数 A,B,C の物理的な意味は

A 項は渦巻き拡散(eddy diffusion)を意味し粒径を d_p,曲がりくねり係数を λ とすると

$$A = 2\lambda d_p$$

B 項は移動相中へのカラムの軸方向への拡散を意味し移動相中の試料の拡散係数を D_m とすると

$$B = 2D_m$$

C 項は物質移動の項であり,これには移動相から固定相(例えば,ODS 相)への移動(C_1)と固定相中での拡散による移動相への物質の移動(C_2)が考えられます.

ここで C_1 での係数を C_{sm},C_2 での係数を C_s とし固定相中での拡散係数を D_s,固定相の厚さを d_f とすると

$$C_1 = C_{sm}d_p^2/D_m$$
$$C_2 = C_s d_f^2/D_s$$

したがって式(1)は

$$H = 2\lambda d_p + 2D_m/u + (C_{sm}d_p^2/D_m + C_s d_f^2/D_s)u \tag{2}$$

式(2)を平均線流速 u で微分をすると

$$dH/du = -D_m/u^2 + (C_{sm}d_p^2/D_m + C_s d_f^2/D_s) \tag{3}$$

理論段高 H と理論段数 N の関係はカラムの長さを 1 とした場合

$$H = 1/N \tag{4}$$

であるから,$dH/du = 0$ を与える u の場合同一のカラムならば最も理論段数が高くなる移動相の平均線流速となります.

ここで,式(3)の粒径 d_p と dH/du に着目すると ODS カラムの場合 $C_s d_f^2/D_s$ の項は同じになり,粒子径に対する平均線流速が同じならば,3 μm と 5 μm の粒子径をもつカラムの場合

$$dH/du(5\ \mu\text{m の粒子}) > dH/du(3\ \mu\text{m の粒子})$$

となります．

　すなわち，平均線流速を徐々に大きくした場合，5 μm の粒子の方が式 (2) より得られる，理論段高さと線流速の関係式において 3 μm の粒子より傾きが大きいことになります（図1参照）．これは，理論段高の変化が大きいことを示し，つまり式 (4) より理論段数の変化は，5 μm の粒子径のカラム方が 3 μm の粒子径のカラムより大きくなることになります．

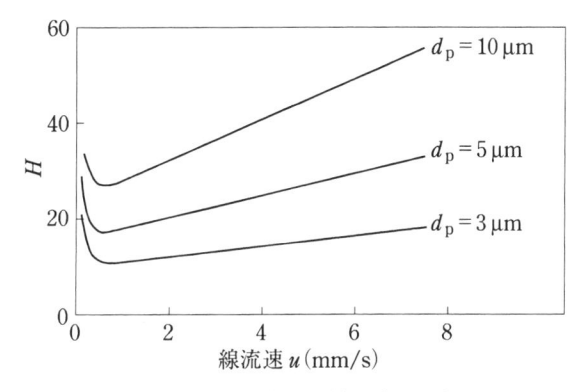

図 1　理論段高さと線流速の関係

Question

22 配位子交換クロマトグラフィーの原理と適用例を教えてください.

Answer

配位子交換クロマトグラフィー (ligand-exchange chromatography) とは，キレート形成能を有する化合物 (リガンド) に金属イオンを配位させた固定相を使用し，試料として，同様にキレート形成能のある化合物を選択的に保持，分離させることを目的としたもので，クロマトグラフィーの中では，少し特殊なモードといえます．この方法は，これまでさまざまな研究が報告されていますが，現在，実用的には，糖類の分離とキラル分離によく用いられており，それぞれ，専用のカラムがメーカーから市販されています．ここでは，配位子交換クロマトグラフィーを利用した糖類の分離とキラル分離について述べます．

糖類の分離には種々のモードがありますが，配位子交換クロマトグラフィーによる方法では，固定相として，スルホン化ポリスチレンゲルに，ナトリウム (Na 型), カルシウム (Ca 型), 鉛 (Pb 型) などの金属イオンを配位させた充填剤が用いられます．図1に，模式的に示しますが，糖の水酸基と金属イオンとが錯形成することにより，糖類を保持，分離します．この図のように，糖の水酸基の立体配置によっても，錯体の形成が異なります．

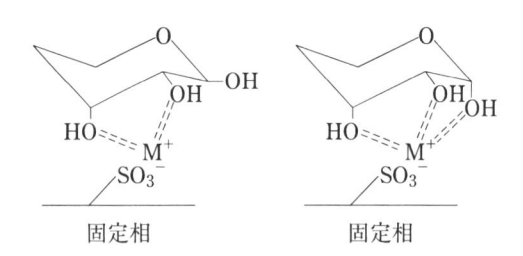

図1 配位子交換クロマトグラフィーによる糖類の分離模式図

配位子交換クロマトグラフィーによる糖類の分離では，配位子交換作用だけではなく，基材のゲルによるサイズ排除モードや，他の吸着分配作用が複合して分離が達成されると考えられます．移動相は通常，水だけですので，条件設定は比較的簡単です．錯体形成力は対イオンの金属イオンの種類によって異なり，Na 型＜Ca 型＜Pb 型の順で，錯体形成力が強くなるといわれています．Pb 型などでは，配位子交換作用が強いため，構造の類似した単糖どうしの分離や，糖と糖アルコールを分離に有効です．ただし，この方法では，一般に，二糖類以上の相互分離は困難です．

次に，配位子交換クロマトグラフィーを用いたキラル分離について述べます．この方法による光学異性体の分離は 1970 年代に，Davankov らによって開発されたもので，光学活性なリ

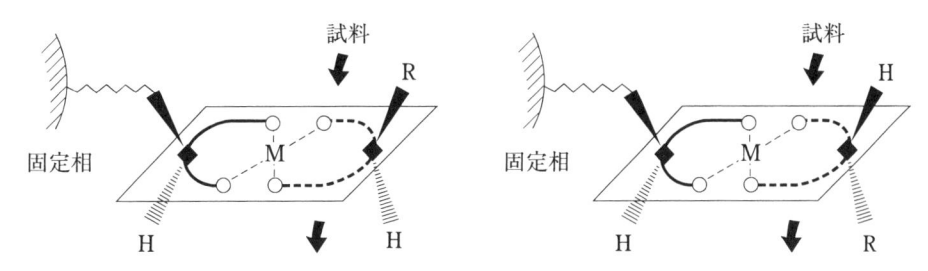

第1章　HPLCの基礎と分離　41

図2　配位子交換クロマトグラフィーによるキラル分離の模式図
日本化学会編，"化学総説 光学異性体の分離"，p.148，学会出版センター (1989)．

ガンドを固定相として使用し，金属イオン（通常はCu(II)イオン）を移動相に添加して分離を行います．図2に配位子交換クロマトグラフィーによるキラル分離の模式図を示します．固定相の表面にキラルな錯体が形成されているところに，アミノ酸のように金属イオンに配位することが可能な2種以上の官能基を有する試料が入ってくると，それらがさらに金属イオンに配位してジアステレオメリックな錯体が形成され，光学異性体が識別されることになります．また，キラルリガンドを，固定相としてではなく移動相中に添加する方法もあり，これもキラル配位子交換クロマトグラフィーの一種です．

　配位子交換クロマトグラフィーを用いたキラル分離は，非常に大きな分離係数が得られることが特長で，アミノ酸を誘導体にすることなく直接分離できる方法として活用されています．分離対象化合物として，アミノ酸の他，オキシ酸，アミノアルコール，ジカルボン酸などがあげられます．また，試料は，通常，銅錯体としてそのまま溶出されますので，UV吸収の少ない脂肪族化合物も感度よく検出することが可能となります．

　以上のように，配位子交換クロマトグラフィーは，少し特殊な分離モードであり，一般には使用する機会は少ないと思われますが，特定の分離目的においては，非常に有用な手法となりますので，このような分析を行う場合には，ぜひ選択肢としてください．

Question

23 構造異性体，幾何異性体，光学異性体などの**異性体を分離する**にはどのようなカラムが適していますか．

Answer

分子式は同じであるが，異なる化合物どうしを異性体といい，異性体を分類すると，次の表のようになります．

異 性 体	構造異性体	骨格異性体 官能基異性体 位置異性体
	立体異性体	幾何異性体 光学異性体

そのうち，構造異性体は，分子式は同じで分子の構造（原子の結合順序）が異なる化合物をさします．骨格異性体は，例えば，1-プロパノールと2-プロパノールなど，分子の枝分かれの違いによって骨格の異なる化合物で，また官能基異性体は，アルコールとエーテル，アルデヒドとケトンなど，官能基の異なる化合物どうしのことです．これらは，化学構造が異なる化合物ですから，その疎水性や極性がかなり異なってきますので，一般的なODSカラムなどを使用して，比較的簡単に分離することができます．

構造異性体のうち，位置異性体は，骨格に対して置換基のついている位置が異なる化合物を指し，二置換ベンゼンの o-, m-, p-異性体などがこれに該当します．この異性体もODSカラムなどで分離可能ですが，化合物の極性が類似していますので，逆相系カラムでは分離が難しい化合物もあります．そのような場合は，シリカゲルカラムやシアノプロピルカラムなどを用いた順相モードの方が良好に分離できることがあります．下図に，シリカゲルカラムを用いたニトロアニリン異性体の分離例を示します．

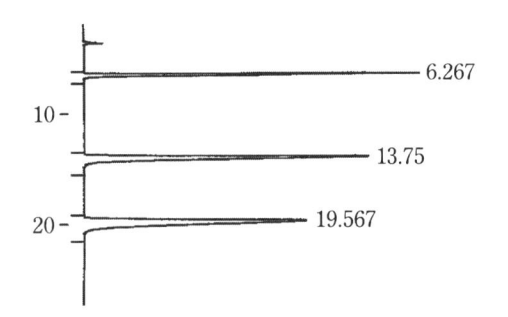

カラム：SUMIPAX SIL（4.6 mm i.d.×250 mm）
移動相：n-ヘキサン-2-プロパノール（90：10）
ピーク：6.26 min：o-ニトロアニリン
　　　　13.75 min：m-ニトロアニリン
　　　　19.56 min：p-ニトロアニリン

図1　ニトロアニリン異性体の分離

次に，立体異性体は，分子式と分子の構造（原子の結合順序）が同じで，分子の三次元的な立体配置が異なる化合物です．そのうち，光学異性体に関しては，それを化学的に変換することなく直接分離するには光学活性な成分を固定相としたキラル固定相を用いることが必要で，一般のカラムでは分離することはできません．光学異性体の分離については，本書の他の設問や，本シリーズの前書でも解説されていますので，ここでは省略します．

幾何異性体は，光学異性体以外の立体異性体で，*cis/trans* 異性体，*syn/anti* 異性体や，不斉中心が二つ以上あって1カ所の立体配置が異なるジアステレオマーなどが該当します．これらの異性体は，ODSやシリカゲルなど一般的な逆相系または順相系カラムを用いて分離が可能ですが，化合物どうしの化学的性質が類似していますので，分離困難な場合も多いといえます．そのような場合には，分離メカニズムの異なる以下のようなカラムが選択肢となります．

① π-電子相互作用型：フェニル基，ニトロフェニル基，フルオロフェニル基などの芳香族基を導入した固定相
② ホスト-ゲスト相互作用型：シクロデキストリン誘導体などを導入した固定相

その他，キラル固定相も，光学分離用に設計されたものですが，光学異性体以外の立体異性体の分離にも有効な場合があります．

実際に，異性体の分離メソッドを作成する場合，光学異性体以外は，まず，ODSカラムを試してみるのがよいと思われます．ODSカラムは，各メーカーの開発が進んでいて，さまざまな特性を有する高性能カラムが市販されていますので，異性体分離にも有用なことが多いようです．ODSカラムで分離が難しい場合，順相系のカラムや，上述したような分離メカニズムの異なる他のカラムを試してみるのがよいといえます．

Question

24 pHグラジエントとはどのような方法ですか，またどのようなとき使用したらよいのですか．

Answer

HPLCにおけるグラジエント法は濃度グラジエント法，塩グラジエント法，温度グラジエント法などがありますが，使用するカラム，溶媒および分離する物質によりさまざまな方法が採用されています．

pHグラジエント法は等電点電気泳動法の手段として知られていますが，イオン交換樹脂において塩グラジエントで十分な分離能が得られないときにも使用されています．

対象となる物質は高極性物質，すなわち解離基があり，pHにより分配係数が変化するものが対象となります．例えば，植物エキス，ペプチド，発酵生産物抽出エキスなどがあります．

pHグラジエントによる分離例として，manganese peroxidase(MnP)isoenzymesを培養液より沪過した試料を陰イオン交換樹脂で分離したときにpH 6～3.5, 6～4および7～4.5と変化させたときのクロマトグラムを下図に示します．

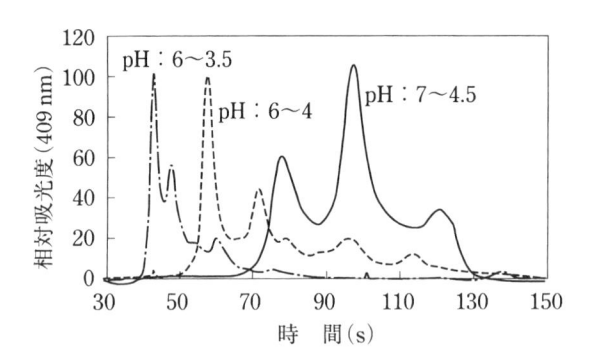

図1 pH 6～3.5, 6～4および7～4.5と変化させたときのクロマトグラム

この例では，pH 6～4が最も良好な結果でした．クロマトグラムは省いてありますが酢酸ナトリウムバッファーを使用しての濃度グラジエントでは二つのメインピークしか観察されていません．このようにpHグラジエントも有効なグラジエント法の一つであると考えられます．

Question

25 一般的に，カラム温度が高い方が保持時間は小さくなりますが，逆の現象が起こることはありますか．

Answer

保持時間の指標となる保持係数 k と温度の関係は，van't Hoff の式と呼ばれる次のような式で表されます．

$$\ln k = -\Delta H°/RT + \Delta S°/R + \ln \phi$$

ここで，$\Delta H°$：溶質の移動相から固定相への移動エンタルピー，$\Delta S°$：溶質の移動相から固定相への移動エントロピー，（両相中の溶質濃度がモル濃度単位で表される場合），ϕ：二相間の比率（固定相の体積/移動相の体積），R：気体定数，T：絶対温度

$1/T$ に対して $\ln k$ をプロットしたものは，van't Hoff のプロットと呼ばれ，$\Delta H°$，$\Delta S°$ および ϕ が温度に依存しない場合，図1のように直線になります．

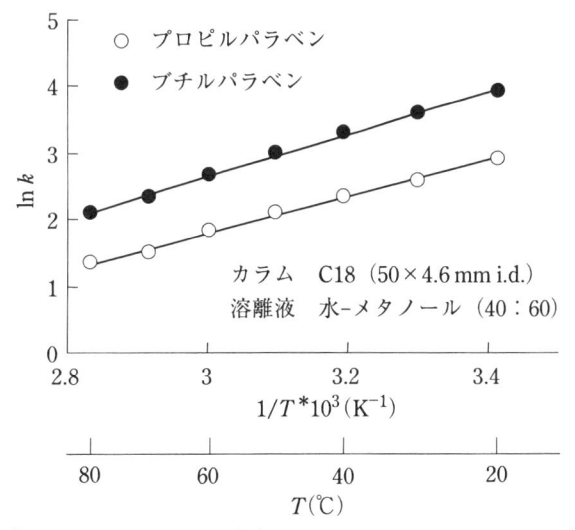

図 1 プロピルパラベンおよびブチルパラベンの van't Hoff のプロット
脚注文献[1] のデータを一部変更して使用．

質問の中でご指摘のように，一般的にカラム温度が高い方が，保持時間が小さくなる場合が多いようです．しかし，図2のように van't Hoff のプロットが曲線になるという報告もあり（上に凸の曲線になる場合もある），カラム温度が高くなっても，保持時間が大きくなる場合があります．van't Hoff のプロットが曲線になる原因としては，無極性分子の水中への低い溶解性などのいわゆる疎水性効果や温度による固定相の構造変化などがあげられています．

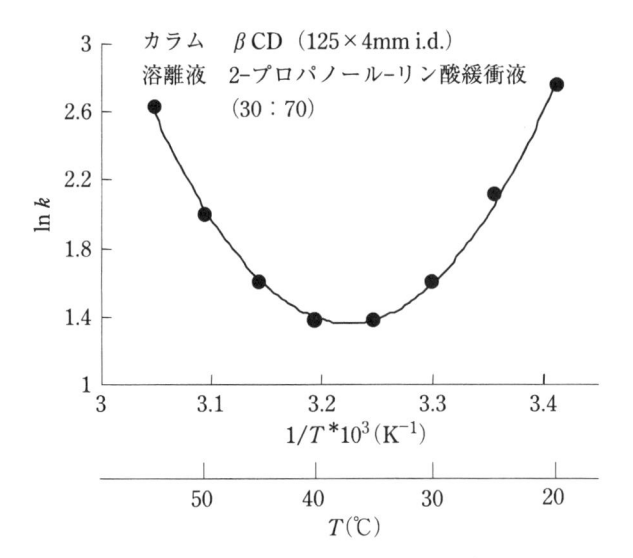

図 2 ビフォナゾールの van't Hoff のプロット
脚注文献[2] のデータを一部変更して使用．

---

1) T.L. Chester, *J. Chromatogr. A*, **1003**, 101 (2003).
2) N. Morin, *Anal. Chem.*, **70**, 2819 (1998).

Question

26 光学異性体を分離するためには，その化合物に適したキラル固定相を選択する必要があります．化学構造によって，分離しやすい化合物や分離しにくい化合物はありますか．

Answer

　キラル固定相を用いて光学異性体を分離する場合，固定相の光学活性成分と分離したい化合物との間の種々の相互作用により，固定相表面にジアステレオメリックな会合体が形成されます．光学異性体間でその会合体の安定性が異なることから，光学異性体がキラル固定相によって識別され，クロマトグラフィーによって分離されると考えられています．固定相と試料との間の相互作用としては，水素結合や電荷移動相互作用，ホスト-ゲスト相互作用などがありますが，それらの相互作用が単独にではなく，複数の相互作用が複雑に関与して，キラル分離が達成されます．

　したがって，分離したい化合物中に，キラル固定相と相互作用する活性点として官能基が必要になります．キラル固定相には種々のタイプがあり一概にはいえませんが，一般には，カルボキシル基やアミノ基など極性の高い官能基があるほど，固定相と相互作用を起こしやすくなり，分離しやすくなるといえます．逆に，官能基をもたない炭化水素だけの光学異性体は，HPLCでは通常，分離することが困難となります．例えば，水素結合・電荷移動型の低分子系キラル固定相を用いる場合は，水素結合を行う部位としてアミド結合や尿素結合を有する化合物が分離しやすくなります．また，クラウンエーテル型の固定相では，不斉点の近傍に第一級アミノ基を有する化合物を選択的に分離します．その他，不斉中心と官能基との距離も非常に重要であり，通常，不斉中心の近くに官能基があると分離しやすくなります．特に，不斉炭素またはその隣の炭素に官能基がついている化合物は，分離しやすい構造といえます．次の表に，低分子系キラル固定相の場合の"分離しやすさの目安"を示します．ただし，これは，あくまで経験による一般論であって，すべての化合物があてはまるわけではないので注意してください．

表 1　低分子系キラル固定相における分離しやすさの目安

	分離しやすい	分離しにくい
官能基の種類	-COOH　　-OH -NH$_2$　　>NH 　　　　-NHCO-	-COO- >N-　>C=O >C-O-C<
不斉中心と官能基の距離	近い	遠い
芳香族	芳香族	脂肪族
官能基の数	多い	少ない

高分子系キラル固定相では，低分子系とは分離のメカニズムが異なりますが，一般に，低分子系と比較して汎用性が大きく，一つの固定相で分離できる化合物数が多いといわれています．高分子系キラル固定相の場合でも，例えば，多糖系のキラル固定相では，固定相のセルロースに導入されている置換基と試料との間で，水素結合などの相互作用を行う部位が必要で，キラル固定相の種類に応じて，分離しやすい構造，分離しにくい構造があります．

　以上述べたことは，一般論であって，実際には，同じ官能基を有する化合物であっても，化学構造が少し異なるだけで，最適のキラル固定相が異なることもよくあります．キラル固定相の種類などについては，本シリーズの前書，「液クロ虎の巻」にも記されていますが，現在，万能のキラル固定相はありませんので，分離したい試料や目的に応じて最適の固定相を選択することが重要です．キラル固定相の選択に関しては，各カラムメーカーがさまざまなサービスを提供していますので，まず，メーカーに相談してみるのもカラム選択の近道といえます．

第 1 章　HPLC の基礎と分離　49

Question

27 配位子交換クロマトグラフィーを利用して光学異性体を分離する場合，**カラムおよび移動相の選択法**を教えてください．

Answer

　キラル固定相にはさまざまな種類がありますが，アミノ酸やオキシ酸のように，金属イオンに配位することが可能な2種またはそれ以上の官能基を有する化合物の光学異性体を，誘導体にすることなく直接分離したい場合には，キラル配位子交換クロマトグラフィーが非常に有効です．このタイプのキラル固定相として種々のカラムが市販されていますが，固定相のキラルリガンドとしてはアミノ酸誘導体や酒石酸誘導体などが用いられています．キラル配位子交換クロマトグラフィーでは，もともと分離対象となる化合物が限られていることや，比較的大きな分離係数が得られることから"キラル配位子交換クロマトグラフィーを使用しよう"と決定すれば，あとは，カラムの選択は比較的容易といえます．メーカーから提供されている技術資料などに豊富なアプリケーションが紹介されていますので，これらを参照するとカラム選択の参考になるでしょう．下図に，キラル配位子交換クロマトグラフィーを用いたアミノ酸光学異性体の分離例を示します．

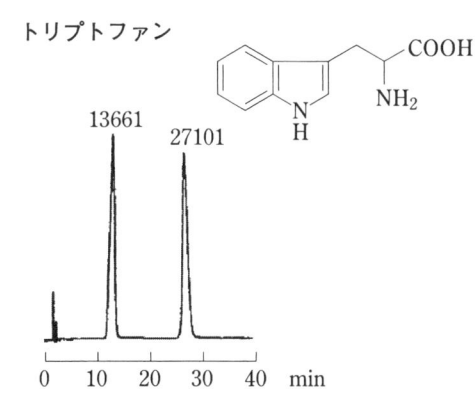

　トリプトファン

カラム：SUMICHIRAL OA-6100
　　　　（4.6 mm i.d.×150 mm）
　　　　（キラルリガンド：酒石酸モノアミド誘導体）
移動相：2 mmol/L　硫酸銅（Ⅱ）水溶液-
　　　　アセトニトリル（90：10）
検　出：UV 254 nm

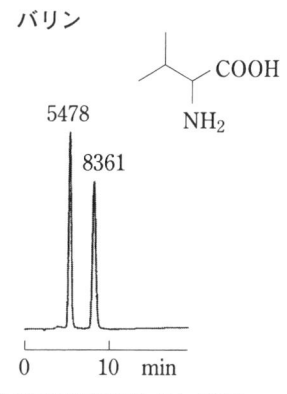

　バリン

カラム：SUMICHIRAL OA-5000
　　　　（4.6 mm i.d.×150 mm）
　　　　（キラルリガンド：ペニシラミン誘導体）
移動相：2 mmol/L　硫酸銅（Ⅱ）水溶液-
　　　　2-プロパノール（95：5）
検　出：UV 254 nm

図 1　アミノ酸光学異性体の分離例

　次に移動相ですが，キラル配位子交換クロマトグラフィーでは移動相中に Cu（Ⅱ）などの金属イオンを添加する必要があるため，通常，硫酸銅水溶液とアルコールやアセトニトリルなどの親水性有機溶媒の混液が用いられます．一般の逆相クロマトグラフィーと同様に，有機溶媒

濃度を変更して保持を調節します．ここで注意することは，配位子交換型のキラル固定相では，キラルリガンドがODSなどのカラムにダイナミックコーティングされたタイプが多いので，移動相中の有機溶媒濃度に制約があることです．規定外の濃度の有機溶媒を含む移動相を流すと，コーティングされていたキラルリガンドが溶出し，たちまちカラムが劣化してしまいます．キラル配位子交換クロマトグラフィーで分離対象となる化合物はアミノ酸やオキシ酸など，極性の高い化合物が多いので，通常は，移動相中の有機溶媒濃度をそれほど大きくする必要はないのですが，中には有機溶媒濃度を規定内の最大濃度にしても，保持が強すぎる化合物もあります．そのような場合は，長さの短いカラムを使用したり，カラム温度を高く設定したりします．その他の注意点として，リン酸緩衝液など銅以外の金属イオンなどを流したり，カラム内を水だけで置換したりすると，固定相表面でのキラル錯体形成能に変化が生じ，カラムが劣化する原因となることがあります．また，HPLC装置内に残存していた有機溶媒がカラム内に流入し，カラムが劣化することもありますので，カラム接続前には装置内の流路の洗浄を十分に行い，できれば，キラル配位子交換クロマトグラフィー用に専用のHPLC装置を使用するのが望ましいと思われます．

　このように，キラル配位子交換クロマトグラフィー用のカラムは，取扱い方法が一般のカラムとは異なることが多いので，カラムの保守，保存に関しては，メーカーの取扱説明書などをよく参照して，十分注意してください．キラル配位子交換クロマトグラフィーは，使い慣れないと，少し操作しにくい面もありますが，キラル分離法の中で非常に優れた手法であり，特に，アミノ酸を直接，光学分離したい場合には，非常に有効な方法といえます．

Question

28 ジアステレオマーを分離する場合，ODSカラムより，キラル固定相を用いた方が分離がよいのですか．

Answer

ジアステレオマーとは，光学異性体（エナンチオマー）ではない立体異性体のことをいい，幾何異性体もジアステレオマーの一種となります．通常，ジアステレオマーというと，不斉炭素が二つ以上あって，一つの不斉炭素の立体配置が同じである化合物どうしのことをさすことが多いので，ここでも，おもにそのような化合物を想定して回答を述べます．

ジアステレオマーはエナンチオマーとは違い，旋光度以外の物理化学的性質が異なりますので，キラル固定相を使用せずに分離することが可能です．もともと，キラル化合物を分離する場合，キラル固定相がまだ十分に開発されていない頃には，試料に光学活性な試薬を反応させてジアステレオマー型の誘導体として，一般カラムで分離する方法がよく用いられていました．

この設問の回答としては，化合物の構造によりますので，一般論では答えられません．キラル固定相でも，ジアステレオマーを分離することは可能ですが，光学異性体の分離を主目的に設計されているものですから，ジアステレオマーの分離がよいとはいえません．そのため，ジアステレオマーの分離だけを目的とする場合は，ODSカラムやシリカゲルカラムなど，アキラルな（キラルでない）カラムを第一選択にするのが一般的です．ただ，キラル固定相は，試料と固定相との間のさまざまな相互作用に基づいて分離が行われますので，化合物の構造によっては，ジアステレオマー分離であっても，キラル固定相が有効なことはあり得ます．ジアステレオマー分離を検討していて一般カラムで分離しない場合は，キラル固定相を試してみるのがよいでしょう．

不斉炭素が二つまたはそれ以上ある異性体では，エナンチオマーを含む複数の立体異性体が

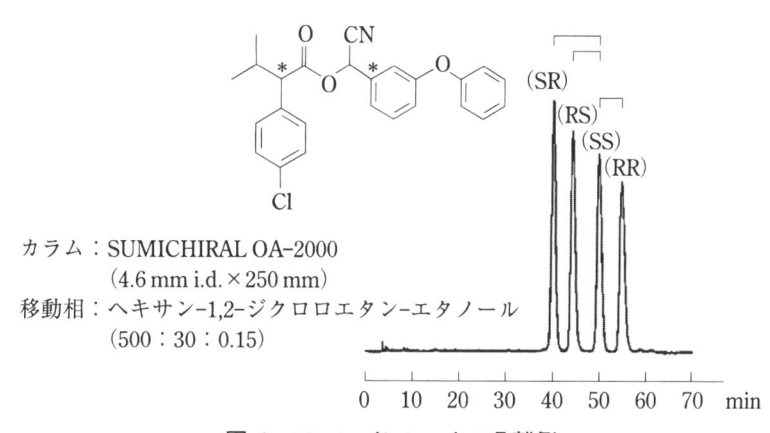

カラム：SUMICHIRAL OA-2000
　　　　（4.6 mm i.d.×250 mm）
移動相：ヘキサン-1,2-ジクロロエタン-エタノール
　　　　（500：30：0.15）

図1　フェンバレレートの分離例

存在します．エナンチオマーとジアステレオマーが混在する異性体を分離したい場合にはキラル固定相が有効です．以下の図に，キラル固定相を用いた殺虫剤の分離例を示します．この場合，主成分の(SS)体に対して，(RR)体がエナンチオマー，(SR)体と(RS)体がジアステレオマーの関係になりますが，四異性体が良好に分離します．

Q: 炭素含有量の少ないカラムの利点を教えてください．

A: 炭素含有量が少なくなると，一般に化合物の保持が弱くなります．したがって，分離度，選択性，付加量に問題がなければ分析時間を短縮することができ，分析のスループットを向上させることが可能です．

　また，炭素含有量の少ない充填剤は，グラジエント分析を行うさい，スループット向上のネックとなるカラムの再平衡化時間が短くなります．結果的に分析1サイクル当たりの時間を短縮できるので，スループット向上に有用です．

Q: 粒子径3 μmのカラムを使用していますが，メーカーやグレードによって，カラム圧がかなり異なることがあります．この理由は何によるのでしょうか．

A: 充填剤の粒子径の表示は，基本的に平均粒子径の値を丸めた切りのよい数値で示されています．したがって，3 μmの表示でも，一般市販品のカラム圧はかなり異なります．例えば，平均粒子径が2.8 μmでも3.4 μmでも，同じ3 μmの表示とされることがあります．この2種の逆相系充填剤を内径4.6 mm，長さ100 mmに充填し，水-メタノール（50：50）の移動相を温度40℃，流速1.0 mL/minで通液する場合，2.8 μmが15 MPa，3.4 μmが11 MPaと大きな圧力の差が認められます（配管系の圧損も含まれる実測値）．この差を明確にするために，最近の充填剤では3 μm表示以外に3.5 μm表示のものも市販されています．

　また，粒度分布に違いによってもカラム圧に差が生じます．すなわち同じ平均粒子径の充填剤でも，粒度分布の幅が広がるに従って大粒子間の隙間に小粒子が入り込むために空隙率が減少し，密に充填されることにより圧力が高くなる傾向があります．粒子径3 μmの充填剤は，カラム圧がどうしても高くなるため，メーカーにより若干の差はありますが，一般に分級がかなり厳密に実施され，粒度分布幅が狭く設定されています．

Q: 分析カラムや分取カラムでカートリッジタイプの利点と欠点を教えてください．

A: 一般的にカートリッジタイプカラムの特長は経済的な面が大きいです．カートリッジタイプのカラムはカートリッジカラムを固定するホルダ部分とカートリッジ部分で構成されています．

　カラムを交換するときはカートリッジ部分だけを交換するので，通常のカラムよりもコストが安くすみます．カラム交換方法も簡単に手で締めることが可能になっていますので，交換の容易さが特徴となります．また，カートリッジカラム自体の価格も通常のカラムより安く設定されていますので，ルーティン分析などで同じカラムを交換して使用する場合などはランニングコストが安くなります．

　欠点としては，カートリッジタイプのカラムはカラム充填が乾式充填になっていますので，カートリッジカラムを使用するときには，十分に移動相になじませてから使用しなければならないことがあげられます．分離能は一般カラムと差はありません．

Q： 分析機器でデッドボリュームという言葉がよく使用されますが，どのような意味でしょうか．

A： デットボリュームは日本語では死容積と直訳されます．一言でいうとHPLCの試料導入から検出にいたる流れの中で分離に寄与しない"なくてもよく，ない方が望ましい空間"のことをいいます．死容積が大きいとこの部分で拡散によりクロマトグラム上の諸々の不都合が発生します．例えばインジェクターからカラム先端までのデットスペースは移動相中での拡散により試料のゾーンが長くなり，結果としてピークのシャープさを低下させます．また，カラム出口から検出器の間のデッドスペースはここでの拡散により，物質のゾーンを広げ単位体積当たりの濃度（分子数）を低下させるためピークのシャープさを低下させます．また，せっかくカラム分離で分れた化合物の各ゾーンが拡散により再び混じり合うことも起こりえます．このためインジェクターからカラム，カラムから検出器の間は流速を考慮してできるだけ細い配管を用い，接続面は余分な空間ができないよう部品が工夫されています．

デットボリュームはクロマトグラフ以外の分野でもこのように"なくてもよく，ない方が望ましい空間"のことを呼ぶようです．

Q： 低pH（1～2以下）で高温（80～90℃）で使用できる逆相系カラムはありますか．

A： シリカ系のカラムではカラムの劣化と移動相のpHは密接な関係があります．低pHでは，化学結合型充填剤のおもな劣化原因はシリカに導入された結合相の脱落です．したがって，上記のような条件で使用できるカラムには，加水分解による結合相の脱落が抑制されている必要があります．基材シリカと結合相との結合の加水分解を抑制する方法としては，かさ高いアルキル基を側鎖に導入したシリル化剤を利用して結合相を導入することが有効です．通常使用されている $Si(Me)_2C_{18}H_{37}Cl$ のかわりに $Si(iPr)_2C_{18}H_{37}Cl$ などを用いて合成されたODSは，低pH，高温条件でも優れた耐久性を示します．

合成ポリマーの充填剤でもエステル系の合成ポリマーを利用したものでは，酸加水分解を受ける可能性があります．シリカ系，合成ポリマー系いずれの場合でも，低pH，高温条件下での使用に最適な設計がされている充填剤を選択することが重要です．

Q： 低pH（2以下）で使用する場合にもエンドキャッピングが必要ですか．

A： エンドキャッピングは，シリカ系充填剤で結合相の導入後に残ったシラノール基（残存シラノール基）を減らすために行われる処理です．残存シラノール基は解離するとマイナスイオンとなるため，プロトンが付加した塩基性化合物や解離した酸性化合物と相互作用し，これら化合物のテーリングなどの原因となります．シラノール基の解離はpH 4付近から顕著になりますが，pH 2以下ではほとんど解離していません．したがって，解離したシラノール基が示す相互作用はほとんど起こらないので，エンドキャッピングは必須ではありません．逆に低pHではエンドキャッピングのために導入された短鎖アルキル基のシリルエステルが加水分解され，元のシラノール基にも戻ってしまい，充填剤の表面状態が変化することがあります．

Q : 高pH範囲（9〜11）でルーティン分析できるカラムはあるのでしょうか．

A : 高pHの移動相による分離は特に，塩基性化合物の分離を最適化するうえで有用です．塩基性化合物をそのpK_aより高いpHの移動相で分離すると，

・化合物の疎水性が大きくなり逆相系での保持が強くなる
・選択性が変化する

などのメリットがあります．

　しかし，シリカ系充填剤では基材シリカが高pH域では溶解するため，このような分離条件は設定できませんでした．ポリマー系の充填剤では可能ですが，シリカ系充填剤に比べ理論段数などの性能が低い傾向があります．シリカゲルの溶解は未処理のシラノール基（残存シラノール基）が基点となるので，エンドキャップ処理を最適化することで，高pH域での耐久性を高めることは可能です．しかし，これだけでは高pHでのルーチン分析は困難です．最近，高pHでのシリカゲルの溶解を抑制する機能をもった化学結合相が開発されました．この結合相を導入し，エンドキャップ処理を最適化することにより，高pHの移動相で長期間にわたり利用できるODSが販売されています．

Q : ODSカラムで塩基性化合物の分析条件を検討するときに，低pHからスタートした方がよいと聞いたのですがどうしてでしょうか．

A : シリカ系充填剤を用いたHPLC分離では，充填剤の残存シラノールの影響をつねに念頭においておくことが必要です．塩基性化合物の分離を考えるとき，低pH域ではほとんどの塩基性化合物がプロトン化して電荷をもちます．このとき，解離した残存シラノールがあるとイオン交換相互作用により，ピークのテーリングなどが起こります．しかし，移動相のpHをシラノール基の解離が小さい，もしくはほとんど解離していない領域にすれば，イオン交換相互作用が極めて小さくなり，良好なピーク形状と分析精度を得やすくなります．もちろん，マトリックスの影響などにより中性に近いpHを利用しなければならないケースもありますが，は低pH域の移動相から検討を始める方が最適な分析条件をより短時間で得ることができます．

2章　検出・解析

Question

29 FTIRをSFC，SFEやHPLCの検出器として利用することはできますか．使用したときには，どんな特長があるのですか．

Answer

　フーリエ変換赤外分光光度計（FTIR）は，HPLC，超臨界流体クロマトグラフィー（SFC），超臨界流体抽出（SFE）の検出器として利用することできます．FTIRと分離分析システムとの接続には，大きく分けて二つの方法があります．一つは，UV検出器などと同じようにフローセルを取り付けることにより，モニターする方法です．もう一つは，オフラインとなりますが，赤外分光でよく使用される材質の結晶などの円盤上にカラムからの溶出物を連続的に付着させ，溶離液を揮発させた後，FTIRでスペクトル測定し，検出する方法です．前者は，フローセル内の溶離液の影響を受けますので，使用する溶媒の種類によっては，溶離液の赤外光の吸収により検出に利用できない波長領域があります．また，後者は，リアルタイムでの検出を行うことができないことになります．

　しかしながら，FTIRを検出器として用いた場合は，分子の振動による情報が得られますので，UV吸収がないような物質も検出の対象となると同時に，分子構造中の官能基や結合状態の違いなどを検出することができる利点があります．油脂類や高分子ポリマーなどの検出には，有力な検出手段となります．

　SFEの応用例を紹介します．

　図1は，超臨界二酸化炭素を用いて，コーヒー豆を抽出し，FTIRでモニターしたデータです．三次元スペクトルの変化をみることができます．このデータからトリグリセライドとカフェインと水の抽出パターンの違いを確認したデータを図2に示します．カフェインは，早く抽出されますが，脂質は，抽出の時間が遅くなることがわかります．このように抽出成分の特徴的な波数をモニターすることにより，抽出条件の変更に伴う経時的な成分組成比の変化情報なども観察することができます．

　SFCやSFEでは，高耐圧なフローセルを用いて，このような測定が行えます．HPLCでは，溶離液の影響により，有機溶媒系GPCや順相クロマトグラフィーなど有効に利用できることがあります．

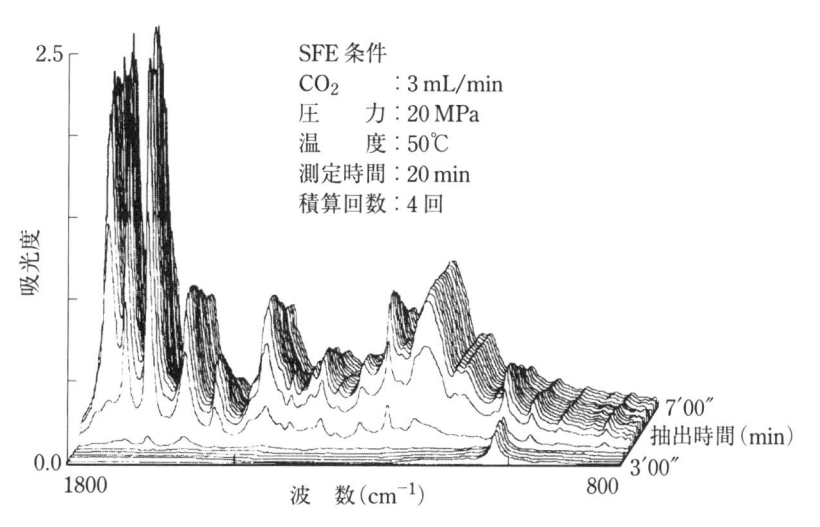

図1 コーヒー豆抽出成分の三次元 IR スペクトルによるモニタリング

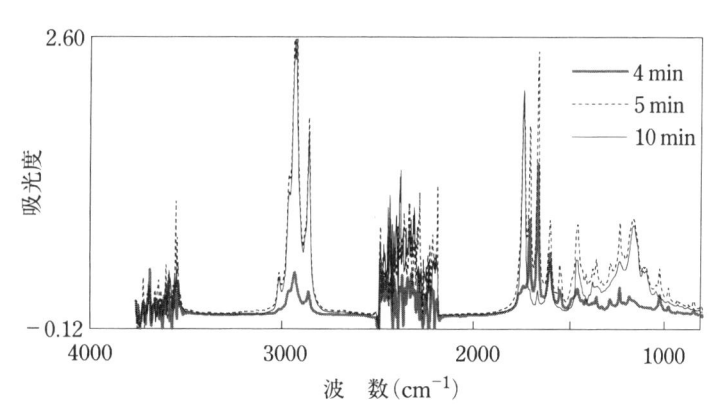

図2 抽出時間別(4, 5, 10 min)の抽出物の IR スペクトル

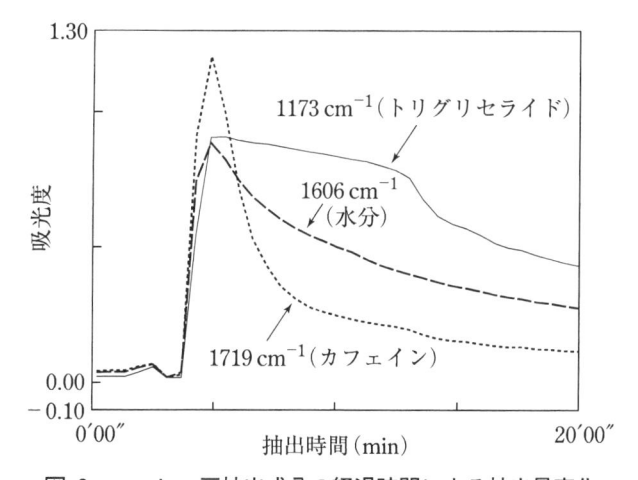

図3 コーヒー豆抽出成分の経過時間による抽出量変化

Question

30 蛍光物質の**蛍光強度を低下させてしまう溶離液条件や成分**を教えてください．

Answer

蛍光検出器は，高感度かつ選択的な検出が行える検出器として，多くの HPLC で使用されています．しかし，蛍光物質であるはずなのに，蛍光強度が小さくなってしまい，うまく検出できない場合があります．

このような現象の原因には，① 溶離液中に含まれる消光成分，② 分析目的成分の蛍光強度の減少，③ 溶離液中に含まれる成分による蛍光特性の違い，④ 実験室の温度変化などがあります．

いくつかの例を紹介します．

① 移動相の pH による影響：サリチル酸のようなイオン性の物質では，蛍光強度が pH により変化する場合があります．したがって，溶離液の pH を検出に適切な値の範囲で調整する必要があります．サリチル酸の場合は，pH が低い状態では，蛍光強度が減少してしまいます．pH 4.0 のときの強度を 1 としますと pH 2.0 のときその 1/20 程度と小さくなってしまいます（図 1）．

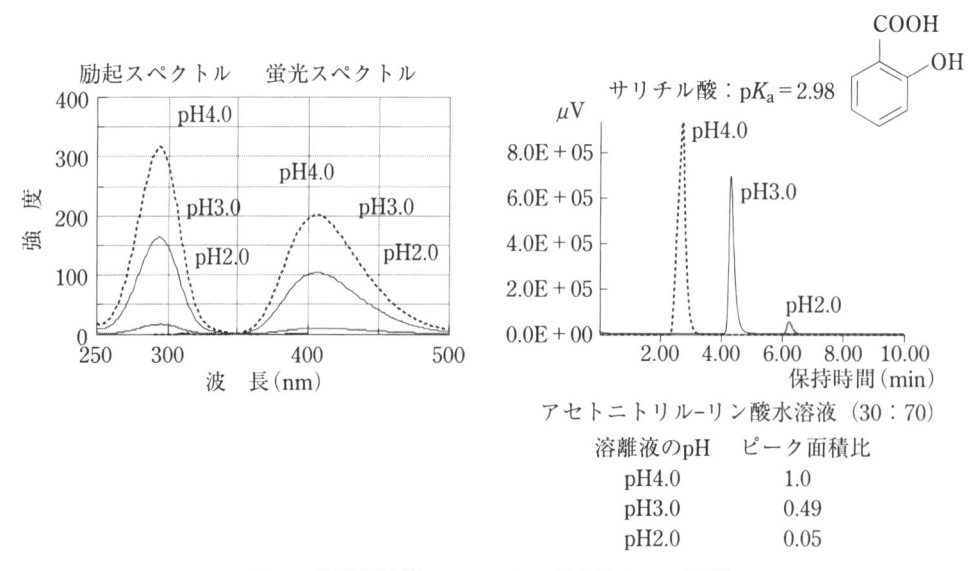

図 1 移動相溶媒の pH による蛍光強度への影響

② 有機溶媒の種類：メタノール，アセトニトリル，THF などの有機溶媒の種類によっても蛍光強度の変化や蛍光スペクトルの変化が生じてしまうことがあります．

③ 消光作用：溶離液中の溶存酸素が消光作用をもつことはよく知られています．「液クロ彰

の巻」Q 59 にも記載してありますので参照ください．それ以外にも硝酸イオンや臭素イオンなども消光作用を示すことがあります．溶離液中に硝酸イオンを添加して，アデニンの蛍光強度の変化を確認したデータを図2に示します．0.1％の硝酸イオンを添加すると，入っていないときの80％，0.5％では，40％程度の大きさの蛍光強度となってしまいました．

　このように，蛍光検出器を使用する場合は，蛍光強度に影響を与える物質や蛍光強度を低下させるような溶媒条件にしないように留意する必要があります．

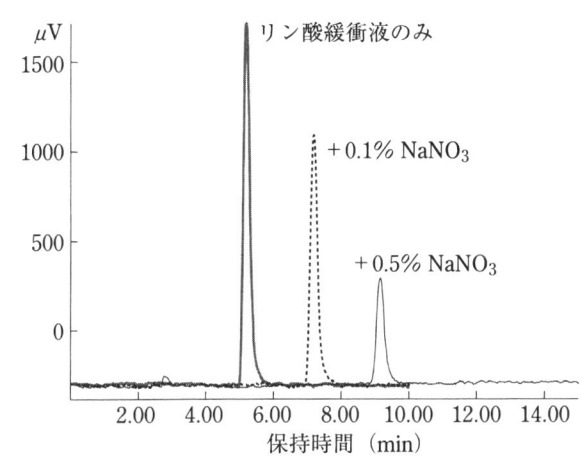

各条件でのアデニンのピーク面積値の比較
リン酸 Na 緩衝液のみ　　　　　　　　　　：1.0
リン酸 Na 緩衝液（硝酸 Na 0.1％含有）　：0.79
リン酸 Na 緩衝液（硝酸 Na 0.5％含有）　：0.40

測定条件
試料：アデニン
移動相：リン酸緩衝液
pH2.2（＋0.1％，0.5％硝酸ナトリウム）
カラム：Develosil C-30
流量：1 mL/min
検出波長：Ex 280 nm　Em 306 nm,
Gain：×10
レスポンス：slow

図2　移動相中硝酸イオンによるアデニンの蛍光強度の低下

Question

31 古いUV/VIS検出器の波長正確さはどのように確かめたらよいでしょうか.

Answer

UV/VIS検出器の波長正確さ測定法としては，一般には以下のような方法があります．

1. **重水素ランプを用いる方法**

重水素ランプ固有の輝線（486.0 nm および 656.1 nm）と0次光（0 nm）を利用する方法で，これら輝線の波長との比較を行います．多くの装置では，自動的にチェックができるようになっています．

2. **低圧水銀ランプを用いる方法**

低圧水銀ランプ固有の輝線（253.7 nm）を利用する方法で，標準重水素ランプのかわりに別途用意した低圧水銀ランプを挿入して，この輝線との比較を行います．最近の装置では，波長正確さ測定用の低圧水銀ランプが標準装備（内臓）されている場合があります．

3. **カフェイン溶液を用いる方法**

カフェインの極大吸収（272 nm）を利用する方法で，標準カフェイン溶液をセルに封入して，その極大吸収波長との比較を行います．ただし，この方法ではあくまでもスペクトルを利用しているため，極大吸収にはある程度の幅がありますので，厳密に波長正確さを求める場合には適しません．なお，標準カフェイン溶液は，いくつかのメーカーからバリデーション用として市販されています．

さて，実際に波長正確さを測定する場合ですが，基本的にはお使いになっている装置の取扱説明書に記載されている測定方法に従ってください．ただし，古いUV/VIS検出器でそのような記載がない場合には，上記の方法を利用することができます．1.の方法を用いるのが最も簡便であり，この場合，マニュアルで波長を1 nmずつ変化させながらその信号を記録します．2.の方法では，低圧水銀ランプを固定する専用のホルダーが必要ですので，あまり適用できないかもしれません．3.の方法では，標準カフェイン溶液をセルに封入して波長を1 nmずつ変化させながらその信号を記録します．

Question

32 レーザー蛍光検出法の利点と，弱点は何ですか．

Answer

　最近では，微量成分を高感度で検出する必要性が求められており，従来 HPLC 検出の主流を占めていた UV 検出から必要に応じて蛍光検出，電気化学検出が行われております．その中でもレーザー励起蛍光（laser induced fluorescence, LIF）検出器は，現在の検出方法の中でも最も検出感度の高い方法の一つとされております．

　レーザーはより多くの励起エネルギーを供給することにより，励起される分子が多くなり，結果として強い蛍光が得られ検出感度が上昇します．

　検出感度は，UV 検出器に比べて 10000 倍以上の感度が得られ，また一般の蛍光検出器に比較して 100 倍以上の感度が得られるといわれております．

　一般の蛍光検出器（図1(1)）とレーザー励起蛍光検出器（図1(2)）とのアントラサイクリンを測定したときの感度の比較例を次の図1に示してあります．

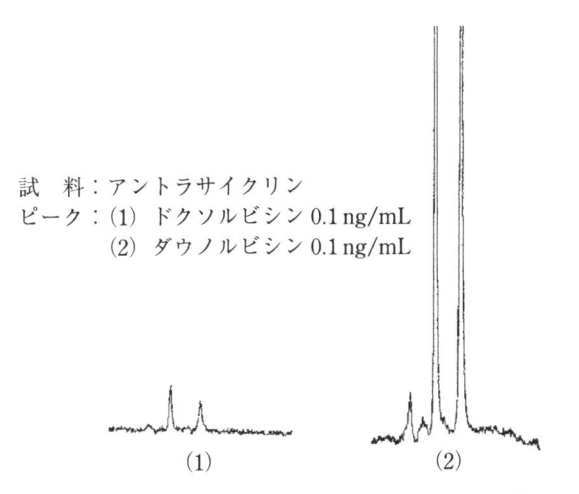

試　料：アントラサイクリン
ピーク：(1) ドクソルビシン 0.1 ng/mL
　　　　(2) ダウノルビシン 0.1 ng/mL

図1　一般の蛍光検出器とレーザー励起蛍光検出器との感度の比較

　また，LIF 検出器の代表的な光学系の模式図は図2のようになっています．

　図からもおわかりのように，検出器のフローセルはキャピラリーセルとなっているため，キャピラリー電気泳動装置およびマイクロ HPLC にはそのまま接続できますが，一般の HPLC 装置ではスプリッターなどを使用して流量の調整を行うことが必要となることもあります．

　また，蛍光検出器は波長をスキャンすることが可能ですが，LIF 検出器ではレーザー光を利

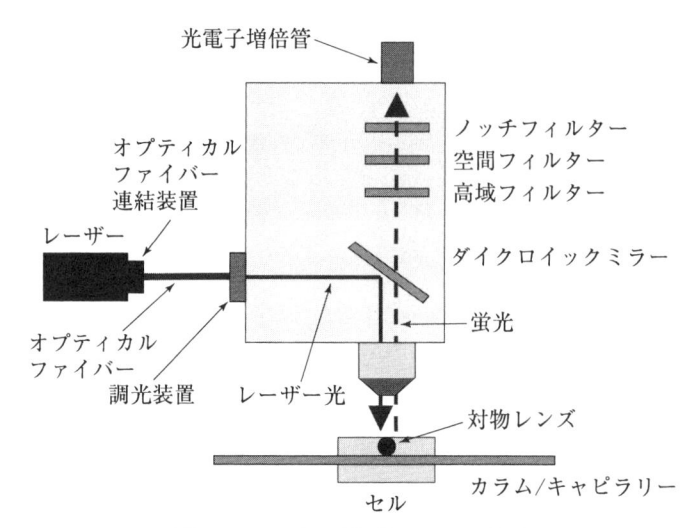

図2 レーザー励起検出器の工学系

用していることにより基本的に一波長での検出となります．
現在使用可能な波長は次の表の通りです．

表1 現在使用可能なレーザー波長

波長(nm)	レーザー	波長(nm)	レーザー
780	ダイオード	532	二重ダイオード
670	〃	514	アルゴンイオン
650	〃	488	〃
635	〃	442	ヘリウム-カドミウム
633	ヘリウム-ネオン	355	パルスレーザーダイオード
594	〃	325	ヘリウム-カドミウム
568	クリプトン	266	パルスレーザーダイオード
543	ヘリウム-ネオン		

また，価格は波長によって違いますが，数百万円程度であり，一般の蛍光検出器と比較して高価となっています．

結論として，LIF検出器には下記の利点と弱点があげられます．

利　点：
- 少ない試料で分析が可能（貴重なサンプルに最適）．
- 非常に低濃度の試料の分析が可能（高感度）．
- 濃縮作業の省略が可能（作業の省力化）．

弱　点：
- 誘導体化が必要（一部の蛍光をもつ物質は除く）．
- 波長が固定式（レーザー光源を使用するため）．
- 価格が高価．

Question

33 検出器からの**データ取込み・ピーク検出に関しての注意事項**を教えてください.

Answer

　検出器からデータを取り込むさいの注意事項として,"サンプリングピリオド（収集周期）"および"タイムコンスタント（TC：時定数）"を適切に設定する必要があります．これらの設定の違いにより，同じ分析においてもクロマトの形状が異なる場合がでてきますので，このパラメーター設定にはよく注意を払う必要があります．

1. サンプリングピリオドの目安

　ピーク形状にあわせてデータ収集を行うことが重要で，シャープなピークの場合は収集周期を短くし，ブロードなピークの場合は長い周期でデータを収集します．一般に保持時間が短い場合ピークはシャープになり，保持時間が長い場合シャープはブロードになる傾向があります．したがって，時間ごとにサンプリングピリオドが変更できるデータ処理装置の場合，分析の途中においてサンプリングピリオドを適宜変更することにより，最良のクロマトグラムを描かせることが可能になります．正確な面積を求めるためにはピーク1個につき20〜30点のデータ数が必要です．

2. 時定数がクロマトの形状に及ぼす影響

　図1は時定数2秒と0.05秒としたときのクロマトグラムを重ねて書いたものです．時定数0.05秒の場合，BとCのピークはほぼ分離していますが，時定数2秒の場合，二つのピークの分離が非常に悪くなっています．また，時定数0.05秒の場合，ピークA，Fはシャープに形状を維持していますが（理論段数が高い），時定数が2秒の場合は，極端にピークのキレが悪くなっています．

　一般に，流速1mL/minの分析では，時定数は0.5〜2秒が最適です．

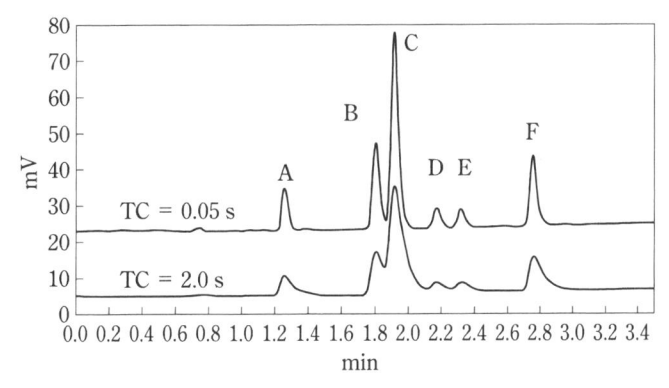

図1　時定数がクロマト形状に及ぼす影響

3. ピーク検出に関しての注意事項

まず，データ処理装置がピークを検出するアルゴリズムについて解説します．一般的にピークの始まりを検出する代表的な方法として，① 微小時間におけるピークの連続的変化を検出する方法（ピークの立ち上がりを算出する方法），および② S/N を算出し，ある一定の信号が連続して得られるようになった点を検出する方法など，たくさん考案されています．

以下に①および②をあわせた方法でのピークの検出方法について説明します（図2参照）．

データ収集が終了すると指定されたサンプリングピリオドに従ってデータを比較し，その最大点（ピークトップ）をみつけます．トップから下がっていく状態を順次調べ，連続5点のデータ変化量（ΔD）がピーク検出基準（α）より大きいときピークとして検出します（図2A）．ピーク検出基準（α）はノイズ値×ピーク感度で計算されます．

また，ピーク検出基準（α）はピークのスタート点，エンド点の検出にも用いられます（図2B）．スタート点の判定はピークトップからスタート方向へ連続5点のサンプリングデータの変化量（ΔV_n）を順次計算し，各点の変化量とピーク検出基準（α）との比較で行います．次の条件を満たしたときスタート点と判断されます．

① $\Delta V_n > \alpha$ が連続3回以上であること
② $|\Delta V_n - \Delta V_{n-1}| \leq \alpha/8$

図2Bでは S 点がスタート点となります．このとき変化量 ΔV_n はサンプリングピリオドの設定により変化しますので，スタート点・エンド点をうまく検出していない場合はサンプリングピリオドを長くして再測定する必要があります．

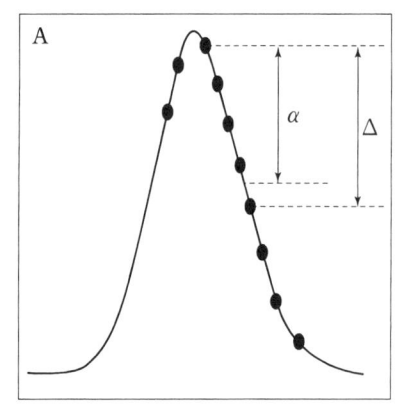

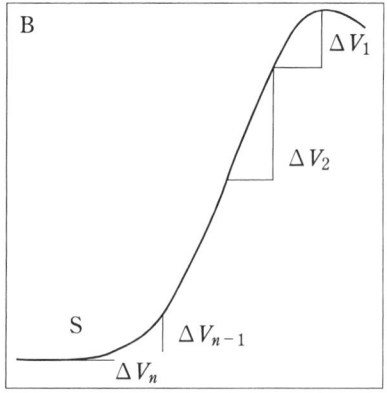

図2 ピーク検出のアルゴリズム

Question

34 LC/NMRはどのようにしたらできるようになりますか，またその利点と欠点は何ですか．

Answer

1. 原　理

　LC/NMRとは，文字通り分離用のLCシステムと構造情報が得られるNMRをオンラインで接続し，分離・構造解析を同時に行うシステムです．システム構成を図1に示しました．LCシステムで分離した成分を直接オンフローで，またはループに一度蓄えた後，NMRのフローセルプローブに送り構造解析します．NMRプローブの種類や測定法により，^1Hや^{13}C, ^{15}N, ^{19}F, ^{31}Pなど核種の構造情報を得ることができます．

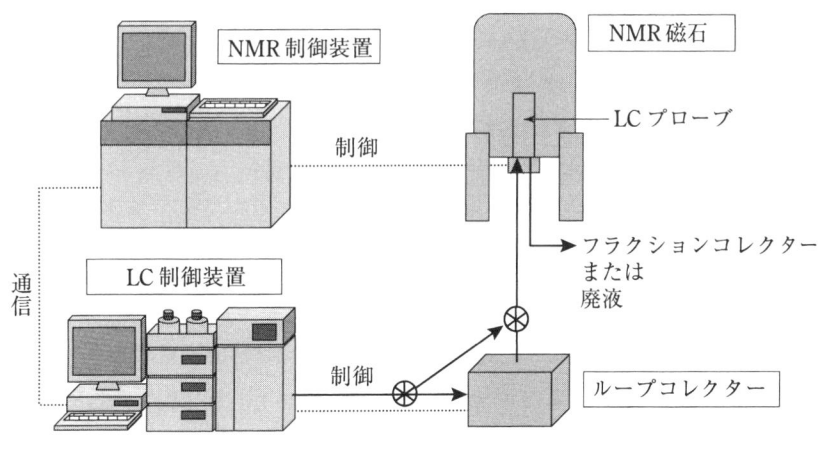

図1　LC/NMRの構成

2. 利　点

　従来，微量な天然物や製品中の微量不純物，生体試料中の薬物代謝物等をNMRで構造解析する場合，HPLCで数ミリグラムを分取し，凍結／真空乾燥した後に重水素化溶媒に溶解するなど多工程の前処理が必要でした．LC/NMRでは試料をLCシステムに注入するだけで構造解析まで行えるので，大幅な分析時間の短縮になります．分取工程を必要としないので，光や熱，酸素などに不安定な化合物の構造解析にも有効な手段です．構造異性体が混在し，分取すると変質してしまう成分にも有効です．合成高分子など分子量や立体構造，化学構造に分布をもつ化合物群は，サイズ排除クロマトグラフィーなど目的にあった分離を行った後，NMR測定を行い，キャラクタリゼーションにも使用されています．LCで分離後スプリッターを用いて試料をNMRとMSに同時送液すれば，質量情報も同時に得られるLC/NMR/MSが可能であり，コンビナトリアルケミストリーなどで大量合成される化合物のハイスループット構造

解析にも応用可能です．このように LC/NMR は広範囲に活用されています．

600 MHz の NMR を用いた場合，1回の測定に必要な試料注入量は μg オーダー（検出下限は 50～100 ng）であり，微量試料を NMR で取り扱えることも利点です．また，LC 部分は通常の分析条件（カラム内径 2～4.6 cm，流速 0.2～1.5 mL/min）で使用でき，移動相に塩類が入っていても測定が可能です．ただし通常測定する核種はプロトンが多いので，移動相や塩（酢酸やギ酸のような有機塩）に由来する大きなシグナルを低減化するために重水素化された試薬を用います．

3. 欠　　点

必要試料量が通常の試料管を用いた NMR 測定より少なくすむとはいえ，LC/MS の感度と比較すると（必要注入量は μg オーダー）ずっと低いといえます．したがって高感度が必要であれば，より高磁場（600 MHz 以上）の NMR 装置が必要になるため高価なシステム構成になります．すでに両者をもっているユーザが LC/NMR システムを構築しようとする場合は，新たに LC/NMR 専用のフローセルプローブを購入する必要があります．分析条件では上記したように重水素化した溶媒（D_2O，CD_3CN，CD_3OD など）や塩（CD_3COOD など，リン酸は問題ない）を準備する必要があり，通常の LC 分離よりもコストがかかります．

また，NMR の超伝導磁石の近くに HPLC 装置を設置する必要があるため，近くに設置しすぎると漏えい磁場の影響で機器が磁石に引き寄せられ，事故につながる可能性があるので注意が必要です．通常 HPLC は磁石を中心とした 5 ガウスラインの外側に設置しますが，高磁場の磁石になるほど 5 ガウスラインが広がります．分離に与える影響を考慮すると LC から NMR までの配管はなるべく短くしたいところです．この点に関しては，近年漏えい磁場がほとんどない自己遮蔽型マグネットが普及してきており，改善されると考えられます．

4. 測　定　法

代表的な LC/NMR の測定法に ON-FLOW 法，STOP&FLOW 法，FRACTION LOOP 法があります．これらの特徴を説明します．

① ON-FLOW 法は移動相を流しながら連続して一次元 NMR を測定する方法です．複数の成分はカラムで分離された後，そのまま LC プローブで分析されるので，得られるデータは縦軸が保持時間，横軸が化学シフトを示す二次元スペクトルです．等高線プロットを保持時間でスライスすると各成分に対応する NMR の一次元データが得られます．NMR はモル比に忠実なスペクトル強度が得られるので，LC 部分で分離が不十分であっても保持時間でスライスすることにより，NMR スペクトル上で二つの成分を区別でき，構造情報を得ることができます．弱点としては，移動相とともに流れている成分を測定することから，時間分解能を上げるために NMR 測定の積算時間を多くできません．そこで通常は感度のよい核種（プロトンが多い）の測定を行い，サンプル量も比較的多く必要とします（50 μg 以上が望ましい）．

② STOP&FLOW 法は LC で分離された成分が LC プローブに送液され時点で移動相をストップさせ NMR 測定を行います．あらかじめ検出器（UV など）で保持時間を確認し，流路

体積と流速から正確にLCプローブ内のフローセル中で目的成分が止まるよう厳密に制御します．通常のNMRと同様に積算時間を増やして感度を上げることができるため，ON-FLOW法よりも少ないサンプル量（数 μg）で感度よく測定ができます．また ^1H-^1H や ^1H-^{13}C の二次元NMR（COSY, NOESY, TOCSY, HSQC, HMBCなど）も測定が可能なので，詳細な構造情報を得ることができます．ただし長時間の測定では成分が移動相中で拡散し，分離度が低下することがありますので注意が必要です

③ FRACTION LOOP法はLC部分で分離した各成分を一度ループに分取した後，任意の成分をLCプローブに送液してNMRを測定する方法です．36個のループが内蔵されたループカートリッジなども販売されており，ソフトウェア上で制御することができます．LCプローブ内のフローセル中で静止した状態でNMR測定を行うので利点はSTOP&FLOW法と同じですが，単一の成分に分取してあるので移動相中での拡散による分離度の低下は問題になりません．ループ内で安定に保管できる試料であれば，複数の成分を一度のLCで分取後，順次NMR解析を行うことができます．

5. 発 展 性

NMRは構造情報が得られる反面，質量分析に比べ感度が低いという問題を前章で取り上げましたが，感度向上に向けた技術革新が多く実用化されています．マグネットの高磁場化も進行中（現在900 MHzまで実用化）ですし，NMRプローブ（rfコイルとプレアンプ）を極低温に冷却し熱ノイズを減らすことで感度を約4倍上げる（測定時間が1/16以下になる）クライオジェニックプローブのLC/NMR用製品も販売されています．また，LC後に測定したい成分をオンラインで固相抽出カラム上に濃縮し，溶出後LCプローブに送液してNMR測定をするLC/SPE/NMRや，キャピラリーLCとNMRを結合したキャピラリーLC/NMRも感度を上げる手段として製品化されています．後者は必要サンプル量が20 ng～1 μg（検出下限は～5 ng）と微量ですむうえ，1回の分析で用いる重水素化溶媒量が数 mLに抑えることができるメリットがあります．

このようにLC/NMRはLCとNMRの技術進歩により今後も発展していくと考えられ，新たな活用法も開発されていくと期待できます．

Question

35 検出器でAUFS設定とインテグレーターのAUあるいはmV表示の関係を教えてください．またピークエリアのuV・secという単位についても教えてください．

Answer

　UV検出器においては吸光度（absorbance unit, AU）をどのように電気信号出力（V）に反映させるかを約束事として定めています．検出器の機種によっては，用途にあわせて設定を変更することも可能ですが，多くのケースで1 V＝1 AUという設定がされています．この場合，ピークの強度を示す，mVとmAUは全く同義になります．

　AUFSという単位は，absorbance unit full scaleの略で，プロッター，または，モニター上のfull scaleがどの程度の吸光度（AU）に相当するかを意味しています．

　インテグレーターにあるAttenuation（通常AttとかAttenなどと略される）もAUFSと同じ意味合いのパラメーターであり，Attenuation＝nというのは，2^n mVFS（mV full scale）という意味です．例えば，Attenuation＝5は32 mVFSを意味し，1 V＝1 AUの場合は，32 mAUFSと同義になります．

　インテグレーターが受け取ることができる信号強度には制限があります．メーカーによっても異なりますが，通常プラス側には十分な幅がありますが，マイナス側はあまり余裕がありません．このため，ドリフトなどでベースラインの位置がマイナス側に振れた場合，適切な定量ができなくなることがあるので注意が必要です．

　同様の理由により，検出器の基準（0 AU）とインテグレーターの基準（0 V）を，電源を入れるたびにあわせておくことも重要です．

　面積の単位 μV・sec（または，mV・sec）は，ピーク強度（y軸）を時間軸（x軸）側に積分したものを意味しています．また，ピーク検出にかかわるパラメーター（Slope, Drift）などといった定量パラメーターは，ピーク強度の微分値（＝傾き）で規定されており，μV/minなどの単位が使われています．

　なお，ランベルト-ベールの法則によれば，吸光度（A）＝モル吸光係数（ε）×濃度（C）×セル長（L）となり，吸光度はランプエネルギーの影響を受けません．また，通常UV検出器のセル長は10 mmで一定です．したがって，同一化合物を分析する場合は，装置が異なっていても，ピーク高さ値やピーク面積値を直接比較することができます．これはUV検出器の大きな特徴の一つです．

Question

36 LC/ICPの利点と欠点を教えてください．

Answer

まず，ICPについて説明しましょう．

ICPとはinductively coupled plasma（誘導結合プラズマ）の略で，高周波発生装置と検出器を組み合わせた無機元素分析装置のことです．イオン源としてアルゴンプラズマを使用しており，ミスト状にした溶液サンプル中の測定化合物を個々の原子にまでばらばらにし，ほぼ完全にイオン化し，原子固有の発光線（ICP/AES (atomic emission spectroscopy)），あるいは質量（ICP/MS(mass spectroscopy)）を検出します．

この装置を使えば，金属元素それぞれの総量を定量することができます．しかし，よく知られているように，環境や生体中では，価数が異なったり，有機置換基と結合したり，また錯体，抱合体など，さまざまな化学形態をもった金属元素が存在します．その形態によって，生体との相互作用が異なり，生体への影響も大きく異なります．化学形態によって毒性が異なる例として，三価と五価のヒ素，三価クロムと六価クロムなどが有名です．

現在，金属元素の化学形態別分析（スペシエーション）に関心が高まっています．化学形態の異なる化合物を定量する手法の一つとして，カラムで分離した後にICPで無機元素特異的なクロマトグラムを得るLC/ICPが開発されました．図にはヒ素化合物の化学形態別分析の事例を示しました．環境水中のヒ素は，ほとんどが無機体のヒ酸[As(V)]，亜ヒ酸[As(III)]として存在し，わずかにモノメチルアルソン酸（MMAA）やジメチルアルシン酸（DMAA）が検出される場合があります．これらの陰イオン性のヒ素は，陰イオン交換モードで分離できます．もちろん，その他のさまざまな元素，スズ，リン，硫黄，鉄，銅，亜鉛，ケイ素が結合した化合物だけを特異的に検出することも可能です．LC/ICPでは，元素を検出しているため，同じ元素であれば，どの化合物も構造中の元素の数ごとに同じ感度が得られます．このため，化学式がわかっていれば，標品がなくても定量することができます．

ICPに試料を導入するさいの適正流速は0.5〜2mL/min程度であるため，物理的には，HPLCの流路をICPの入り口につなぐだけで測定はできます．

しかし，以下のような，いくつかの制約があるため，実施例が限られているのが現状です．

一つは，ICPに導入できる溶媒が限られることです．特にメタノール，アセトニトリルといった有機溶媒を導入することができないため，通常は，イオン交換クロマトグラフィーやゲル沪過クロマトグラフィーの検出器としてしか使用できません．また，リン酸緩衝液などの不揮発性の移動相も長時間は導入することができません．移動相の種類によっては妨害を受けて測定できない元素もあります．さらに，試料を噴霧してイオン化するため，ピークが広がり，

分解能が低くなってしまう問題もあります．

このような問題を解決することがLC/ICPの課題です．

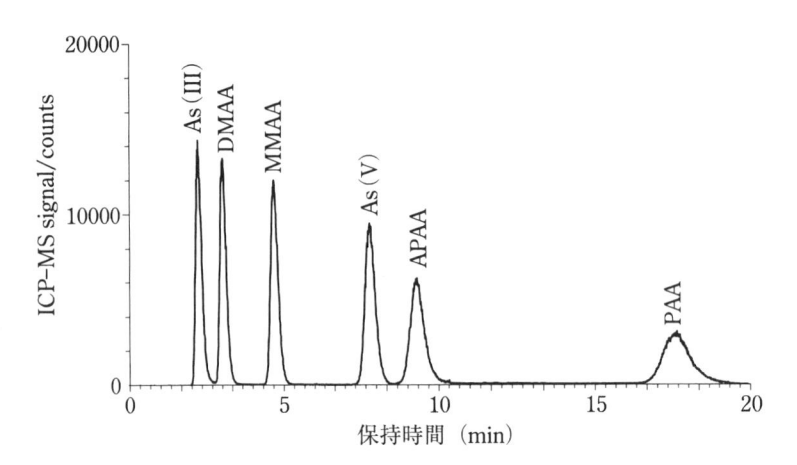

条件：カラム, G 1836 A Opt 101/102；移動相, 2.0 mM リン酸緩衝液/0.2 mM EDTA-2 Na（pH 6.0）；試料, 100 µg As/L each, 50 µL.（APAA：アミノフェニルアルソン酸, PAA：フェニルアルソン酸）

図1　陰イオン交換モードによるヒ素の測定例

出典元：Agilent Technologies, Inc.

Question

37 光化学反応検出法の原理について教えてください．

Answer

　HPLCにおける光化学反応（photochemical reaction）検出法とは，ポストカラム誘導体化法の一種で，目的成分の誘導体化を反応試薬ではなく，光照射（フォトン）によって行う方法です．この方法の利点は，通常のポストカラム誘導体化法で必要な試薬送液用ポンプが不要になるうえ，反応試薬の調製や廃液処理の問題もないという点です．

　光化学反応検出法に用いられる流路図の一例を以下に示します．

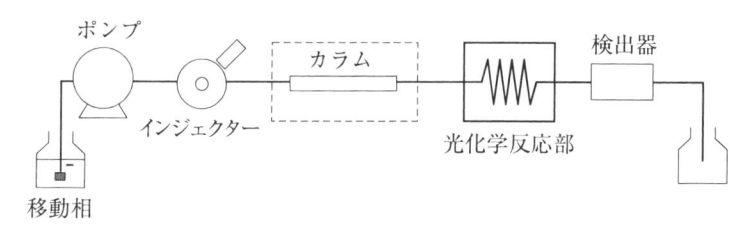

図1　光化学反応検出法の流路図

　光化学反応部は比較的シンプルであり，通常光源と反応管で構成されています．光源としては，低圧水銀ランプやキセノンランプなどが用いられ，反応管としては，一般に紫外光の透過性がよいPTFE樹脂が用いられます．反応部は，光源の光ができるだけ多く照射されるように，反応管を光源ランプの周りに巻きつけたり，反応容器内面に反射板を貼りつけたり工夫されています．この反応部については，市販品もあります．

　一般に光化学反応と呼ばれる反応は，数多く知られています．HPLCのポストカラム誘導体化法に適用される場合，光化学反応により紫外検出，蛍光検出あるいは電気化学検出が可能になる，もしくは増感されることがポイントとなります．また，HPLCでは，移動相がつねに反応部を流れるわけですから，移動相（有機溶媒，塩類，イオンペア剤，pH，不純物など）が反応に悪影響を与えないことが必須です．本法の応用例としては，フェニル尿素系除草剤，アフラトキシン，N-ニトロソ化合物の分析などがあります．

Question

38 化学発光検出法の原理について教えてください．

Answer

物質が光，熱，放射線，化学反応などのエネルギーを吸収し，熱放射を伴わずに光エネルギーを生じる現象をルミネッセンス（luminescence）と呼びます．ルミネッセンスは，さらに光エネルギーにより励起されるフォトルミネッセンス（photoluminescence），化学反応により励起される化学発光（chemiluminescence），そして生物化学反応により励起される生物発光（bioluminescence）に分類されます．

蛍光検出法は，フォトルミネッセンスの一種であり，光源ランプからの光を利用して物質を励起します．これに対して，化学発光検出法では，原子あるいは分子どうしの化学反応により生じるエネルギーにより物質を励起します．

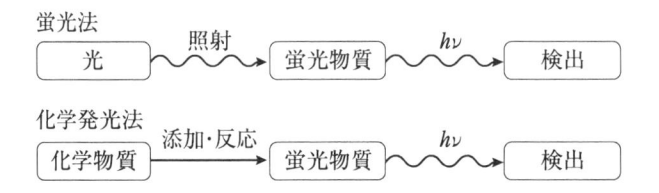

```
蛍光法
 光 ──照射──▶ 蛍光物質 ──hν──▶ 検出

化学発光法
 化学物質 ──添加・反応──▶ 蛍光物質 ──hν──▶ 検出
```

この現象を利用したのが化学発光検出器であり，光源ランプを用いない点が蛍光検出器と大きく異なります．すなわち，化学発光検出器では，化学反応により生じた光をフォトマルなどにより直接検出することになり，光源の変動，迷光などの影響を受けないため，一般に蛍光検出法より高感度検出が可能となります．ただし，化学反応のためにはカラム溶出液に別流路から反応試薬を添加する必要がありますので，ポストカラム誘導体化法のようなシステムが必要となります．

化学発光検出法の例としては，ルミノール法があります．ルミノールは強塩基性下，過酸化水素，Fe^{3+} あるいはパーオキシダーゼなどの存在により，青色の光を出すことが知られており，ルミノール-パーオキシダーゼを反応試薬として用いると過酸化脂質などの過酸化物を高感度に分析することが可能です．また，シュウ酸ジエステルと過酸化水素との反応系もよく用いられます．この場合，シュウ酸ジエステルとしてはTCPO（ビストリクロロフェニルオキザレート）が一般的であり，TCPOと過酸化水素により生じる活性中間体が蛍光物質を励起して発光させるものと考えられています．

Question

39 電気伝導度検出器の測定原理を教えてください.

Answer

一定の組成をもつ電解質溶液の円筒状の液柱 ab において，ab 両端の断面積 S, ab 間の距離 l に電流 I を流したとき，ab 間に生じる電位差 U を考えます．このとき，電解質溶液の電気伝導性は，オームの法則から式(1) のように表されます．

$$U = IR = \frac{I \cdot \rho \cdot l}{S} \tag{1}$$

ここで，R：電解質溶液の電気抵抗，l：ab 間の距離，S：断面積，ρ：溶液の抵抗率．

溶液の電気伝導性は，式(2)に示すように，抵抗率の逆数である伝導率 κ が用いられます．

$$\kappa = \frac{1}{\rho} = \frac{l}{R \cdot S} \tag{2}$$

伝導率の単位は，S/m (S はコンダクタンスの SI 単位で Ω^{-1} に等しく，ジーメンスという) です．電解質溶液中で電荷を運ぶのは，溶液中に溶けている正または負イオンです．電解質溶液の伝導率は，溶液中に存在する全てのイオンの移動速度および濃度で決まります．したがって，電位勾配下においてイオンの移動速度が早いほど，またイオンの濃度が高いほど伝導率が大きくなります．すなわち，式の誘導は省略しますが，溶液の伝導率は式(3)で与えられます．

$$\kappa = \sum C_i \lambda_i \tag{3}$$

ここで，C_i：イオン i の濃度，λ_i：イオン i のモル伝導率．

一般に，電解質のモル伝導率は，濃度が高くなるにつれて減少する傾向があります．この傾向は弱電解質で特に著しくなります．コールラウシュ (Kohlrausch) は，完全解離型電解質のモル伝導率と濃度の平方根との間に直線関係があることを見出し，次の経験式(4)を提案しました．

$$\lambda_i = \lambda^\infty - A\sqrt{C_i} \tag{4}$$

ここで，λ^∞：無限希釈におけるモル伝導率，A：定数．

電解質の濃度が極めて低い範囲（数百 ppm 以下）では，モル伝導率は無限希釈におけるはモル伝導率に等しくなり，一定の値を示します．したがって，電解質濃度の低い範囲では，イオンの伝導率はその濃度に比例することがわかります．

HPLC で利用される電気伝導度検出法では，検出セル内の電極間に交流電圧を印加し，通過した溶液中の試料成分の電気伝導率（電気抵抗率の逆数）を測定し，伝導率と濃度の比例関係から電解質の濃度を算出する方法です．溶液中の試料成分の電気伝導率は，上の式に示したように，水溶液に電解している陽イオンと陰イオンのそれぞれのイオンの濃度とモル伝導率の積

を合計した値（総電気伝導率）です．このことは，同じイオン成分であっても，共存している対イオンの種類によって伝導率の値が異なることを表しています．例えば，濃度1mMの塩素イオンは対イオンがナトリウムイオンであるとき，約126 μS/m (50+76=126) の電気伝導率を示し，対イオンが水素イオンであるとき，約426 μS/m (350+76=426) というさらに高い値を示します．次の表に，代表的な陽イオンおよび陰イオンについて，水溶液（25℃）中のモル伝導率 λ^∞ を示します．

また，電気伝導率は温度の影響を受けやすく，1℃上昇するごとに約1.7％増加します．そのため，電気伝導度検出器では，精度の高い温調を行ったり，実際の温度を測定して，基準温度の電気伝導率を示すように温度補正を行ったりします．

表 1　代表的なイオンの無限希釈におけるモル伝導率 λ^∞

陽イオン	λ^∞ (S cm²/mol)	陰イオン	λ^∞ (S cm²/mol)
H^+	350	OH^-	198
Li^+	38.6	F^-	55.4
Na^+	50.1	Cl^-	76.3
K^+	73.5	Br^-	78.1
NH_4^+	73.5	NO_3^-	71.5
$1/2\ Mg^{2+}$	53.0	$1/2\ CO_3^{2-}$	69.3
$1/2\ Ca^{2+}$	59.5	$1/2\ SO_4^{2-}$	80.0

Question

40 電気伝導度検出器でどのようなものを測定できますか.

Answer

　電気伝導度検出器の測定原理はすでに説明したのでここでは省略します．HPLCで扱われる電気伝導度検出器は，水溶液中でイオンとなっているほぼ全ての物質を検出できるという汎用性があります．この検出器は，分離モードに低交換容量のイオン交換クロマトグラフィーを用いて，水に溶解したハロゲンイオン，硝酸イオン，硫酸イオン，リン酸イオンなどの陰イオンの分析に広く利用されています．一般に，この分離分析法は，イオンクロマトグラフィー（IC）と呼ばれ，雨水，河川水，上水，地下水をはじめとする環境計測に，また，原子力発電所冷却水，半導体洗浄水，めっき液など安全衛生や製品の品質管理に役立っています．この他，水溶液中でカチオンとして安定して存在する金属イオン，金属との錯体イオン，アンモニウムイオン，第四級アルキルアンモニウムイオンなどが測定できます．表1に，特に本項で取り上げた陽イオンおよび陰イオンの水溶液（25℃）中の無限希釈におけるモル伝導率を示します．表1に示したように，伝導性をもつ物質は無機化合物だけではありません．陰イオン性の物質として，有機酸化合物も測定可能です．醸造や食品分野で用いられている有機酸分析システムにも電気伝導度検出器が利用されています．有機酸分析では，低分子量の有機酸の分離に最適なイオン排除クロマトグラフィーとポストカラムpH緩衝化法を用いて，カラムから溶出される移動相に緩衝液を混合して，有機酸を解離状態にすることでイオン性に変化させた後，電気伝導度検出器で検出します．

　電気伝導度検出器を使用するさいの留意点：汎用的に用いられている電気伝導度検出器によるイオンクロマトグラフ法は，大きくサプレッサー方式およびノンサプレッサー方式に分けられます．

表1　水溶液（25℃）中のイオンの無限希釈におけるモル伝導率 λ^∞

陽イオン	λ^∞(S cm^2/mol)	陰イオン	λ^∞(S cm^2/mol)
NH_4^+	73.5	$HCOO^-$	54.5
$(CH_3)_4N^+$	44.9	CH_3COO^-	40.9
$(C_2H_5)_4N^+$	32.6	$C_2H_5COO^-$	35.8
$(C_3H_7)_4N^+$	23.4	ClO_3^-	64.6
$(C_4H_9)_4N^+$	19.4	BrO_3^-	55.7
$1/3[Co(NH_3)_6]^{3+}$	102	IO_3^-	40.5
$1/3[Co(en)_3]^{3+}$	74.7	$1/3[Fe(CN)_6]^{3-}$	101
$1/2 Zn^{2+}$	52.8	$1/4[Fe(CN)_6]^{4-}$	110
$1/2 Pb^{2+}$	69.5	安息香酸イオン	32.8
$1/3 Al^{3+}$	63	1/2 酒石酸イオン	64
$1/3 Fe^{3+}$	68.4	1/2 フタル酸イオン	52
$1/2 Fe^{2+}$	53.5	1/3 クエン酸イオン	70.2

図 1　サプレッサー方式による感度増加の効果

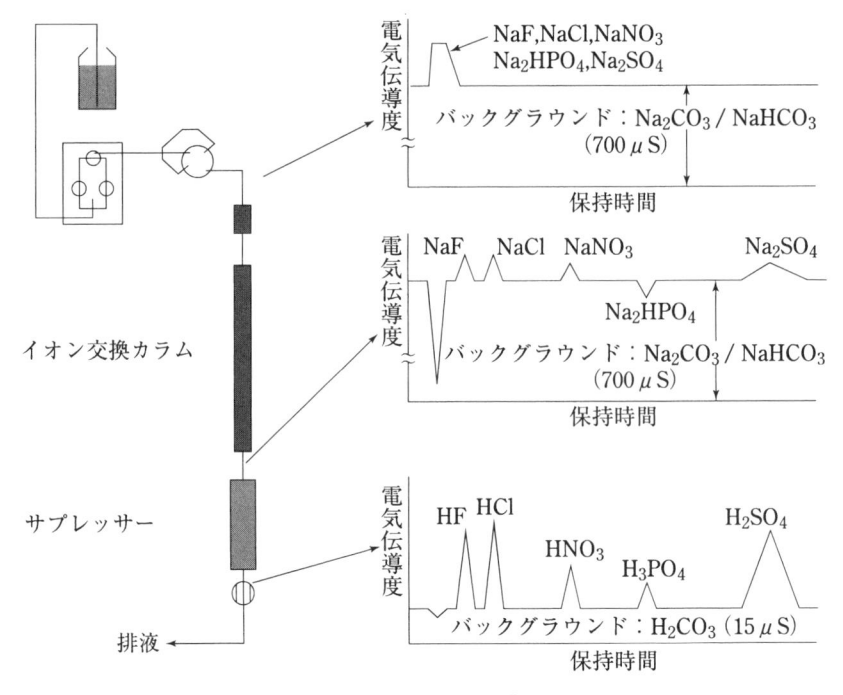

サプレッサー方式：サプレッサー方式による感度増加の効果を図1に示します．サプレッサーは溶離液のバックグラウンドの電気伝導率を低下させ，測定対称イオンの対イオンをモル伝導率の高いイオン（例：Na^+ から H^+ へ）と交換して検出感度を向上するための装置です．現在では，イオン交換膜やイオン交換樹脂を用いたサプレッサーが多く用いられています．サプレッサー方式の特長は，バックグラウンドの伝導率が低いため，温度変化や流量変動に対してベースラインノイズに与える影響が小さいことです．留意点としては，装置構成がやや複雑になるため，メンテナンスや保守管理に比較的時間が費やされることです．

ノンサプレッサー方式：溶離液を選定することにより，サプレッサーを用いることなく高感度検出を可能としたICです．ノンサプレッサー方式で高感度化を達成するためには，バックグラウンドの伝導率を低く抑えるとともにシグナル強度ができるだけ大きくなるよう溶離液を選択する必要があります．したがって，ノンサプレッサー方式のICでは，モル伝導率が低く，溶出力が強いイオンを用いることが最適です．一般に，芳香族カルボン酸イオンが陰イオン分析における溶離液イオンとして用いられます．この理由として，芳香族カルボン酸イオンの分子量が大きいためモル伝導率が低いこと，疎水相互作用により固定相に保持されやすく，溶出力が大きいことがあげられます．ノンサプレッサー方式の利点は，装置の簡素化，保守の容易さに加え，分析条件の自由度が高くより多くの成分への適用が可能なことです．高感度化に対しては，検出器の温度制御を高精度にする，送液ポンプの脈流を低く保つなどが求められます．

第2章 検出・解析　79

Question

41 HPLCに用いられる検出器にはどんなものがありますか．また，検出器をタンデム（直列）につないで測定するさいにどのようなことに注意したらよいですか．

Answer

表1　HPLCに用いられる代表的な検出器の種類および特長

名　　称	略　　称	特　　長
紫外検出器	UV (ultra violet)	検出器紫外線の波長領域(190～370 nm)に吸収をもつ物質が検出できます．
可視検出器	VIS (visible)	検出器可視光線の波長領域(370～900 nm)に吸収をもつ物質が検出できます．
フォトダイオードアレイ検出器	PDA (photodiode array) 検出器	紫外線または可視光線に吸収をもつ物質に対し，溶出時間，波長および吸光度の三次元クロマトグラムを表示させることができます．採取したスペクトルと標準スペクトルを比較して同定や純度チェックなどを行います．
示差屈折率検出器	RI (refractive index) 検出器	移動相の溶媒と異なる屈折率をもつ全ての試料成分が対象となり広範囲な化合物に適応できます．
電気電導度検出器	CD (conductivity detector) 検出器	イオン性物質に対してほとんど全て応答します．
蛍光検出器	FL (fluorescence) 検出器	紫外線または可視光線を照射することで，蛍光を発する化合物（例：多感芳香族化合物）に対して高感度に検出できます．
電気化学検出器	EC (electrochemical) 検出器	酸化・還元性の官能基を有する物質に対し選択的に測定できます．
化学発光検出器	CL (chemiluminescence) 検出器	化学反応エネルギーまたは発蛍光エネルギーを受けて自身発光する物質を測定します．高感度かつ特異的ですが対象物質が限られます．
旋光度検出器	OR (optical rotation) 検出器	光学異性体（右旋性，左旋性）をもつ物質を判別して測定することができます．
蒸発光散乱検出器	ELS (evaporative light scattering) 検出器	溶離液を蒸発させて残ったサンプルに光を照射しその散乱光を測定します．グラジエント溶離条件下でも適用できます
多角度光散乱検出器	MALS (multi angle light scattering) 検出器	高分子化合物の分子量を直接測定できます．
質量分析計	MS (mass spectrometer) 検出器	常温で気体でないほとんどの有機化合物を同定定量できる．
誘導結合プラズマ質量分析計	ICP/MS 検出器	有機化合物中の無機化合物（金属イオン）を選択的に測定します．

HPLCだけでなくクロマトグラフィーでは，所定の分析時間が必要となるため，試料中に混在する多成分を同時に一斉に分析する検出方法は不可欠となります．一般にHPLCに用いられる検出器の種類および特長を表1に示します．これらの検出器は現在でも分析の目的や分析対象物質の特性に応じて使い分けられます．それは1台の検出器で，高感度，選択性，分析対象範囲のカバー，定性情報入手など全てを満足できる万能の検出器が存在しないからです．このような場合，分析対象物に特異的な検出器を直列に接続して，それぞれの検出器から必要な情報を得た後，それらの情報を統合するようなことを行っています．例えば，図1に示すように，飲料水中の無機陰イオンを一斉分析する場合，一般的な陰イオンは電気伝導度検出器を用いて，臭素酸イオンはポストカラム誘導体化法（三臭素酸イオン法）によるUV検出器を用いてそれぞれを高感度に選択的に定量することができます．検出器を直列に接続する場合，以下にあげたいくつかの留意点がありますので参考にしてください．

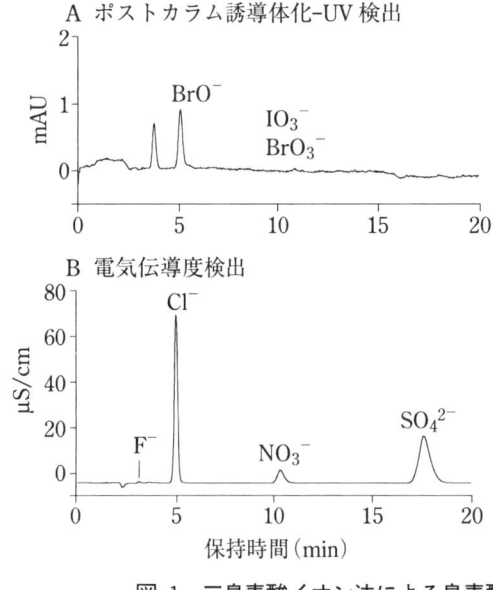

カラム：	IonPac AG12A, AS12A
溶離液：	2.7 mmol/L Na_2CO_3
	0.3 mmol/L $NaHCO_3$
溶離液流量：	1.0 mL/min
反応液：	①1.5 mol/L KBr, 1.0 mol/L H_2SO_4
	②1.2 mmol/L $NaNO_2$
反応液流量：	①0.4 mL/min, ②0.2 mL/min
反応コイル：	0.5 mL（40℃）
試料導入量：	100 μL
検出：	UV/VIS検出器（268 nm）
試料：	水道水

図1　三臭素酸イオン法による臭素酸および一般の陰イオンの同時分析法

1．検出器の耐圧性

一般に，検出器のセルは耐圧に限界値があります．蛍光検出器の接続の順番を間違えたため，蛍光検出器に用いられている高価な石英セルを破損してしまったということがあります．セルの耐圧を確認し，大きな数値をもつ方を上流側に接続します．一般的なセルの耐圧を表2に示します．例えば，PDA検出器と蛍光検出器を直列に接続する場合，PDAを上流側に，蛍光検出器を下流側に接続します．

表 2　一般的な検出器のセルの耐圧性

検出器	耐圧(MPa)	備　考
UV(VIS)検出器	10〜15	PDA 検出器も同じ
電気伝導度検出器	3〜5	
蛍光検出器	1以下	
示差屈折計検出器	1以下	
電気化学検出器	―	電極構造・測定方式による

2．セル容量および検出器の配管チューブ内径

　試料成分は，少なからずセル内で多少拡散が発生し，分離効率が低下します．検出器のセル容量およびセルに接続されている配管チューブの内径を確認し，できるだけ拡散の影響が小さくなるように接続します．セルの耐圧に著しい違いがなければセル容量や配管チューブの内径の小さいものを上流側に接続します．また，それぞれの検出器間の接続は，不必要な容積を増やさないために直接コネクターで接続します．

3．測定成分の化学的変化

　検出器の測定原理から，その対象成分の活性部位の化学変化や反応性生物を利用しているものは，最も下流側に接続しなければなりません．前者のタイプの検出器として，電気化学検出器や質量分析計などがあります．後者のタイプの検出器としては，UV 検出器，化学発光検出器，蛍光検出器などのように検出器の前で化学反応試薬を添加してその反応生成物を分析する検出器も下流側に位置することになります．図1に示した水溶液中の臭素酸イオンをポストカラム誘導体化法（三臭素酸イオン法）により UV 検出法で測定する場合が，このよい例です．

　以上のことに留意しながら接続の順番を決定しなければなりません．しかし，電気化学検出器と質量分析計を接続する場合，両方の検出器とも測定対象物に化学変化や分解が起こるため，直列に接続できない場合もあります．このようなときは，スプリッターを介してそれぞれの検出器を並列に接続することで対応できます．

Question

42 検出器をミクロ化するとどのような効果がありますか．

Answer

　検出器には，大きく質量応答性と濃度応答性の2種類があります．HPLCで使用される検出器は，ほとんどがカラムから溶出される成分濃度に比例した出力信号をだしますので，濃度応答性の検出器です．例えば，UV/VIS検出器，蛍光検出器などがそれにあたります．したがって，セル容量を微小にした場合，カラムからでる成分濃度が同じであれば出力信号は変化せず，ノイズの大きさが一定の場合，感度は変化しないことになります．ところが，UV/VIS検出器の測定原理であるランベルト-ベールの法則からわかるように，検出される吸光度は，試料溶液の濃度と光路長の積に比例します．セル容量の微小化に伴い，光路長が小さくなれば，当然感度は低下します．それでは，検出器を微小化するメリットはいったいどこにあるのでしょうか．

　近年，極微量の試料量や極微量濃度を扱う医化学・バイオ関連の分野において，キャピラリーやナノカラムを使ったHPLC法が脚光を浴びています．これは，キャピラリーやナノカラムのような内径の小さいカラムを使用すると，ピーク容積を小さく抑えることができるので，成分濃度を増加し，検出感度が著しく向上するためです．キャピラリーやナノLCでは，カラム外での拡散を少なくすることが最重要となるため，配管チューブの内径をできるだけ小さくし，配管接続箇所を少なくし，検出器のセル容積を小さくして，溶出成分の拡散をできるだけ抑える必要があります．そこで求められるのが検出セルのミクロ化です．キャピラリーやナノLCで一般的に使用されるUV検出器は，通常キャピラリーチューブの一部を加熱により変性させて透明にしたセルを使用します（図1を参照）．このときのセルの光路長はわずか0.02〜0.15 mmですから，コンベンショナルLCのセルの光路長10 mmの1/100以下になり，高感度化にはつながりません．

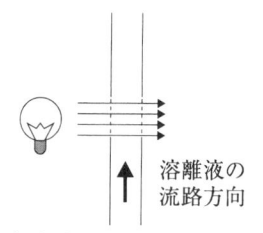

光路長：0.02〜0.15 mm　　図1　従来型のセルの構造

　そこで，通常のUV検出器のセルの光路長10 mmと同じ長さのキャピラリーセルを用いることができれば感度の増加が期待できます．それには，図2に示したようにキャピラリーチューブをZ形またはU形に成形して中央の通路に流路方向に光を通すと，拡散を抑制し，かつ，高感度化につながります．

光路長：
8～30 mm

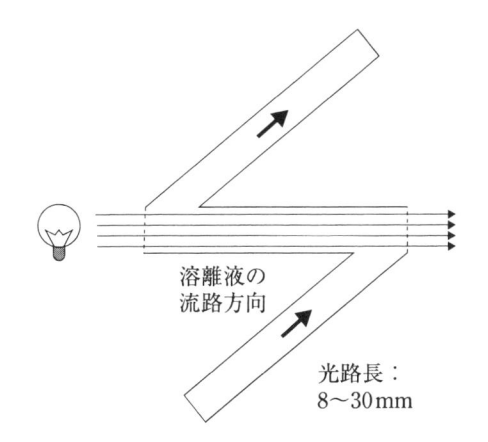

図2 Z形のセルの構造

この二つのセルを比較するため，同じ分析条件で，試料として核酸混合物を分析した結果を図3のクロマトグラムに示します．分析した絶対量で比較しますと，Z形セルを使用した場合（右のクロマトグラム）は，従来法の検出セル（左のクロマトグラム）と比較して検出感度が2000倍増加し，かつ，分離度も顕著に増加していることがわかります．

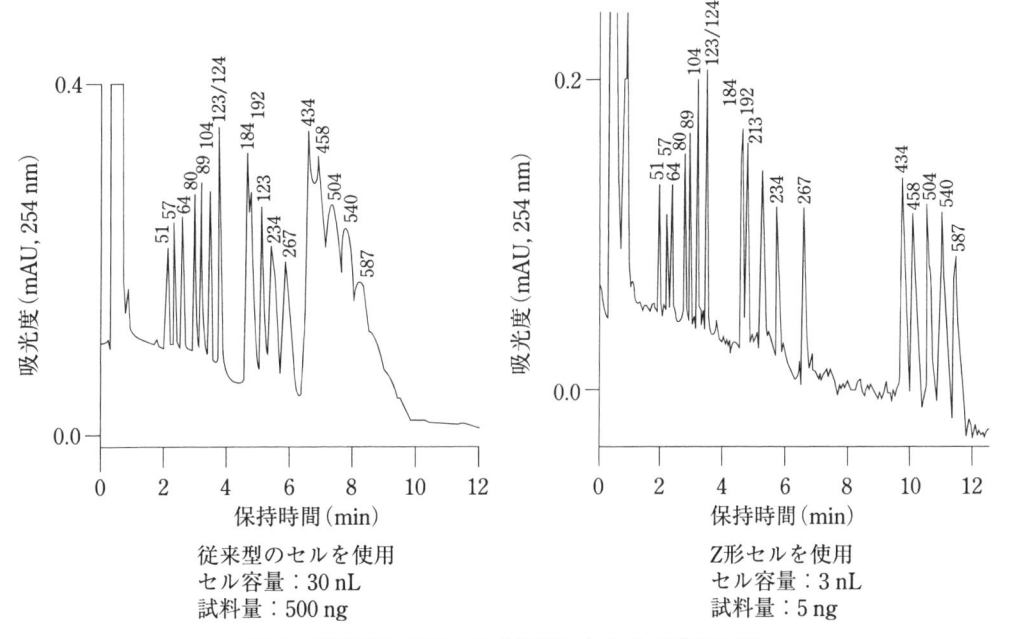

従来型のセルを使用
セル容量：30 nL
試料量：500 ng

Z形セルを使用
セル容量：3 nL
試料量：5 ng

図3 従来型とZ形セルを使用したときの感度比較

セル容量のミクロ化は，高感度と高分離度を特長とするキャピラリーLCやナノLCには必須のツールとなります．この他，電極の微小化による電気化学検出器，レーザー光を使用した蛍光検出器などセルのミクロ化技術は，マイクロセパレーションに広く応用されていくことになり，分析用途も広がることが予想されます．

Question

43 液体クロマトグラフィーでのオンカラム検出法について説明してください．

Answer

　通常の検出では，分離カラムより溶出した試料を，例えばUV検出器などを用いて検出します．オンカラム検出ではカラム中に存在する試料を，その場で検出する試みです．オンカラム検出は固定相に保持された成分(試料)も検出しますので，ピークの高さが保持時間に関係なく一定に保たれることになり，保持の大きな試料の感度の向上が期待されます．

　オンカラム検出の原理を理論段数4の分配型カラムで説明します．

　検出器1がオンカラム検出，検出器2が通常の検出とします．試料の移動相と固定相の分配率が1：1として，クロマトグラフのカラムを4個の部分に切りその一つ一つが分液漏斗の役割をしていると考え，下を固定相，上を移動相としますと，移動相と固定相の間で分配が繰り返されて，試料の濃度は以下のようになります．

理論段	0	1	2	3	4 検出器1	検出器2	繰返し数
移動相	1/2						1
固定相	1/2						
移動相	1/4	1/4					2
固定相	1/4	1/4					
移動相	1/8	2/8	1/8				3
固定相	1/8	2/8	1/8				
移動相	1/16	3/16	3/16	1/16			4
固定相	1/16	3/16	3/16	1/16			
移動相	1/32	4/32	6/32	4/32	1/32		5
固定相	1/32	4/32	6/32	4/32	1/32		

各検出器での溶出挙動は

繰返し回数	検出器1	検出器2
1〜4	0	0
5	1/32＋1/32＝0.0625	0
6	5/64＋5/64＝0.15625	1/32＝0.03125
7	15/128＋15/128＝0.234375	5/64＝0.078125
8	35/256＋35/256＝0.273437	15/128＝0.1171875
9	70/521＋70/521＝0.268714	35/256＝0.1367187
10	0.2460936	0.134357
11	0.205078	0.1230468
12	0.1611328	0.102539
13	0.1208496	0.0805664
14	0.0872802	0.0604248

これを図1に示します．

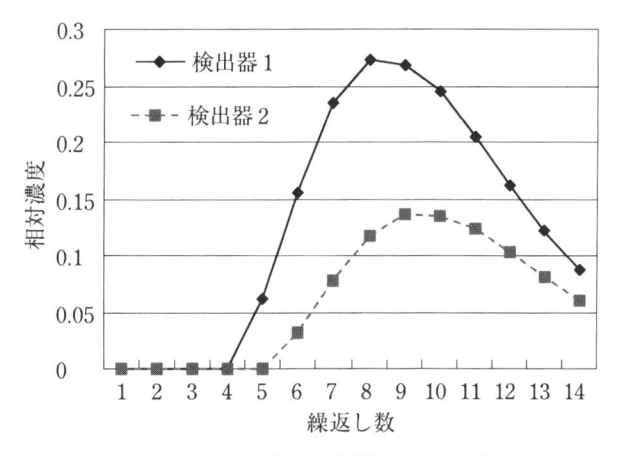

図1 繰返し数と相対濃度との関係

図1のようにカラムの末端部分に検出器（検出器1）をつけると，カラム出口部につけた検出器（検出器2）よりはるかに検出感度が高くなります．これは，検出器1では，移動相と固定相に分配された試料を全て検出するのに対し，検出器2では，移動相部分に分配された試料しか検出しないためです．このようにオンカラム検出では，高感度化が期待されます．

液体クロマトグラフィーの検出器の多くはUV検出器のような，透過光を利用した，検出法を用いますので，分離カラムの末端部分を直接検出するのは必ずしも簡便ではありません．しかしながら，充填剤を詰めたフローセルを用いれば，可能になります．分離カラムの内径と同じサイズもしくは小さめの内径をもつフローセルに，カラムと同じ充填剤をつめて検出すれば，カラムを直接検出するオンカラム検出と原理的には同等になります．オンカラム検出の例を図2に示します．

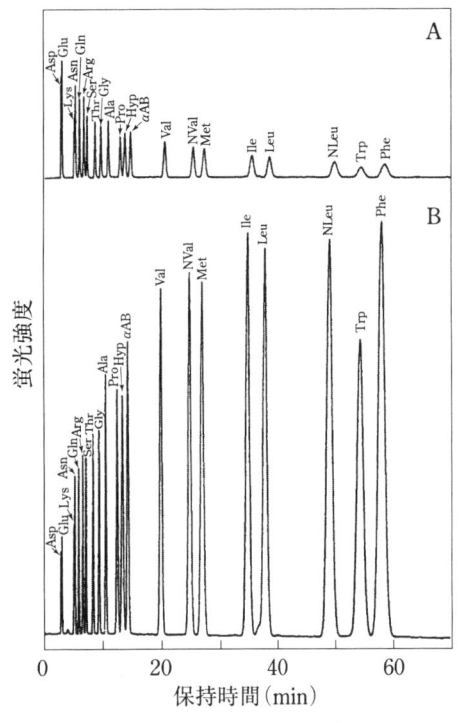

カラム：L-column ODS(150 mm×4.6 mm i.d.)
移動相：40 mM 酢酸アンモニウムを含むアセトニトリル-水(22：78)
流　量：10 mL/min
検出器：蛍光 {励起 335 nm，蛍光 528 nm(A)　522 nm(B)}
フローセル：空セル(A)，充填セル(B)
試　料：ダンシルアミノ酸

図 2　ダンシルアミノ酸のオンカラム蛍光検出
T. Takeuchi, *et al.*, *Chromatographia*, **40**, 548 (1995).

Question

44 クロマトグラファーとして，知っていると便利なインターネットのアドレスを教えてください．

Answer

　ホームページ（HP）を利用しての情報検索の重要性は，ますます高くなっていますが，一方でノイズも多く，ほしい情報が即座にみつけにくいのも現状です．ここでは，HPLC 関係のクロマトグラファーにとって便利であると思われる WEB を紹介します．

　製薬関係の HPLC で話題になる Part 11 や規制に関する情報は，http://21cfrpart11.com http://www.ich.org/　www.FDA.gov/CDER　http://www.pda.org などから入手できますが，階層が深く探しにくい場合は文献を参照してください[1]．この文献も LC/GC 誌の HP から入手できます．クロマト関係の教科書[2] や *Anal. Chem.*[3] などでも，検索ガイドが載っていますので参考にされるとよいかもしれません．

　紙面の都合上，HPLC メーカーのアドレスの紹介は省きましたが，本研究懇談会の HP（http://lctp1234.ps.noda.tus.ac.jp/）からリンクが張られていますので，そちらをご利用ください．

　なお，本研究懇談会のホームページも是非＜お気に入り＞に加えてください．例会や行事の案内だけでなく，Q&A や関連の大学などの情報もあり役に立つと思います．

＜**HPLC の基礎や理論学**＞

http://hplc.chem.shu.edu/NEW/HPLC_Book/index.html
　　Seton Hall 大学の Y. Kazakevich 教授，H. M. McNair 教授らの HP で，HPLC の歴史から装置まで教科書として利用できます．

http://chrom.tutms.tut.ac.jp/JINNO/JAPANESE/RESEARCH_J/research_j.html
　　豊橋科学技術大学の神野研究室の HP ページで，カラムやクロマトグラム，化合物などのデーターベースが充実しています．

http://kerouac.pharm.uky.edu/asrg/hplc/HPLCMYTRY.HTML
　　Kentucky 大学薬学部が HPLC の原理からトラブルシューティングまでを公開しています．

http://ull.chemistry.uakron.edu/analytical/index.html
　　Akron 大学分析化学教室が，HPLC に限らず，分析化学入門編のスライドと図を公開しています．

http://www.raell.demon.co.uk/chem/CHIbook/Chiral.htm
　　HPLC でのキラル分析の導入編

http://www.registech.com/chiral/index.html
　　Regis 社の HP．キラルのアプリケーション（7.5 MB）を公開しています．

＜HPLCのデーター集，その他の情報＞

http://www.sdk.co.jp/shodex/japanese/contents.htm
　昭和電工が提供するHPで，分析例やHPLCの講座，トラブルシューティングなどが提供されている．

http://www.inertsil.com/
　ジーエルサイエンス社のHPで，分析例などが掲載されている．

http://ionsource.com/tutorial/chromatography/rphplc.htm#The%20HPLC
　逆相クロマトの原理が説明されている．ionsource.comから入るとキャピラリーLCの解説やプロテオミクスなどの情報も入手できる．リンクも充実しており，おすすめの一つ．

http://www.lcresources.com/resources/reslinks.html
　HPLC分析法の支援ソフトDRYLABを出しているLC resources社のHP．各大学のHPLC勉強用のHPにリンクされている．

http://groups.yahoo.com/group/chrom-L/
　Yahooのクロマトグラフィーグループ．750人を超えるメンバーが活発に意見交換している．

http://members.aol.com/chromgroup/1inks.htm
　AOLのクロマトグループ．いろいろなHPLCの講座を提供している．勉強したい人におすすめ．

http://www.acdlabs.com/educators/links/lnkchrom.html#LC
　Advanced Chemistry Development社のHP，HPLC-doctorを掲載している．

http://www.instrumentalchemi stry.com/
　固定相への保持メカニズムなどが動画でみられる．

http://www.raell.demon.co.uk/chem/CHIbook/Chiral.htm
　キラルHPLCのガイド

http://www.chromatographyforum.com/
　クロマトグラフィーの掲示板，HPLC，LC/MSなどのコナーがある．

http://www.forumsci.co.il/HPLC/index.html
　S. LevinさんのHPLC，LC/MSに関する講座，SEC/GPC/GFCの解説などを含むHP．個人のものとしては充実しているが，一部は英文でない．

http://ntri.tamuk.edu/fplc/siz.html
　サイズ排除の基本原理

＜質量分析＞

http://www.sisweb.com/mslinks.htm
　LC/MSを含むMSのリンク集

http://proteome.nih.gov/may 2001/links.html

米国 NIH のプロテオミクスグループが提供する MS に関する情報，リンク
http://www.lcms.com/
　　LC/MS に関する図書，講座，トラブルシューティング
http://www.spectroscopynow.com/Spy/basehtml/SpyH
　　Wiley 社が提供する LC/MS の情報
http://masspec.scripps.edu/information/history/index.html
　　MS に関して，歴史を含む情報
http://www.i-mass.com/
　　MS に関する雑誌・図書，学会スケジュール，リンク集など
http://www.chemistry.gatech.edu/stms/links.html
　　質量分析に関する雑誌，会社，講座などのリンク集
http://www.ionsource.com/
　　質量分析とバイオ関係，キャピラリー HPLC も掲載している．
http://web.mit.edu/speclab/www/ms_links.html
　　MIT の質量分析のリンク集

＜プロテオミクスなどのバイオサイエンスの情報＞
http://proteomicssurf.com/
　　プロテオミクスの文献，トピックス，ニュースなどが入手できる．
http://www.iacr.bbsrc.ac.uk/notebook/courses/guide/
　　DNA，RNA，タンパク質などの基礎講座をみることができる．
http://www.ncbi.nlm.nih.gov/
　　米国 NIH がプロテオミクスやゲノミクスなどのバイオ関係の情報を提供している．
http://www.hip.harvard.edu/
　　Harvard Institute のプロテオミクスの HP
http://proteome.nih.gov/links.html
　　米国 NIH が提供するプロテオームのリンク集
http://proteomics.uchsc.edu/
　　コロラド大 Health Sciences Center が提供するプロテオミクスの情報，リンク集
http://www.genomeweb.com/
　　ゲノミクスに関する情報，ニュース
http://science.bio.org/
　　ゲノム，プロテオームを含むバイオ関連のニュース
http://www.healthtech.com/
　　バイオ，製薬に関するニュース情報を提供している．リソースには，ゲノムに関する辞典などもある．

<図書，雑誌関係>

http://pub.maruzen.co.jp/
(http://pub.maruzen.co.jp/book_magazine/hatubai_list/947.html)
　　丸善と液クロ虎の巻シリーズ（筑波出版会）
http://www.elsevier.com/homepage/
　　Elsevier 社，Journal of chromatographic library は約 70 巻以上のクロマトの専門書がそろっています．
http://www.wiley-vch.de/publish/en/
　　Wiley-VCH 社，キャピラリー関係の出版が多かった Huething 社は VCH に含まれています．
http://pubs.acs.org
　　アメリカ化学会の出版部
http://www.wspc.com/
　　World Scientific 社
http://www.karger.com/
　　The Karger publishing 社，バイオ関係が多い
http://www.humanapress.com/Index.pasp
　　Humana Press 社，メディカル関係の図書，雑誌，CD-ROM
http://www.springeronline.com/sgw/cda/
　　Springer 社，製薬，ライフサイエンス関係
http://www.blacksci.co.uk/
　　Blackwell Publishing 社
http://www.bios.co.uk/
　　BIOS Scientific Publishers 社，バイオ，製薬関係
http://www.crcpress.com/
　　CRC Press 社，クロマト以外にバイオ，製薬，臨床関係
http://www.dekker.com/index.jsp
　　(Marcel) Dekker 社，Chromatographic Science シリーズは，約 90 巻からなる専門書
http://www.wkap.nl/
　　Kluwer 社
http://www.sciencedirect.com
　　Elsevier 社の HP で J. of Chromatogr. がオンラインで入手できる（会員）
http://www.lcgcmag.com/lcgc/
　　クロマトグラフィー関係の月刊の情報誌，記事の pdf ファイルがフリーで読める．最先端の情報を集めるにはよい．おすすめのサイト．Dr. J. Dolan の LC トラブルシューティングは，

長期間続く連載記事

http://www.lcgceurope.com/lcgceurope/

上のサイトのヨーロッパ版

http://www.spectroscopymag.com/spectroscopy

質量分析などのスペクトルスコピーの最新の情報がオンラインで入手できる．

http://www.liv.ac.uk/chemistry/links/journals.html

リバプール大学が運用している仮想図書館で，バイオ，ライフサイエンス，分析などの雑誌を探すのに便利

http://www.interscience.wiley.com/jpages/1076-5174/

Journal of Mass Spectrometry のオンライン版

http://pubs.acs.org/journals/ancham/

アナケミのホームページ

http://www.biomedcentral.com/

バイオ，医薬，臨床関係の雑誌のデーターベース．フリーでダウンロードできるものも多い．

---

1) James M. Miller, *LC・GC Europe*, Jan., 2 (2003).
2) Erich Heftmann, ed., "J. of Chromatogr. Lib.", vol. 69B, 第 24 章, p.1135, Elsevier (2004).
3) D. Bradley, "Does the Web Work for Analytical Chemists?", *Anal. Chem.*, **72**, 489A-491A (2000).
4) K. D. Altria, "Web Analysis", *LC・GC Eur.*, **13**(9), 636-640 (2000).
5) J. M. Green, "A Practical Guide to Analytical Method Validation", *Anal. Chem.*, **68**, 305A-309A (1996).

Question

45 FDA 21 CFR Part 11 という言葉をよく聞ききますが，具体的な内容を教えてください．

Answer

まず，"21 CFR Part 11"について簡単に解説します．正式には"Tile 21 CFR Part 11"となります．

> Title 21 CFR：米国連邦政府の規則コード（Code of Federal Regulations）の 21 番目を意味します．具体的には"食品と医薬"に関する規則がここに収められています．米国では食品と医薬品に関しては，FDA（Food and Drug Administration（米国食品医薬品局））が管轄を行っています．したがって，FDA という言葉をこの規則の前につけて呼ぶ場合もあります．FDA の任務は"食品""医薬品""医療用具""動物用医薬品""化粧品""放射線を発生する機器"に関する分野の消費者保護を法律・科学の両面から行うことを最大の目的としています．
>
> Part 11：FDA が管轄する規則の中で 11 番目の規則として収められているので"Part 11"と呼ばれています．具体的な規則名は"電子記録・電子署名"になっています．

この規則は，1991 年に米国でワーキンググループが結成され，1997 年に"Final Rule"発行されており，現在に至っています．

この規則は，新薬申請などで FDA に書類を提出するさいに，従来の紙の媒体ではなく，電子媒体（CD-ROM など）でデータを提出する，および電子記録の形でデータを保存する場合に，その守るべき内容を示したものです．紙の記録のかわりに電子記録を使うわけですので，その内容を変更しても，容易に変更したことを検出することは不可能です．悪くとれば，データを改竄してもその証拠が残らないわけです．それでは，審査する側（FDA）も困りますので，改竄ができないようなシステムで得られた電子記録のみを受けつけるということになります．この改竄が不可能なシステムが"Part 11 対応"ということになります．

Part 11 の条文が要求する項目を HPLC の場合はどうなるのかを具体的に示してみます．

(1) HPLC システムはバリデーションされていること：Part 11 の機能だけでなく，得られるデータに信頼性がなくては意味がありません．したがって，Part 11 の条件にあうデータを取得する HPLC はシステムとしてバリデーションを行っておく必要があります．

(2) 電子記録の正確で完全なコピーができること：保存されたデータを人が読めるような形にしなければなりません．紙でも画面で構いませんのでクロマトが出力されるようになっていなければなりません．また，FDA が審査のためにデータをもって帰る場合もありますので，同じデータからは同じ結果が出るようにしておかなければなりません．

(3) 電子記録の検索・取出しができるようにすること：FDA の査察時，データの所在を確認する場合があります．速やかに取り出せる機能を要求しています．例えば，分析日時，分析者，装置名，サンプル名などで検索できる機能が要求されます．

(4) 記録を変更した場合（特に面積値の再計算），変更した内容がわかるように自動的にコンピュータが履歴を作成すること：電子データの改竄を防止するためにです．変更を禁じているのではなく，変更を行ったら，正当な理由とその中身が確認できるように要求されています．Part 11 の要求事項の中で最も難しい項目です．図1に履歴の例を示します．

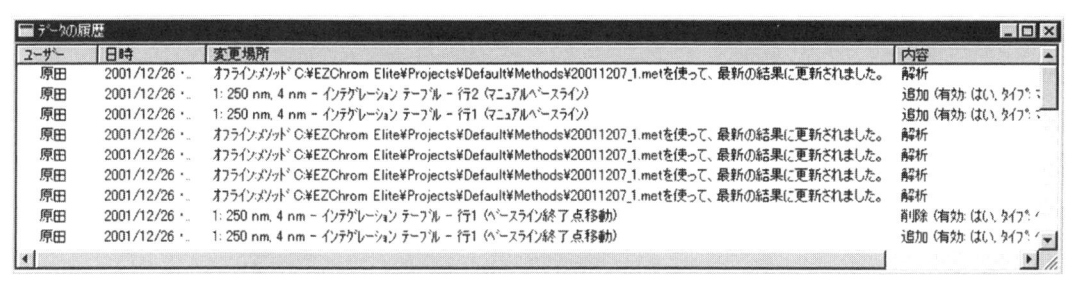

図 1　変更履歴の記録例

図 2　ユーザのログイン画面（セキュリティー）

(5) システムへのアクセス制限やシステム・データのセキュリティーを確保すること：具体的には，ユーザ ID ＋パスワードの組合せで HPLC を使用できるユーザを特定できるようにしなければなりません（図2の例参照）．また，ユーザによって権限をわける機能も必要になります．例えば，分析条件の変更を許可するかどうかの権限などがあります．また，HPLC 室への入出に関しての記録をつけるなどの入退出管理も重要になってきます．

(6) 教育の必要性：Part 11 対応の HPLC を使用する場合，何のためにこのような機能がついていて，どうしなければならないかを事前に教育をしておく必要があります．あくまでも装置が Part 11 対応ということだけではなく，使う側の立場からもよく理解しておく必要があるということです．

(7) 電子署名をシステムで使用する場合，信頼性の高い電子署名を使用すること：電子署名は必要条件ではありません．電子記録を紙に出力し，手書きの署名を行うことも認められています．もし手書きの署名と同じことを電子的に行いたい場合にこれらの要件を満たす必要があります．

Part 11 への対応は決して HPLC の機能だけで対応できるものではありません．会社全体でのPart 11 に対する方針をもとに，運用の手順などをまとめておく必要があります．さらにこれに基づいた教育訓練も実施することが必要不可欠です．もし，興味がありましたら，FDA のホームページに条文が掲載されていますので（もちろん英語ですが），参照してください．

Question 46

溶液やカラムを変えてもどうしても分離できない場合，**算術的に不分離ピークを分離できる**と聞いたことがあります．詳細を教えてください．

Answer

　クロマトグラムをモデル関数（EMG関数）を用いて近似させる方法を利用して，不分離のピークを"算術的に"分離することが可能です．一般的にこの方法はピークデコンボリューションと呼ばれています．特に水系GPC分析においてこの方法は威力を発揮します．タンパク質のピークは一般にブロードであり，近い分子量をもつ複数のタンパク質の分離の場合，どのような条件を用いてもピークは重なってしまいます．図1に実際の不分離ピークのあるクロマトグラムの例を示します．図2にピークデコンボリューションの例を示します．大きなピークの次に不分離のピークがわずかにみえています．垂直分割でのベースライン処理では正確な面積計算ができない状態です．図2において，破線で示されているのが算術的に分離されたピークであり，黒い点の連続で示されているピークが分離前のピークです．さらに，実線で示されているピークが分離された二つのピークを合成したものです．この結果は，完全に分離できる条件で測定した面積値と非常によく合致します．なお，これらの分離されたピークはあくまでも予想されたピークです．分割する前提条件として，① ピークは正規分布で近似できる．② テーリングやリーディングはないということです．いずれにしても分析条件によってピークを分離する方法がよいのはいうまでもありません．

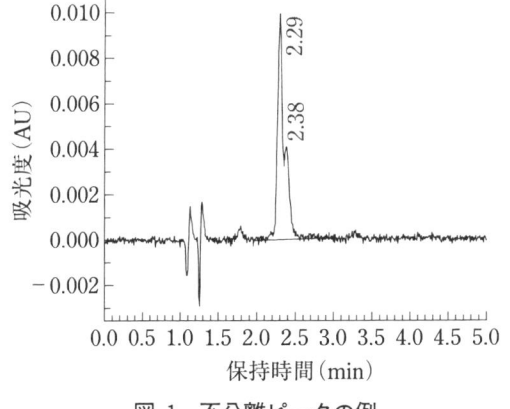

図1　不分離ピークの例

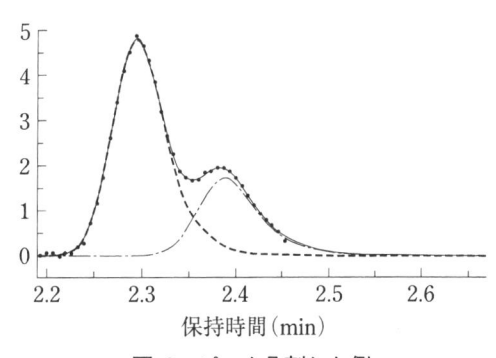

図2　ピーク分割した例

Question

47 データ処理におけるベースラインの引き方について，教えてください．できるだけ，正確な定量を行いたいのです．

Answer

　一般に完全分離されたピークについて，単純にピークの立ち上がり地点から立下り地点までベースを引くことは問題なくできます．しかしながら，実際のクロマトグラフでは分析中にベースラインが変動することがあり，どのようにベースラインを引くかにより，ピーク面積が変化する場合があります．このような場合，データ処理装置のベースラインの自動判断処理機能を使うと，満足がいかない結果が得られる場合があります．その場合は，強制的にベースラインを引くことになります．強制的にベースラインを引く方法をとして，① パラメーターを設定し直し再度ベースラインを引く方法，および ② パソコンの画面をみながら，手動でベースライン引く方法，とがあります．以下にいくつかのベースライン処理の方法について説明します．

1. ベースライン N 法（図1）

　N 法は最初のピークスタート点から指定された N 番目のピークエンド点に向けてベースラインを引く方法です．これは，ベースラインが周期的に変動する場合などに有効な手段です．

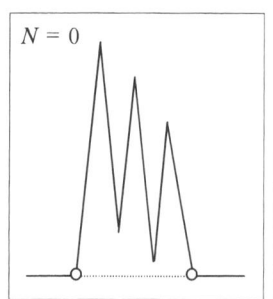

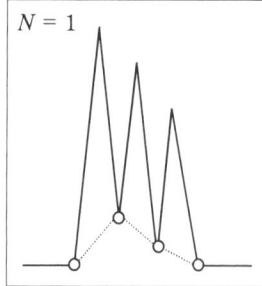

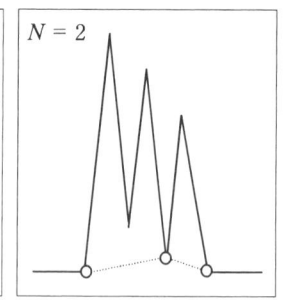

図1　ベースライン N 法

2. ピークの分割方法

　不完全分離のピークを分割して面積計算する方法です．分割方法には垂直分割，テーリング処理の2種類があります（図2）．溶媒ピークなど大きなピークのテーリング上のピークはテーリング処理(A)，テーリング処理の条件を満たさない場合は，垂直分割処理を行います(B)．どうしても思うように引いてくれない場合は，手動で引くことになりますが，事前にテーリングのない状態で（標準試料のみ），測定した結果と照合しておくとよい結果が得られます．

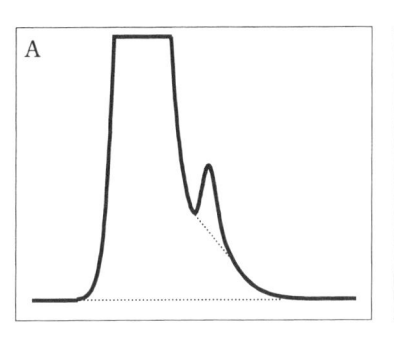

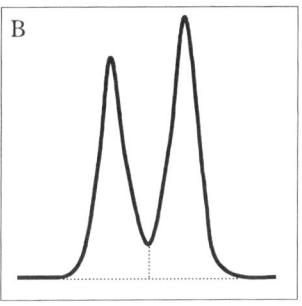

図 2　ピークのテーリング処理・垂直分割

3. マニュアルベースライン補正

どうしてもパラメーターの変更だけでベースラインが上手く引けない場合は，マニュアルベースライン（手動補正）を行います．パソコンを用いたデータ処理装置の利点として，マウスを使って自由にベースラインの引き方を変更することができます（図3）．

ベースラインをクリックすると色が赤から黄緑に変わり，変更可能な状態になります．このときベースラインの始点または終点にカーソルをあわせ，そのままドラッグするとベースラインが点線になって移動します．変更したベースラインを確定したいときは，もう一度ベースラインをクリックして色を赤に戻します．

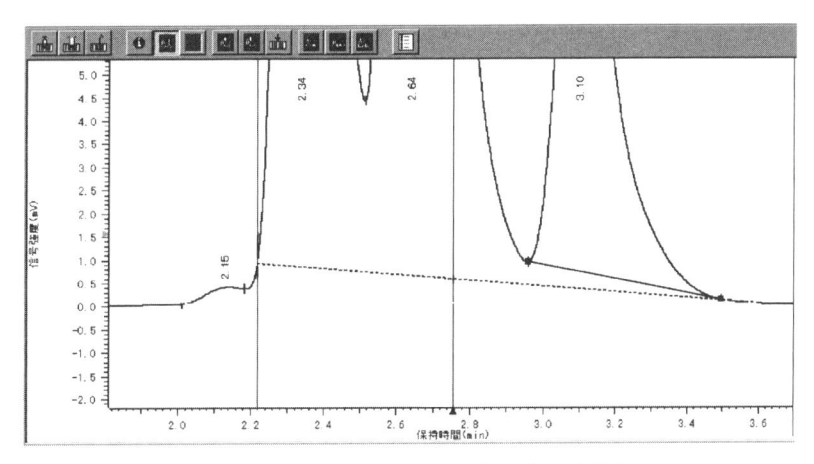

図 3　マニュアルベースライン補正の画面

4. スムージング

クロマトグラム上のノイズを消去するのに，しばしばSavitzky-Golay(SG)タイプのスムージングが有効です．しかしこの機能を有効に用いるには，以下の点に注意しながら N 値（平滑化するために用いるデータの点数）を選択する必要があります．

　① ノイズ周期は，クロマトグラム上のピーク幅に対し十分小さい（1/10以下）．

　② データのサンプリングピリオド（SP）はピーク幅に対し十分小さい．すなわち1ピーク

当たり十分なデータポイントがあること（30ポイント以上）.

上記①，②が不十分である場合,（不適当な N 値を選択した場合），ピークの高さ／面積が異常に変化したり，ピークが変形することがあるので，注意が必要です.

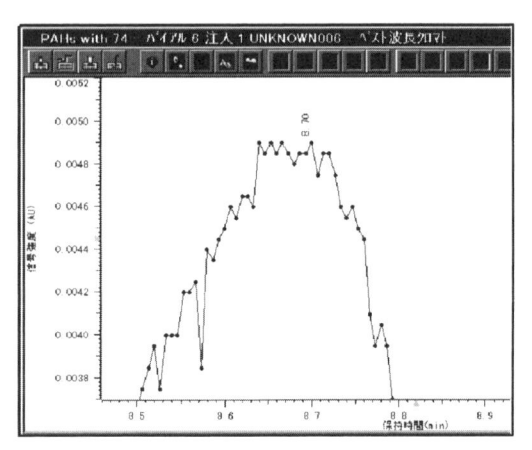

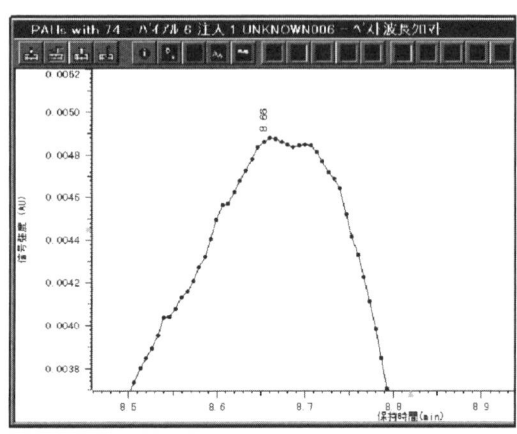

図4にスムージング処理前後のピークの形状を示します．処理前のピークはノイズが多く，ピークトップがどこにあるか明確にできません．しかし，スムージング処理（$N=25$ で計算）を行うとピーク形状は滑らか（スムーズ）になり，ピークらしい形状になります．これにより，ピークトップを正確に確定できるようになります．お手持ちのデータ処理装置にこの機能が搭載されているのであれば，是非一度試してみてください.

図4 スムージングの例

Question

48 HPLCのバリデーション計画の手順について，その概略を教えてください．

Answer

HPLCバリデーションの計画を行うさいにその手順をよく解説したものとしは，GAMP 4 ガイダンス（GAMPフォーラム発行）があげられます．ここでは，GAMP 4で提唱されている方法をもとにHPLCのバリデーション計画の手順を説明します．

一般的なバリデーションの一般的手順を図1に示します．

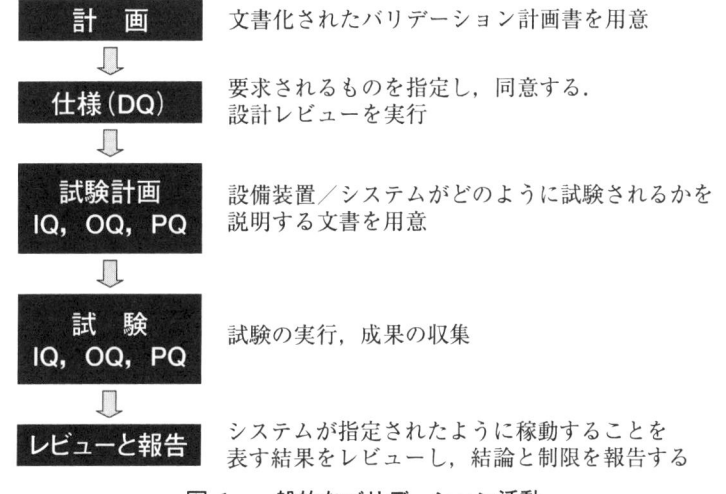

```
計　画        → 文書化されたバリデーション計画書を用意
  ↓
仕様（DQ）    → 要求されるものを指定し，同意する．
              　設計レビューを実行
  ↓
試験計画      → 設備装置／システムがどのように試験されるかを
IQ, OQ, PQ    　説明する文書を用意
  ↓
試　験        → 試験の実行，成果の収集
IQ, OQ, PQ
  ↓
レビューと報告 → システムが指定されたように稼動することを
              　表す結果をレビューし，結論と制限を報告する
```

図1　一般的なバリデーション活動

ここでは，新規にHPLCを購入する場合のバリデーションの行い方について簡単に説明します．

- バリデーションには，文書化された"バリデーション計画書"が必要になります．これには，実際にバリデーションを行う対象の装置，組織，日程，ライフサイクルなどの全体的な方針を書いておく必要があります．
- 次にこの計画書に基づいて，バリデーションを行う装置（新規導入か既存のものかで若干対応が違う）の仕様（分析に適した機能・性能を考慮に入れたもの）を決定します．

一般にこの段階をDQ（Design Qualification）と呼びます．実際に購入したHPLCが感度不足により，定量できなかったということがないようにしなければなりません．

- 仕様が決まったら，その性能を満たす装置があるかどうかを検討しなければなりません．一般的には，必要な仕様を文書にした"ユーザ要求仕様書"を作成し，HPLCメーカーに送ります．メーカーは要求仕様書に書かれた機能・仕様を満たすかどうかを文書にしてユーザに

返却します．これを一般に“機能仕様書”といいます．メーカーから返送された機能仕様書をユーザは検討し，メーカーを選定します．ここまでがDQの段階です．

- 実際に導入されるHPLCが，メーカの提出した機能仕様書通りであるかを確認するのがOQ（Operational Qualification）です．また，装置の構成および設置計画を詳細に記載したものがIQ（Installation Qualification）です．このように，装置導入が決定したらIQ/OQの計画を立て，実際にHPLCが設置されるときに計画通りに設置されたかを検証します．
- 最終的には，その結果をもとに総合判定を行い，バリデーションをを終了します．図2にIQの例を示しておきます．

4．IQ作成に関する定義及びガイダンス

IQ作成時及び報告時には以下の項目を熟読し、内容をご理解いただいた上で、本計画書・報告書の内容を承認していただくことをお願いします。

4．1　計画時の承認について

(1)　本IQは、(株)日立ハイテクノロジーズ若しくは日立計測器サービス(株)などの認証を受けた据付者が作成・審査・承認を行って提出されたIQ計画書をもとにお客様がその内容での計画書を審査・承認するという手順で行います。
　あらかじめ、IQ(案)をお客様に提出し、内容について変更等の要求がある場合には事前に打ち合わせを行い、IQ(案)の修正を行い、本IQ計画書を作成します。なお、本計画書に試験結果を記述することにより、報告書になります。したがって、本文書を計画・報告書とします。

(2)　据付を行う会社の作成・審査・承認欄は、その組織における承認の手順によって記述されるものとします。

(3)　顧客側の計画欄は、本システムを導入計画する担当者の署名を記載してください。また、審査・承認欄はその組織における承認の手順によって行ってください。　なお、組織において審査・承認の規定が無いものに付いては、システム導入の担当者が承認欄に署名するものとする。(審査欄は空欄)

4．2　報告時の承認について

(1)　本IQの報告書は、(株)日立ハイテクノロジーズ若しくは日立計測器サービス(株)などの認証を受けた据付者が据付時に作成します。あらかじめ決められた判定基準に基づいて、結果・判定を記述します。

(8/78)

据付時検証

Installation Qualification

L-2100/2130形ポンプ

シリアルNo.＿＿＿＿＿＿＿＿

下記チェック項目につき確認し装置が正しく据付られていることを確認します。

1．結線、配管

（内容）取扱説明書の要領に従い行います。アースを必ずとってください。

【結果】　取扱説明書通りの結線、配管確認	合 □	否 □

2．動作の確認

(内容)以下の操作行い正常に動作することを確認する。

項　目	内　容	合　否
1) キー入力 (UIパッド使用時のみ)	各キーからの入力動作に問題ないこと。	□　□
2) 圧力リミッタ	ポンプ出口を密栓後、送液を行い、圧力リミッタが動作すること。	□　□
3) リークセンサ	リークセンサ部に蒸留水を垂らし、リークエラーが発生すること。	□　□

図2　IQの例

GAMP 4ガンダンス：国際製薬技術協会発行（原文は英語）

Question

49 二酸化炭素を用いた**超臨界流体クロマトグラフィーを分取クロマトグラフィーとして利用**した場合，どんな利点があるのですか．

Answer

　二酸化炭素を用いた超臨界流体クロマトグラフィーは，有機溶媒を用いる分取 HPLC のかわりに利用できる分離精製法として，注目されている手法です．
　この超臨界流体クロマトグラフィーを用いた場合には，次のような利点があります．
　① 大量の有機溶媒を使用しないので，環境に優しく，ランニングコストが安価．
　② 二酸化炭素は，抽出後，大気圧下で気体となってしまいますので，有機溶媒のように溶媒除去などの手間がほとんどありません．
　③ 二酸化炭素の雰囲気で分取できるので，酸化されやすい物質にも適しています．
　④ 加圧された状態から大気圧下で分取するため分取時の温度が低くなり，熱に不安定な物質についても適しています．
　⑤ 圧力と温度，移動相と添加剤の量と種類などを保持や分離の改善のためのパラメーターやグラジエント溶出条件として，種々の成分について分取条件を検討することができます．
以上のような利点を有します．
　なお，超臨界流体クロマトグラフィーについては，「液クロ龍の巻」Q 14，「液クロ彪の巻」Q 42 に記載してありますので参照ください．

Question

50 分取 LC では，カラムの負荷量以上の試料を注入し，分離しきれていない条件でも分取します．このときの**精製度を知る方法**を教えてください．

Answer

分取した各フラクションを目的物の純度を検定する方法（GC，LC，NMR，MS など）で分析して，目的物の精製度を求めるのが一般的です．何故なら，カラムの負荷量以上に試料を注入した場合，小さい不純物のピークなどがみえなくなったり，ピークの形状が悪くなることが多いため，チャートの面積などから計算して予想することも難しいからです．

例として図1のようなチャートを与える混合物を，各フラクションごとに分取したときを考えます．各フラクションごとにカラムで分析したとき物質A（前半のピーク）と物質B（後半のピーク）の面積が表1のようになったとします．これから物質Aの回収率と純度をまとめたものが表2になります．このようにして，目的の精製度に達していて，かつ回収量の最も多いところで分取するようにします．さらに，この条件で分取したフラクションを分析して，正確な精製度を求めます．

表 1　各フラクションごとの LC 分析結果

	物質 A のピーク面積	物質 B のピーク面積
0〜10	0.5	0
10〜20	51	0
20〜30	340	0
30〜40	690.5	0
40〜50	755.5	0
50〜60	624	50.5
60〜70	335	323

(つづき)

70〜80	77	381.75
80〜90	6.8	186.5
90〜100	0.4	9.75

表 2　表 1 の結果から予想される物質 A の精製度と回収率

	物質 A の精製度(%)	物質 A の回収率(%)
0〜10	100	0.02
0〜20	100	1.79
0〜30	100	13.59
0〜40	100	37.56
0〜50	100	63.79
0〜60	97.99	85.45
0〜70	88.22	97.08
0〜80	79.19	99.75
0〜90	75.36	99.99
0〜100	75.17	100

Question

51 リサイクル分取の方法や注意点について教えてください．

Answer

"カラムを長くして理論段数をかせぎ分離を改善する"，ごくあたり前のことですが，HPLCではカラムを長くすると圧力が高くなってしまい，カラムの長さには限界があります．

リサイクル手法とは，1本のカラムを用いカラムから溶出した溶離液を（目的成分を含む）をそのまま再びカラムに供給することにより，擬似的にカラムを長くさせる分析のテクニックです．例えば15cmで理論段数1万段のカラムを使った場合，1回リサイクルすれば30cmで2万段，5回リサイクルすれば75cmで5万段のカラムを使用した場合と同じ分離が得られることになります．しかし，カラムの出口からもう一度カラムの入口に入るまでにはポンプヘッドなどを通過しなければなりません．この部分のデッドボリュームで試料が拡散し，実際にはカラムを長くした分の理論段数が得られません．したがってこのデッドボリュームをいかに少なくするかがリサイクル分取を効率よく行うコツになります．

リサイクル分取を効率よく行う手法の一例として流路の途中に四方バルブを入れる方法を紹介します．

デッドボリュームの影響がクロマトグラムに現れる例として，サンプリング流路部やプレヒート部(点線部分)がリサイクル系内に含まれている場合と四方バルブによってそれらの部分をカットした場合のクロマトグラムを図に示します．前者ではリサイクルを重ねるごとにピーク形状が悪くなる一方ですが，後者は4回のリサイクルでほぼ完全分離しています．

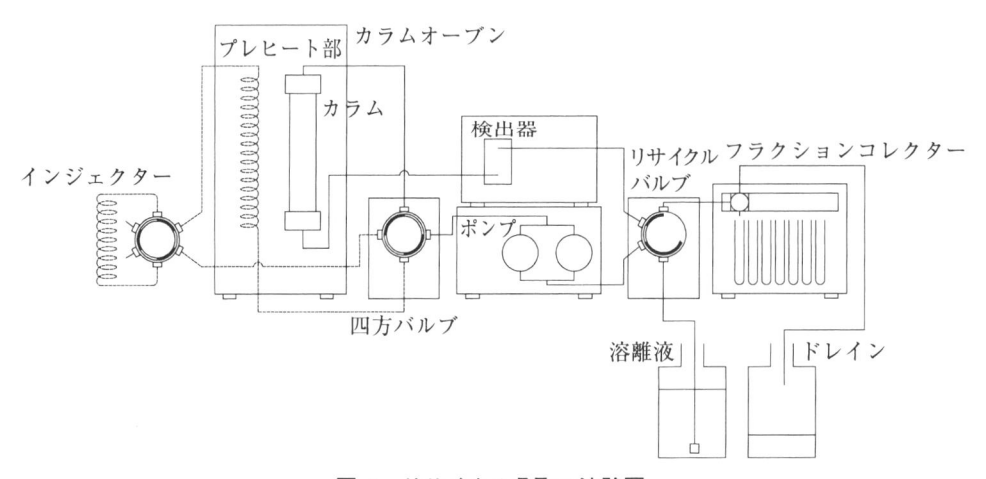

図1 リサイクル分取の流路図

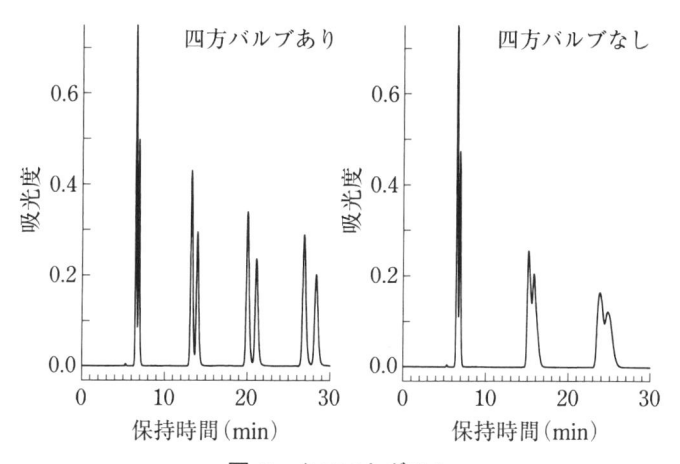

図 2 クロマトグラム

Question

52 分取LCで，擬似移動床法とは何ですか．

Answer

　分離能の高いクロマトグラフィーを用いて連続的かつ大量に物を分離精製する試みは，1970年代ごろから向流（countercurrent）クロマトグラフィーなどが，盛んに研究されてきました．保持の異なる2成分を移動相と充填剤（固定相：蒸留塔の考え方では，床（bed）という）が向流でぶつかる場に導入すると，連続的に効率よく分離・回収することが知られています．

　図1に移動床システムの原理図を示します．一般的なLCでは，溶離液の流れ（移動相）が推進力となって，試料を運び，充填剤（固定相）の保持力との差で分離が行われます．充填剤も移動相として溶離液と反対の方向に流せるようなシステムを用意して，ゾーン2と3の間から連続して試料を導入しますと，充填剤の移動速度より速い成分A（○）は，ゾーン1と2の間から，充填剤より遅い成分B（●）は，ゾーン3と4の間から連続的に回収することができます．しかし実際に充填剤を連続的に移動させることは，充填剤の破損や装置上の問題で非常に困難です．そこで何本かのカラムを，切り換えバルブを介して接続し，あたかも二つの相が向流に接触する操作と同等の効果を得ようとする方法を擬似移動床（simulated moving bed：SMB）法と呼んでいます．

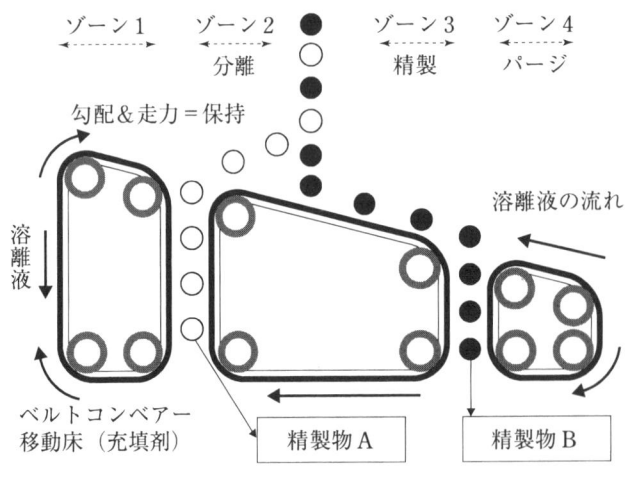

図1　移動床システムの原理

　図2でSMB法の原理を説明します．それぞれのカラムの出入口を環状に接続して，さらにカラムとカラムの間に切り換えバルブをへて原料導入，溶離液，成分A，成分Bの4本の接続ラインがあります．

　移動相（液相）は右側のカラムから左側へ，また固定相は逆に左から右に移動しているとイ

メージしてください．A 成分の固定相への保持は弱く，B 成分の保持は強いとすると，ゾーン 2 と 3 の間から原料を導入して，一定時間経過後の A 成分と B 成分のカラム内の濃度分布は図 2 の下のようになります．ゾーン 1 からの移動相液中には A 成分も B 成分も含まれていないので，再びゾーン 4 へ戻します．この状態を維持できるように，原料導入，溶離液導入，AB 回収の 4 カ所の出入り口を円環状に循環して一定時間ごとに切り換えていきます．

以上のような方法で，あたかも充填剤が移動しているのと同じような効果を得るようにしたのが SMB 法です．

カラム内での溶質の移動と拡散，各ゾーンの移動速度と長さなどの操作変数が加わるので，最適な分離条件をみつけるには工夫が要ります．配管やバルブでの分散，定常状態操作への時間なども配慮しなければなりません．また，原理上二成分系の分離に限定されてしまいます（キラル成分の大量分取などにはよい）．実際の試料では多成分系が多く，その中の有効成分を連続的に回収するには，SMB 装置を 2 台，3 台と組み合わせなければなりません．最近では，三成分系での SMB なども商品化されているようです[1]．

SMB 法の数式モデルなど，詳細を勉強されたい方は，成書も出ていますので参考にしてください[2]．

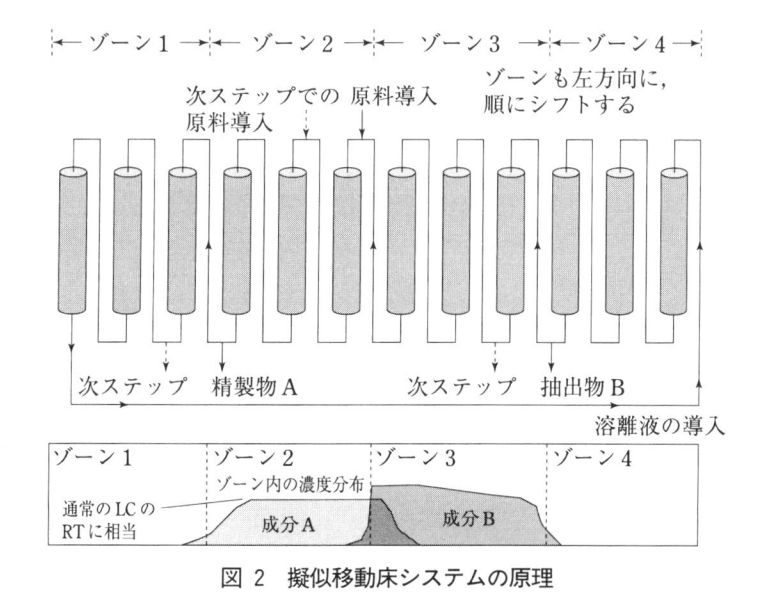

図 2 擬似移動床システムの原理

---

1) http://www.organo.co.jp/technology/hisepa/chromato/chrom_4.htm
2) G. Ganetsos, P. E. Barker, ed., K. Hashimoto, S. Adachi, Y. Shirai, M. Morishita, "Preparative and production scale chromatography", p. 237, Marcel Dekker (1992).

Question

53 分析用HPLCで分取するさいの注意点や限界について教えてください．

Answer

HPLCは天然物中の有効成分の抽出や合成物の高効率の精製に適した手法です．専用の分取HPLCが広く利用されていますが，最近では，MALDI-TOF/MS用のプレートに分取するキャピラリーLCシステムも市販されています．当然ですが分析用のHPLCでも分取は可能です．

カラムの試料負荷量は，分離モード・充填剤の物性・カラム断面積と長さ・試料溶液と移動相によって変わりますが，内径4.6mmカラムの場合は1mg～十数mg，9.4mmカラムの場合でしたら数mg～数十mgです[1]．試料中のターゲットの濃度にもよりますが，構造解析に必要な量は分取できる可能性が十分にあります．また，同じ試料を何回も注入して分取量を増やす方法も有効です．分取と分析の違いは，カラムの負荷量を超えて試料を分離したいということです．カラムを扱ううえでの注意事項は，いくつかの文献がありますから[2,3]，ここでは分析用HPLC装置を分取で使用するさいの注意事項を以下にまとめます．

1．分析用HPLCでの限界カラムサイズ

一般的に分析用HPLCに用いられているポンプの最大流量は10mL/minです．これに対応できるカラムサイズは以下のようになり，これ以上太い内径のカラムは基本的には使用できません．

分離モード	カラム内径(mm)	最適流速(mL/min)
逆相，順相	～10	4～8
SEC	～20	4～8

2．配管，サンプルループ

一般的な分析用HPLCではインジェクター～カラム，カラム～検出器間の配管は内径0.25mmのものが用いられています．内径の太いカラムで分取を行う場合は，まずカラムを外した状態で送液流速によるシステム圧力を確認する必要があります．例えばカラムのかわりに無負荷のユニオンで配管送液してシステム圧力を測定します．その結果が1MPa以上あるようでしたら上記の配管内径を太いもの（0.5mm）に交換する必要があります．

サンプルループに関しては分析用HPLCのマニュアルインジェクターの場合5mLが限界と考えてください．またオートサンプラーの場合は機種によって異なりますので各装置の仕様を参照してください．

3. UV セル

　汎用の HPLC を使って分析用カラム，例えば内径 4.6 mm で分取を行う場合，そのカラムにとって負荷量が大きくなれば分析用セル（光路長 10 mm）では吸光度が飽和して測定できなくなってしまいます．その場合光路長の短い分取用セル（例えば光路長 2 mm）を使用します．ただし分取用セルの配管は一般的には太いもの（0.5 mm 以上）になっていますので，このような場合はデットボリュームの影響を最小限に抑えるため細いものに変更する必要があいます．

4. セル出口からのデットボリューム

　分取を行う場合は検出器の信号をみながら分画を行います．その信号は分取成分が検出器セルに到達したときのものですが，実際に分取するのはセル出口の配管またはフラクションコレクターですのでその分の遅れ時間を考慮しなければなりません．特に分析サイズのカラムで分取を行う場合は流速が遅いためこの遅れ時間が大きくなります．したがってセル出口からのボリュームを配管内径と長さから測定し，流速との関係から遅れ時間を正確に算出しておく必要があります．

---

1) R. E. Majors, "The Role of the Column in Preparative HPLC", *LCGC NORTH AMERICA*, **22**(5), 416 (2004).
2) G. Ganetsos, P. E. Barker, ed., "Preparative and Production Scale Chromatography", p. 11, Marcel Dekker (1993).
3) 日本分析化学会関東支部編，"高速液体クロマトグラフィーハンドブック"，改訂 2 版，p. 313，丸善 (2000).

Question

54 CEとHPLCの利点と欠点について教えてください．CEで分析した方がいい化合物とHPLC方が得意な化合物がありますか．

Answer

　キャピラリー電気泳動（capillary electrophoresis, CE）は，泳動緩衝液を満たした内径数十 μm の中空のキャピラリーの一端（通常は陽極側）に試料を注入し，両端に電場をかけることで試料中の成分を電荷やイオン半径の違いにより分離する電気泳動法です．そのため，イオン性化合物の分離に適した方法です．中性物質には，硫酸ドデシルナトリウム（SDS）などの界面活性剤を泳動緩衝液に添加してミセルを形成し，ミセルとの相互作用による分離するミセル動電クロマトグラフィー（MEKC）が開発されています．また，ゲルを充填したキャピラリーを用い DNA や SDS で可溶化されたタンパク質を分離したキャピラリーゲル電気泳動（CGE）が開発されています．

　CE では，細い管であるキャピラリーの内部で電気泳動を行うため，サンプルは少量ですみます．また，高電圧をかけることができるため，短時間に高分離能での測定が可能という特長を有しています．イオンクロマトグラフィーでは，陰イオンと陽イオンとはそれぞれ適切なカラムを用いなければを測定できませんが，CE では緩衝液，印加極性切り換えだけで容易に同時分析ができます．

　CE はさまざまな優れた点を有しているにもかかわらず，HPLC やガスクロマトグラフィー（GC）ほどには使用されていないのが現状です．通常の UV 検出器や UV ダイオードアレイ検出器を装備した CE では，検出部分の光路長が短く，注入できる試料量は HPLC に比べ 1/100 以下であり，検出下限は数 μg/L から数十 μg/L です．したがって，CE では濃度の低い成分は検出できなかったり，検出されても微小なピークのため十分な精度が得られなかったりします．CE があまり汎用されない最大の理由と考えられます．

　最近では，HPLC と同様に質量分析計を検出器とする CE/MS も市販されてきています．しかし，低濃度成分が検出できないことは，MS でも同じです．また，界面活性剤は不揮発性のため，中性物質分離法である MEKC も MS には適しません（この問題を克服するため，部分注入法などが開発されています）．また，CE/MS では，フューズドシリカキャピラリーが一般に使用されるため，内表面のシラノールにタンパク質が吸着する問題が生じます．ペプチドであれば，CE/MS の方が分離能が高く，よい結果が得られる場合が多いのですが，タンパク質の測定には LC/MS を用いた方が簡単に正確な分析ができると考えられます．

　以上をまとめますと，比較的濃度の高いイオン性化合物を短時間で簡便に分析したい場合は，CE が向いていて，中性物質やタンパク質や低濃度成分を分析したい場合は HPLC の方がよいといえます．

Question

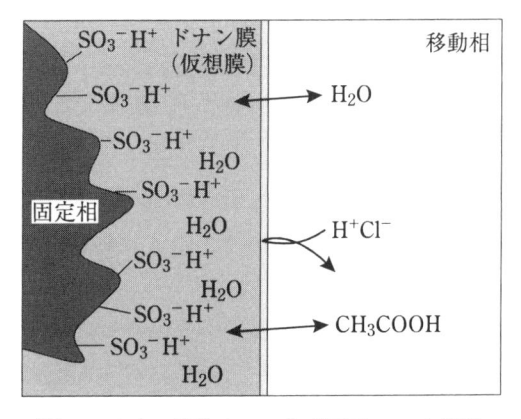

55 イオン排除クロマトグラフィーの原理を教えてください．

Answer

　イオン排除クロマトグラフィーは，イオンクロマトグラフィーの一種として，おもに有機酸分析で用いられる分離モードとして知られています．

　ここでは，有機酸分析を事例にして簡単にメカニズムを紹介します．

　固定相には，高交換容量の H^+ 型陽イオン交換基（完全スルホン化陽イオン交換体）を用います．試料中に強酸成分がある場合，固定相の負電荷により，大きな静電的排除を受けるため，強酸成分は充填剤ポア内部に浸透することはできません．有機酸のような弱酸はその電荷の大きさ（pK_a と考えてよい）により，どれだけポア内部へ浸透できるかが決まり，そのことにより溶出時間の差が生じます．したがって，有機酸は原理的には pK_a の小さい順に溶出し，中性物質の溶出位置（完全にポアに浸透した位置）までに，全て溶出することになります．溶離液の pH を変化することにより，解離の割合を調整することができます．pH を上げると解離しやすくなり保持時間が短くなり，pH を下げると保持時間は長くなります．

　もう少し，専門的な用語を用いて説明すると，イオン排除クロマトグラフィーは，溶質成分のドナン膜平衡（Donnan membrane equilibrium）原理に基づく分配クロマトグラフィーということになります．高交換容量の H^+ 型陽イオン交換基は移動相の水で水和され，その水和物境界部（固定相と移動相の間）には，部分的に負に荷電する仮想的な膜，すなわちドナン膜が存在すると考えます．この膜は，非解離物質に対してのみ透過性を示し，解離物質（陰イオン）に対してはイオン排除作用がはたらきます．このようにドナン膜平衡に基づく溶質部分の分配作用でイオン性化合物と非イオン性化合物とを分離することができます（図1）．ただし，実際

図1　イオン排除クロマトグラフィーの原理

には，一部の充塡剤マトリックスとの疎水的相互作用なども生じるため，特に疎水性の高い有機酸の溶出は遅くなることがあります．

図2に，イオン排除クロマトグラフィーによる有機酸分析の事例を紹介しておきます．

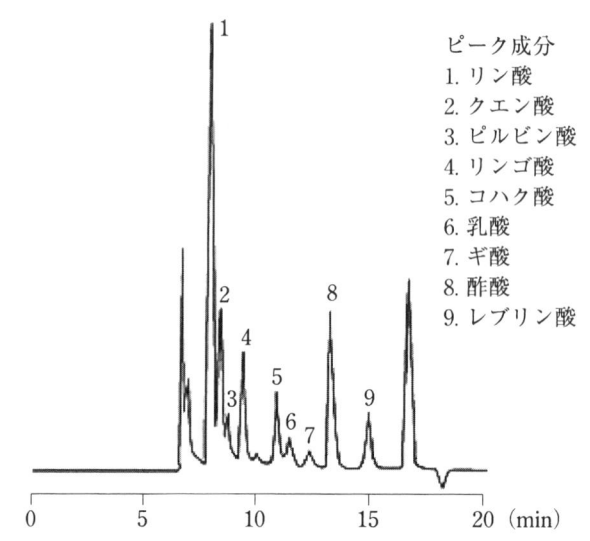

ピーク成分
1. リン酸
2. クエン酸
3. ピルビン酸
4. リンゴ酸
5. コハク酸
6. 乳酸
7. ギ酸
8. 酢酸
9. レブリン酸

カ ラ ム：Shim-pack SPR-H(250 mm×4.6 mm i.d.)×2
移 動 相：A：4 mM p-トルエンスルホン酸
流　　量：0.3 mL/min
温　　度：40℃
検　　出：電気伝導検出器(pH 緩衝化法有機酸分析システム)

図2　ビール中の有機酸分析
出典元：株式会社島津製作所

Question

56 最近,マイクロセパレーションとかナノフローという言葉を聞きます.これらの言葉の定義を教えてください.

Answer

マイクロセパレーション(microseparation)とは,カラム内径1mm以下のサイズの分離場を用いて,移動相に一般に使用される気体や液体,特殊なものとして超臨界流体,電気浸透流などを用いる分離分析技術の手法の一つです.

このように極端に細い内径のカラムを流れる移動相の流速は,毎分数十nLから数μL以下の領域になります.いわゆる,ナノフロー(nanoflow)とは,分離分析技術の手法の中で使用する移動相の流速が1〜1000nL/min(0.001〜1μL/min)の範囲をいいます.したがって,マイクロセパレーションとナノフローは密接な関係にあります.表1に,LCの名称,カラム内径および線速度をほぼ同じにしたときのカラム内流速の関係を示します.これらの関係には,決まった定義はありませんが,技術革新とととともに,名称も増加していく傾向にあります.

表1 LCの分離名称,カラム内径およびカラム内流速の関係

LC	カラム内径 (μm)	通常使われる流速 (μL/min)
コンベンショナル(conventional)HPLC	4.6×10^3	1000
セミミクロ(narrowbore)HPLC	2.1×10^3	200
マイクロ(micro)LC	1.0×10^3	40
キャピラリー(capillary)LC	300	4
ナノ(nano)LC	75	0.2

ナノフローを使った関連用語として,nanoflow liquid chromatography(ナノ液体クロマトグラフィー,ナノLC)やnanoflow electrospray ionization mass spectrometry(ナノESI-MS)があります.ナノESI-MSとは,送液流速がナノフローと呼ばれる50〜500nL/minの微量流速で,カラム内径50〜500μmの固定相を用いたナノLCにより,試料成分を分離した後,内径2〜5μmの細孔をもつニードルから1〜3kVの加電圧によって噴霧してイオン化し,生じた多価イオンを質量分析計で解析する分析法です.現在,プロテオーム解析においてアミノ酸配列を解析することで,タンパク質の同定やメタボローム解析などに盛んに利用されています.

Question

57 プロテオミクスやメタボノミクスの領域で，**網羅（的）分析**という言葉を聞きますが，これはどういう分析のことをさしているのでしょうか．

Answer

遺伝子(gene)の総和であるゲノムに対応し，タンパク質（プロテイン）の総和をプロテオームといいます．プロテオームを研究する学問あるいは手法のことをプロテオミクスと表現しています．メタボロミクスも同様で，代謝物質（メタボライト）の総和がメタボロームであり，それを研究する学問あるいは手法をメタボロミクスといいます．代謝物質といえば，一般的には薬物動態などで使われる医薬品代謝物を想像しがちですが，メタボロミクスでは，内在性代謝物質（例えば，代謝マップ上の化合物）が対象となります．代謝物質は生命活動の化学的表現型で，その表現型の物質的基礎である代謝物質を無視して，mRNAやタンパク質と生物学的機能や形質を結びつけることは非常に困難であることがわかってきました．プロテオミクスもメタボロミクスも，ポストゲノムの代表的な研究手法です．

プロテオミクス，メタボロミクスでは，タンパク質や内在性代謝物質の総和を解析対象としているので，網羅的という言葉がよく使われます．これまでの研究手法，すなわち，特定のタンパク質酵素や代謝物質にターゲットを絞って解析するスタイルとは対照的で，生体や細胞中のタンパク質や代謝物質を鳥瞰的に捉えて，関連づけていくことを意味しています．

プロテオミクスの代表的な手法としては，
- 二次元電気泳動によるプロファイリングと質量分析によるタンパク質同定
- 多次元LC/MSと安定同位体標識法を用いた定量的プロテオミクス
- 多次元LC/MSとアフィニティータグを用いた相互作用解析

があげられ，タンパク質名，発現タンパク質の量的変化，一部の翻訳後修飾情報，相互作用の有無などの情報が得られます．

メタボロミクスの代表的な手法には，GC/MS，LC/MS，FT/ICRMS，NMRなどがあります．メタボロミクスでは，観測された内在性代謝物質由来の信号を，統計的な手法を用いてパターン化することにより，遺伝・薬物・環境などの外因性刺激や疾患等の影響で連続的に変化している代謝物のプロファイルを解析して，変化に影響を与えている要因を特定します[1]．

ところで，網羅的は「もらすことなく全てに及ぶ」という意味ですが，「-オミクス」で用いられる網羅的は，comprehensive (analysis) を訳したものです．リーダース英和辞典によれば，comprehensive は，包括的な，幅広い，総合的な」と訳され，例えば，comprehensive frameworks は包括的枠組みと訳されます．

すでにお気づきのように，完全網羅的分析法というものがあるわけでありません．メタボロミクスを例にとれば，内在性代謝物質には，アミノ酸，有機酸，糖，リン酸エステル，ヌクレ

オシドなど多種多様の化合物が，さまざまな量比で存在しています．一つの分析手法で網羅的に代謝物質を検出することは難しいというのは明らかです．大切なことは，生物学的安定性や物理化学的な安定性も考慮し，適用した前処理法と分析法で何が抽出され，何が測定できるかを把握しておくことだと考えます．

　網羅的分析法と訳された英語は正確には，ターゲットを定めない包括的な分析手法ということであって，網羅的という言葉には，研究者の目標や希望がかなり入っていると思われます．

---

1) 冨田　勝，西岡孝明編，"メタボローム研究の最前線"，シュプリンガー・フェアラーク東京 (2003).

Question

58 二次元クロマトグラフィーの話を「液クロ彪の巻」で読みましたが、実際にはどのような機器が必要で、それらをどのように操作すればよいのか、ハードウェアとソフトウェアの両面を教えてください.

Answer

ここでは、一般に使用される一次元目にカチオン交換クロマトグラフィーを、二次元目に逆相分配クロマトグラフィーを適用した二次元クロマトグラフィー（以下2-Dと略記）について説明します．図1にその概略的な流路図を示します．図1の例からわかるように，異なった2種類のカラムを配置する二次元クロマトグラフィーには，①シリアルカラム接続法，②カラムスイッチング法および③デュアルグラジエント法の大きく3通りの溶出方法に分けることができます．それぞれの特徴と用途を表1に示します．応用例として，試料にタンパク質混合物の消化物を用い，デュアルグラジエント法を用いて2-Dクロマトグラフィーを行った分析概図を図2に示します．

①シリアルカラム接続法　　→ SCX → RP →

②カラムスイッチング法　　→ SCX → ○(RP) → RP →

③デュアルグラジエント法　→ SCX → ○(RP) → RP →

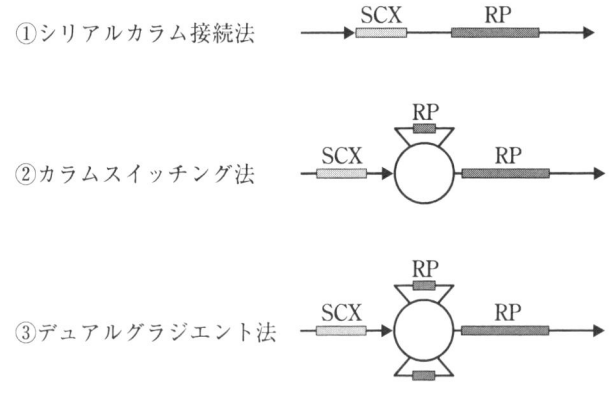

図1　一次元目にカチオン交換クロマトグラフィー，二次元目に逆相分配クロマトグラフィーを配置した2-Dクロマトグラフィーの流路の概略図

表1　2-Dの接続方法についてその特徴と用途

2-Dの接続方法	必要な周辺機器	特徴および用途
①シリアルカラム接続法	基本構成：2液以上のグラジエント送液ポンプ1台 周辺機器：なし	カラムスイッチングバルブを必要としないため，装置構成や操作性は最も簡単になります．二次元目の分離能が一次元目の溶出条件に影響されやすくなります． 用途：2-Dを簡易的に行いたいとき使用します．分析対象物の物性がわかっておりそれらが共通している場合使用できます．
②カラムスイッチング法	基本構成＋十方切り換えバルブ1台，試料送液用ポンプ1台	汎用性に富み，一般的に使用されている構成です．一次元目の溶出はステップワイズ法によるため分離能に制約がでます．

(つづき)

2-Dの接続方法	必要な周辺機器	特徴および用途
②カラムスイッチング法		用途：分析対象物の物性がほぼ似ている場合に使用します（例：混合タンパク質の消化物など）．
③デュアルグラジエント法	基本構成＋十方切り換えバルブ2台，2液以上のグラジエント送液用ポンプ1台追加	一次元目，二次元目ともグラジエント溶出法を用いるため分離能を最大に発揮させることができます．2-Dにおいて，究極の分離能を得ることができます． 用途：多大な分析時間をかけても分離能を追及したい場合に使用します．

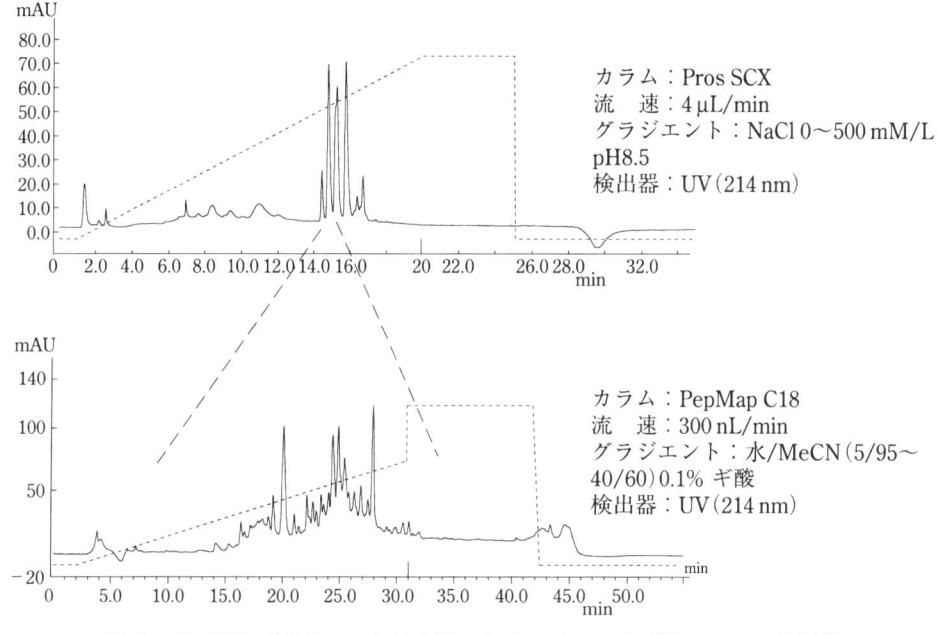

カラム：Pros SCX
流　速：4 μL/min
グラジエント：NaCl 0〜500 mM/L
pH8.5
検出器：UV(214 nm)

カラム：PepMap C18
流　速：300 nL/min
グラジエント：水/MeCN(5/95〜40/60)0.1% ギ酸
検出器：UV(214 nm)

図2　デュアルグラジエント法を用いた2-Dクロマトグラフィーの分析例

　複雑な混合物試料に対して，最大の分離能を得るために用いられるデュアルグラジエント法には，多大な分析時間が必要になるという欠点があります．そこで，この問題を解決するため，トラップカラムを2本接続して流路構成を改良することで，簡単にハイスループット化が達成できる特徴的なデュアルグラジエント法を解説します（図3のハイスループット化のためのデュアルグラジエント法の流路図参照）．一次元目のカチオン交換カラムでの分離は，図3の左上に示した送液ポンプを用いてグラジエント溶出を行います．溶出した試料成分（第1フラクション）は，バルブBの下方に示した逆相分配系のトラップカラムに保持させます．その後，バルブAおよびBの流路を切り換えて，溶出成分を二次元目の逆相分配系の分離カラムに通してグラジエント送液します．この分離操作中に，一次元目のカチオン交換カラムから溶出した試料成分（第2フラクション）は，バルブBの上方に示した逆相分配系のトラップカラムに

保持させます．この操作を繰り返すことで，分離カラムの洗浄およびコンディショニングの時間とトラップカラムの前処理時間を効率よく使用してハイスループット化が達成できます．図4に，デュアルグラジエント法によるハイスループット化の模式図を示します．

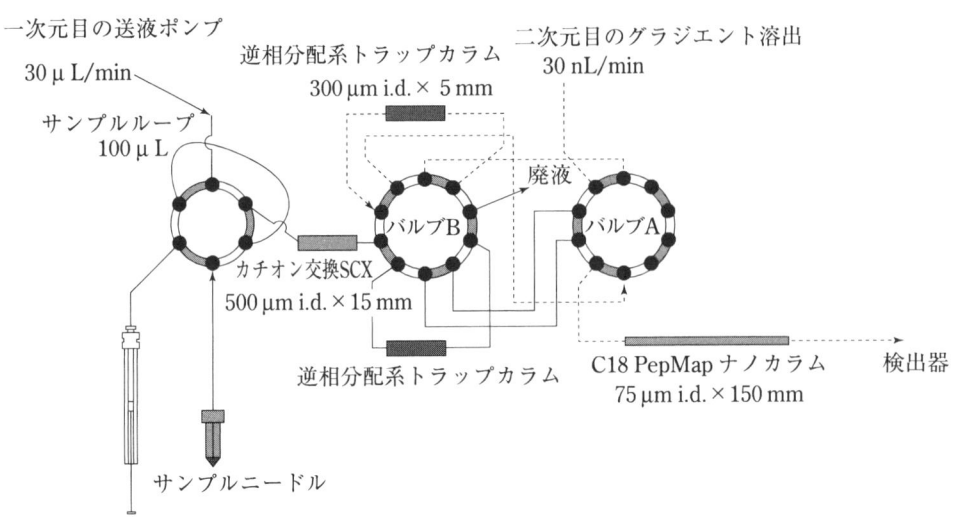

図3 ハイスループット化のためのデュアルグラジエント法の流路図

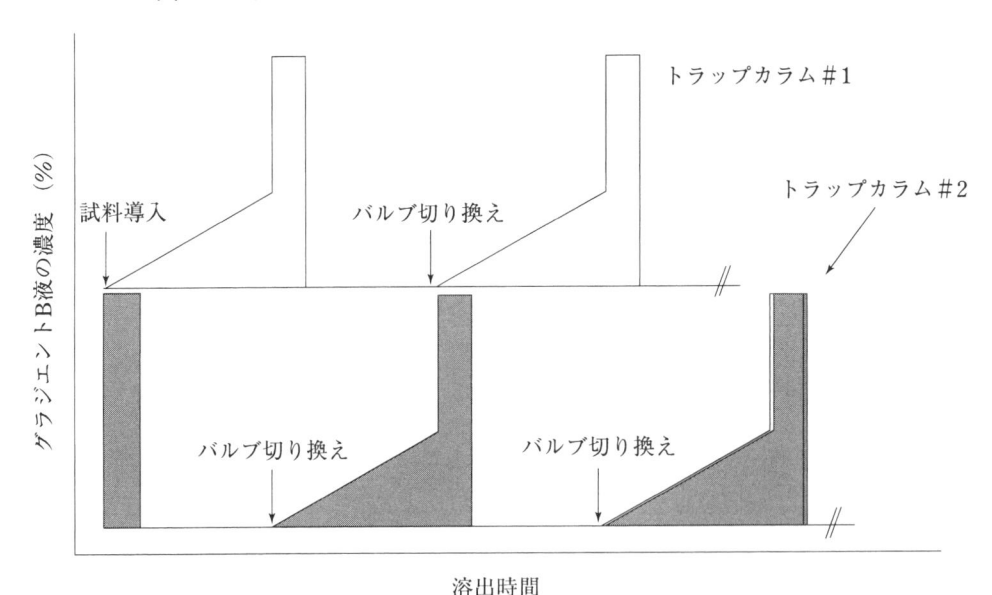

図4 デュアルグラジエント法によるハイスループット化の模式図

次に，上で述べたハイスループット化のためのデュアルグラジエント法を用いる場合のソフトウエアについて，その留意点を以下に説明します．

① 異なった二つのグラジエント溶出法（例：一次元目のイオン交換クロマトグラフィー，二次元目の逆送分配クロマトグラフィー）を実施するため，ソフトウェアは二つのグラジエント送液ポンプを同時に管理できるものが必要になります．最近のソフトウェアは同時に二つ以上

のシステム制御ができるものもありますので，適切なものを選択してください．

② 分析操作上，二つカラムスイッチングバルブを制御する必要があります．一つの分析スケジュールの中で，二つの分析条件(例えば，第1フラクション：バルブA実線流路＋バルブB実線流路，第2フラクション：バルブA破線流路＋バルブB破線流路のようにバルブ動作を試料ごとに交互に切り換える条件)から一つを選択できるような設定ができれば最適です．

このようにハードウェアの複雑な動作を制御管理するため，ソフトウェアの仕様を十分確認する必要があります．

Q： 分析カラム（5 μm）から分取カラムに移行するときに，分取カラムの充塡剤の粒径が同じならば分析条件は変更しなくてよいと思いますが，粒径が大きく違った場合（10 μm程度），分析条件の検討を再度行わなければならないでしょうか．

A： 一般的に市販の HPLC 分析条件から分取クロマトグラフィーを検討する場合，同じカラムメーカーのカラムでも 5 μm の分析カラムの製造方法と 10 μm の分取専用カラムの製造方法が異なる場合があります．このような場合，カラムの充塡剤の性質がやや異なることがあります．分取の条件検討を再度行わなければならないことがあります．

Q： 絶対検量線法と内標準法の使い分けと利点は何ですか．

A： 絶対検量線法を簡単にいうならば，クロマトグラム上の目的成分のピークの高さ，面積から試料溶液中の目的成分の濃度，絶対量を求める方法です．これに対し内標準法はクロマトグラム上の基準物質のピークと目的成分のピークの高さ比，面積比から試料溶液中の目的成分の濃度，絶対量を求める方法です．

内標準法では内標準物質と目的成分の存在比が重要になるので，試料溶液の体積を厳密に制御する手間が省けます（ファイルアップ（メスアップ）操作を省くため自動化法では多用される）．さらに標準溶液，試料溶液の温度による体積変化も無視することができます．また，HPLC への注入量の変動もキャンセルできるため，注入装置の精度にも影響されにくくなります．粘性の高い試料，気泡を含んだ試料を扱う場合に有効です．ただし，目的成分と同一検出系で検出でき，溶解性も類似した内標準物質の選定には多大な努力が必要となります．また，多数のピークが出現する試料の分析を行う場合は，目的成分を完全に分離し，さらに内標準物質も分離するとなると条件検討にますます多くの労力が必要になります．この分が内標準法の欠点です．

一方，絶対検量線法では内標準法の利点が難点となり，難点が利点となります．今日，温調の効いた室内で高精度装置で運用する場合試料溶液の体積変化，注入量のバラツキも小さくなり，従来難点といわれた因子の影響は極めて少なくなり，精度面では内標準法とかわらなくなっています．

十分なシステム再現性が得られる環境下（実験室環境，装置）で分析を行う試料では通常絶対検量線法，試料溶液の粘度が高く試料注入量がバラック心配のある場合のみ内標準法で方法を設定するように使い分けをすることをおすすめします．

第 2 章 検出・解析

Q： 分配クロマトグラフィーでは固定液相と移動液相の間の分配平衡で説明されます．ODS シリカゲルに代表される担体は官能基が固定された構造をしており，これを液相というのは不思議な気がします．このように呼ぶようになった由来は何ですか．

A： 分配型のクロマトグラフィーを考えた場合，歴史的には先にガスクロマトグラフィーがあり，その後液体クロマトグラフィーが開発されました．ガスクロマトグラフィーで多く使用されている分配型（気-液クロマトグラフ，GLC）のパックドカラムの充填剤は，シリカゲルを主成分とする珪藻土などの担体に，沸点が比較的高いシリコーンオイルなどの液体をまぶして製造しています．

　液クロ用カラムの歴史を振り返ってみると，今の逆相系カラムの初期は，先ほど述べた GC 用カラムとほとんど同じように液体をシリカゲルにまぶした充填剤を使用したカラムを使っていました．シリカゲルに液体をまぶしただけですので，液体部分が流出しやすくカラムの寿命は短いものでした．カラムの寿命をのばす方法として，シリカゲルに有機物をエーテル結合させたものが発明され，その後に有機シランによるシリル化が行なわれ現在に至っています．

　ODS シリカゲルに代表される担体はこのような歴史的理由から官能基をもつ固定相の部分を液相と呼ぶようになったと考えられます．

3章　試料の前処理

Question

59 カラムスイッチングによる**除タンパク前処理法の条件**を検討するときは，どのような手順で行ったらよいのでしょうか．

Answer

カラムスイッチングによる除タンパク前処理法は，生体試料中の薬物分析に用いられることがあります．いくつかの留意点に注意して検討を行えば，分析条件を確立することはそれほど困難ではありません．留意点および検討手順を以下に記載します．

1. 留意点

① 生体試料中タンパク質と分析対象物質の分離：前処理カラムに試料を導入したさい，分析対象物質はカラムに保持させ，タンパク質などは廃液に押し流すことが必要です．このさいの移動相はタンパク質の変性を考慮するため，あまり工夫の余地がありません．カラムを慎重に選択してください．

② 前処理カラムからのスムーズな溶出：いったん保持した分析対象物質を分析カラム用の移動相で前処理カラムから溶出しますが，このとき，溶出がスムーズに行われることが理想です．前処理カラムから速やかに溶出するよう，溶媒強度の強い移動相を使いたくなりますが，分析カラムで分析対象物質が保持された方が望ましいため，移動相の選択にも限界があります．分析カラムと前処理カラムの組合せに注意してください．

また，両カラムの内径は近い方がよいでしょう．いったん保持させた分析対象物質を分析カラムに導入するさい，移動相の流量は通常，分析カラムの内径にあわせて設定されます．前処理カラムの内径が4.6 mm，分析カラムの内径が2.0 mmとなると前処理カラムからの溶出が遅くなってしまいます．

③ 分析対象物質の回収率：分析対象物質の回収率は良好かつ安定な方がよいでしょう．分析対象物質が廃液に流れたり，前処理カラムに不可逆的に吸着したりしないよう，注意する必要があります．前処理カラムのコンディショニングが不十分な場合も，分析対象物質が流れ出てしまうことがあります．

④ ゴーストピークやベースラインの変動：スイッチングに起因するゴーストピークやベースラインの変動をできるだけ少なくすることです．ピークやベースラインの変動の原因を確認するために，移動相やブランク試料を注入したときのベースライン測定を行ってください．検出がMSの場合，あまり問題になることはありませんが，UV検出では十分な注意が必要です．

2. 検討手順

検討の進め方はいろいろな進め方があると思いますが，ここに一例を示します．

① 分析カラムにおけるLC条件の検討：分析対象物質を分析カラムに直接注入したさい，適当な保持と分離が可能となるよう，分析カラムの種類や移動相などのLC条件を検討しま

す．

② 前処理カラムの検討：前処理カラムを数種類用意し，図1のように流路を組みます．前処理用移動相を送液しさい，分析対象物質が前処理カラムに保持され，溶出してこないことを確認します．前処理用移動相は前処理カラムの取扱説明書を参考にします．また，①で検討した移動相を前処理カラムに流した場合には，分析対象物質が溶出してくることを確認します．

③ バルブのスイッチング時間の検討：タンパク質が前処理用移動相で溶出する時間を確認します．ブランク試料（例えば，血漿中薬物分析の場合は分析対象物質が含まれていない血漿）を用意し，注入します．UV検出器はタンパク質が検出できる波長（280 nm など）に設定します．このときのクロマトグラムからタンパク質の溶出時間を推定し，バルブのスイッチング時間の目安とすることができます．

④ 標準添加試料ならびにブランク試料の測定：標準添加試料（既知量の分析対象物質を添加したブランク試料），ブランク試料を実際にスイッチングして測定し（図1および2），分析結果を確認します．必要に応じて移動相も注入してみてください．

なお，バルブを切り換えたとき，移動相の送液方向が前処理カラムに対して，順方向，逆方向のどちらがよいのかも検討項目となることがあります（図1および2では順方向になっています）．どちらがよいかは一概にはいえません．前処理カラムに順方向で移動相が送液される場合は，前処理カラム上端部のフィルターにトラップされているものが分析カラムに流れる心配がありませんが，ピークの広がりが問題になることがあります．分析対象物質で実際に試してみてください．

関連する内容が「液クロ虎の巻」Q72および73，また「液クロ彪の巻」Q72に記載されていますので参照ください．

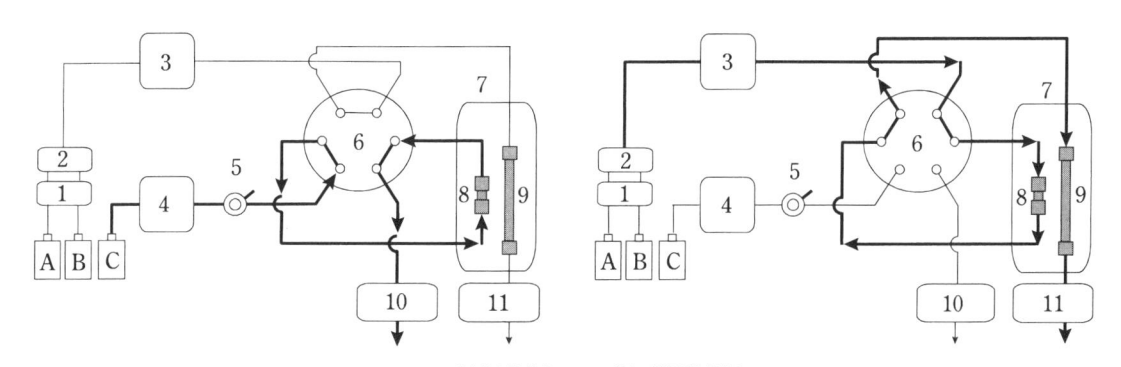

A，B：分析用移動相，C：前処理用移動相，
1：脱気装置，2：ミキサー，3：分析用送液ポンプ，4：前処理用送液ポンプ，5：インジェクターまたはオートサンプラー，
6：高圧六方切換バルブ，7：カラムオーブン，8：前処理カラム，9：分析カラム，10：UV検出器，11：検出器

図1 濃縮・クリーンアップ工程　　　　　図2 溶出・分析工程

Question

60 血漿中で分解する薬物を安定化させる方法を教えてください．

Answer

　HPLCまたはLC/MSにより血漿中の薬物濃度を測定する場合，薬物を投与した被験者より採血し，前処理を加えることとなります．しかしながら採血からHPLC（またはLC/MS）に注入するまでの間に分解する薬物がまれにあり，薬物濃度を過小評価してしまうことがあります．

　血漿中での分解の原因は非常に多岐にわたっていますが，ここでは，pHによる化学的分解と酵素による分解についてその対策を考えてみたいと思います．

1．pHによる化学的分解

　血漿は生体内ではおおむねpH 7.4に維持されますが，採血して生体から切り離すとpHがアルカリ側に傾く性質を有しています．したがって，エステル結合を有するなど，中性〜アルカリ性で分解する薬物は要注意です．

　対策ですが，まずは氷水などで冷却することをおすすめします．これで解決しない場合はpHを調整するバッファーを添加することになります．血漿は緩衝能を有していますので意外と多くのバッファーを必要とします．pH試験紙などで確認しながら，添加するバッファーの濃度や液量を決めてください．

2．酵素による分解

　血漿にはエステラーゼなどの酵素が含まれています．測定対象の薬物がこれらの酵素の典型的な基質と類似構造を有する場合には注意が必要です．また，酵素には種差がありますので，ラットの血漿中では安定でもヒトの血漿中では分解するということもまれではありません．

　対策ですが，pHの場合と同じく，まずは氷水などで冷却することをおすすめします．これで解決しない場合は酵素阻害剤を添加することになります．酵素阻害剤は，例えばエステラーゼならジクロルボス，SSAO（semicarbazide-sensitive amine oxidase）ならセミカルバジドのように，対象とする酵素により異なりますので，順に試してみてください．なお，NaFのように抗凝固剤であると同時にエステラーゼ阻害作用を有するものもあります．

Question

61 逆相HPLCフラクションの濃縮時に突沸などが発生してうまくいきません．解決方法を教えてください．

Answer

　逆相HPLC精製フラクションの濃縮にあたって，アセトニトリル-水やメタノール-水の混合溶媒は最も濃縮しにくいものの一つとされています．今回はアセトニトリル-水の濃縮方法を例として説明いたします．

　アセトニトリル-水の濃縮に関する問題点の一つに"突沸"の発生があげられます．また，二つめの問題点は"水の凍結"です．水は気圧が6 mbarのとき約0℃で凍結します．したがって，水を含む溶媒はつねに6 mbar以上（例えば8 mbar）の真空化で濃縮しないと水が凍ってしまいます．

　溶媒が水だけの場合は上記方法でよいのですが，アセトニトリルを伴う場合もっと厄介なことになります．アセトニトリルの8 mbarにおける沸点は−20℃以下ですが，まわりの水が凍結することによりアセトニトリルの蒸発が中断されてしまいます．これを避けるため，高い圧力（例えば40 mbar）で全溶媒を濃縮することができます．この場合，アセトニトリルの沸点は0℃以上となり，水も凍りません．しかし，アセトニトリルが蒸発した後，水の蒸発に時間がかかってしまい8 mbarで行ったときよりも遅くなってしまいます．

　上記の問題の解決方法は濃縮工程をアセトニトリルと水の二つに分けることです．最初の工程は40 mbarで水を凍結させることなくアセトニトリルを蒸発させます．次の工程は残っている水を凍結させることなく8 mbarで適切な速度で蒸発させます．

　また，もう一つの手段として遠心力を利用する方法があります．

　これらの特徴をいかした装置に突沸防止機能のソフトウェアが組み込まれた遠心エバポレーターがあります．

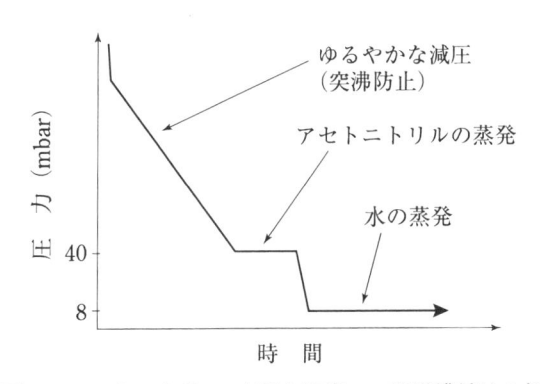

図1　アセトニトリル-水混合溶媒の二段階濃縮法の例

Question

62 オンライン固相抽出法で使用される前処理カラムにはどのようなものがありますか.

Answer

オフライン固相抽出で一般的に使用されている前処理カラムにはオンラインカートリッジ化されているものがあります.逆相タイプ,順相タイプ,イオン交換タイプと目的に応じて使いわけることも可能です.ただし,これらのカートリッジは,オフライン固相用の充填剤と同じ物を使用していますので,粒子径が粗く,オンライン法の利点を生かしきれない場合もあります.

一方,オンライン固相抽出法専用のカートリッジもあります.これらのカートリッジは充填剤粒子径が細かく,非常にシャープな溶出プロファイルが得られます.

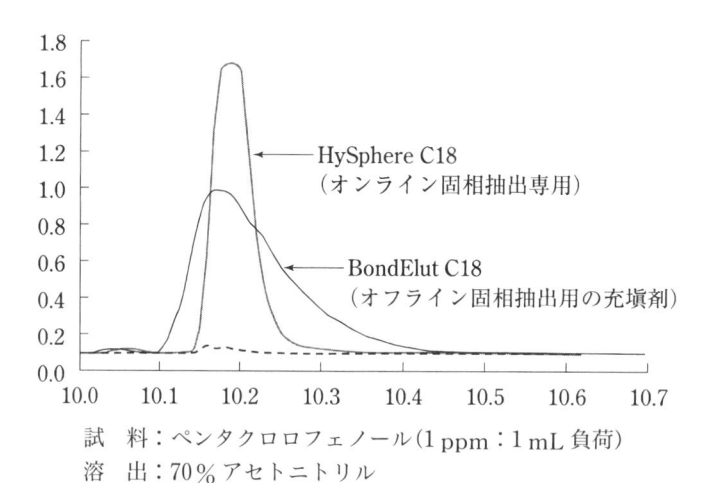

試 料:ペンタクロロフェノール(1 ppm:1 mL 負荷)
溶 出:70%アセトニトリル

図1 溶出プロファイル

Question

63 固相抽出の自動化装置やロボットを使用するさいの留意点を教えてください．

Answer

　固相抽出の自動化装置やロボットはいくつかのメーカーから，さまざまな機種が販売されています（「液クロ龍の巻」Q88 参照）．これらの装置はその特色を理解し，目的にあったものを選択して用いる必要があります．

　以下に購入・使用するさいの留意点を示します．

1. 試 料 量

　生体試料分析では数 μL～数 mL が，環境分析などでは数百 mL～数 L の試料が用いられます．試料量によって，使用する固相のサイズも違います．試料量や固相のサイズにあった装置を選択してください．ダイオキシン分析用の装置では $1m^3$ の水試料を濃縮するものもあります．

2. 試料マトリックス

　試料マトリックスの粘度によっては正確な分注が難しい場合があります．この場合，減圧法と加圧法の選択が必要です．また，マトリックス中に微粒子の存在が考えられる場合には，微粒子によるつまりに強い装置の選択が求められます．マトリックスが原因でうまくいかない場合には，あらかじめ手作業で沪過や希釈を行ってから装置にセットすることも考慮してください．

3. 目 的 成 分

　目的成分によっては，酸素や光で分解するものがあります．このような場合には各工程から分析まで密閉系で処理できる装置が望ましいでしょう．また，目的成分が室温下で長時間保存できない，不安定な成分の場合には，冷却機能が必要です．分析ラインに金属を含むと問題となる場合もあります．この場合にはイナートなシステムがよいでしょう．

4. スループット

　多くの検体を効率よく処理する必要があるかどうかです．検体数が少ないのであれば多検体同時処理機能は必要ありません．また，一度に処理できる検体数が同じでも，装置によって各工程の処理スピードが違うため，スループットに差がでる場合もあります．

5. 分 注 精 度

　装置によって分注精度が違います．実施しようとしている分析がどれだけの精度を必要としているのか十分に考えて装置を選択してください．また，見かけ上の分注精度だけでなく，クロスコンタミネーションや，装置に付着した溶媒による（予想外の）希釈にも注意してください．クロスコンタミネーション対策として，試料と接する部分がディスポーザブルになっている装置もあります．

6. ハードウェア

ハードウェアの使いやすさもできればチェックした方がよいです．試料や溶媒，固相を装置にセットしやすいか，動作を目視確認しやすいか（間違った操作やトラブルに気づきやすいか），メンテナンスしやすいか，などを確認します．

7. ソフトウェア

多くの装置はパソコンからソフトウェアを介して操作します．カタログではわかりづらいことですが，ソフトウェアの使いやすさは非常に重要です．簡単に条件を変えられるか，誤操作が起こりにくいか，検体が不規則に配置されても対処しやすいか，などがチェックポイントです．

8. オフライン法とオンライン法

固相抽出の自動化には，その工程により大きく分けてオフライン法とオンライン法があります．

オフライン法では濃縮，クリーンアップ，溶出までの工程またはその一部の工程を自動化しています．濃縮された目的成分は一度溶出され（数百 μL〜数 mL），溶出液の一部（数 μL〜数十 μL）が分析装置に導入されることになります．固相には汎用の固相が用いられます．装置の構造によっては 8〜96 検体の多検体同時処理も可能です．

一方，オンライン法では濃縮，クリーンアップ，溶出，分析までの工程を自動化しています（「液クロ彪の巻」Q71 参照）．溶出された成分は全量が分析装置に導入されるため，少量の試料で高感度の分析が可能となります．固相には専用の固相を使用します．基本的には複数の検体を同時処理することはできず，シーケンシャルな処理となりますが，装置によっては同時処理に近い効率を実現したものもあります．

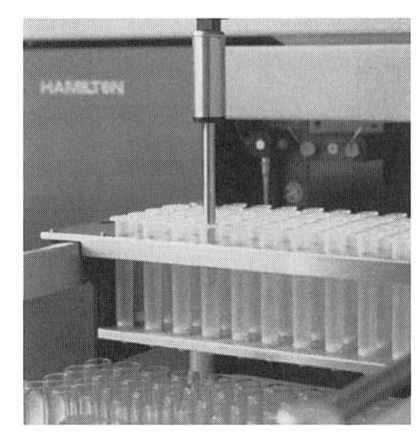

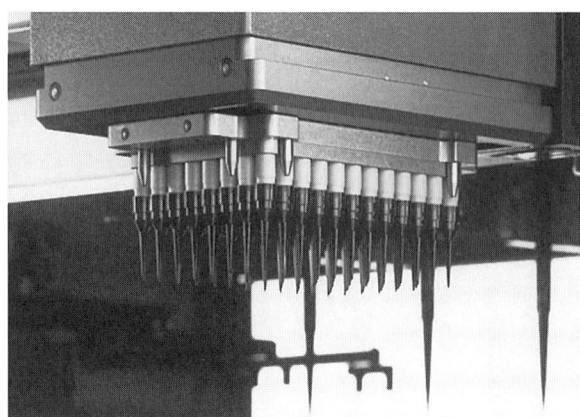

図 1　自動化装置

Question

64 血漿や尿などの生体試料のHPLC分析で、**カラム寿命をのばすにはどのようにしたらいいですか.**

Answer

　カラムの寿命は，使用方法（移動相の組成，注入試料など）により顕著に影響されます．血漿や尿などの生体試料中には目的成分以外にも多くの物質が含まれており，これらは，カラムにほとんど保持されないもの，カラムに保持されたままなかなか溶出しないものなど，さまざまな特性をもっています．このうち，カラムの寿命に直接かかわるのは，溶出されにくい物質であり，① これら物質を事前に除去してカラムに入れない，② カラムに吸着してしまった物質を洗浄する，の二つの考え方でカラム寿命をのばすことができます．

　以下に，分析カラムの寿命をのばすための手法例を簡単に紹介します．

1. 前処理

　試料の前処理は，目的成分の濃縮，共存する不純物の除去などをおもな目的として行われます．適切な前処理を行うことにより共存する物質が除去されるため，分析カラムの寿命をのばすには有益であります．目的成分の性質（低分子化合物，または高分子化合物など）や分析方法によりさまざまな選択肢がありますが，溶媒抽出，固相抽出，除タンパクなどが一般的です．分析カラムの性質を考慮し，分析カラムから溶出しにくい成分を除去することがポイントとなります．

　例えば，逆相HPLCにおける前処理では，カラム中で変性するタンパク質，脂溶性の高い脂質などの成分，残存シラノール基と強固に結合する吸着性の高いイオン性物質などが除去の対象となります．

2. 浮遊物除去（遠心，フィルター処理，オンラインフィルター）

　生体試料分析では，目視で確認できるような浮遊物が試料中に浮いていることがあります．このような浮遊物が分析カラムに入り，カラムの充填剤の細孔にぴったりはまると，カラム圧が上昇し，使用不可能となることがあります．浮遊物の有無にかかわらず，試料を遠心分離してその上清を分析にかけるか，適当なサイズのフィルターを通したものを試料とすることをおすすめします．

　しかし，遠心操作などでも除去しきれないような浮遊物（目視で確認できないようなもの）やオートサンプラー中で生成してしまう浮遊物もあります．このような場合，オートサンプラーと分析カラムの間にラインフィルターを装着することにより，浮遊物が分析カラムへ入り込むのを防ぐようにします．

3. ガードカラム

　ガードカラムは，オートサンプラーと分析カラムとの間に装着するカラムで，分析カラムと

ほぼ同様な充塡剤のものを選定するのが一般的です．また，カラム長やカラム径を考慮し，保持時間や分離にあまり影響を与えないサイズのものを選択する必要があります．

特に，生物の組織や体液（血漿，血清など）は，カラムに保持されたまま溶出しない成分が堆積する傾向にあるため，ガードカラムの装着はカラムの寿命をのばすには有益です．

ガードカラムに保持される成分は，分析を繰り返し行うことにより，徐々に溶出し，分析カラムに入ることも考えられます．そのため，定期的に交換を行うか，分析終了後に洗浄を行う必要があります．また，カラムスイッチング法を利用し，試料の測定のたびにガードカラムを洗浄する方法もあります．

4. 洗　　　浄

3. ガードカラムでも少し述べましたが，分析終了後に溶出力の強い溶媒を流し，カラムに強く保持されている物質を洗浄除去することも，分析カラムの寿命をのばすには有益であります．

通常は，移動相の組成を少し変動させて溶出力を高めた洗浄液を使用します．

また，カラムスイッチング法などを利用して，試料の測定のたびに洗浄液を流したり，分析試料と分析試料の間に，洗浄溶液をオートサンプラーから注入するなどの洗浄方法もあります．これらの方法は，分析中でもカラム洗浄が容易に行うことが可能です．

生体試料分析においては，カラムの洗浄は頻繁に行います．しかし，洗浄の方法，頻度によってはカラムを傷めてしまう可能性があるため，注意が必要です．日々の分析において，クロマトグラムの挙動やポンプ圧の変動などを把握し，適切なタイミングで洗浄を行うことが重要です．

ここまで，カラム寿命をのばす方法を述べてきました．しかし，生体試料分析においては，適切な使い方をしていても，カラムの寿命はあまり長くはできません．カラム寿命をのばすことを考えると同時に，適切な時期にカラム交換するということも，精度の高い分析をするポイントになると思います．

Question

65 浸透抑制型充填剤カラムと内面逆相型充填剤カラムとは，同じようなものでしょうか．

Answer

浸透抑制型充填剤*（restricted-access packing material）は，溶質分子の固定相への浸透を抑制することを意図して設計された充填剤の総称で，多くの場合，浸透を抑制される溶質分子とはタンパク質のことをさします．すなわち，高分子であるタンパク質は固定相とは相互作用せずにサイズ排除クロマトグラフィー的なモードで溶媒先端（t_0）付近に検出され，一般的な低分子化合物は固定相中に浸透して適当に保持され相互に分離することになります．こういった浸透抑制型充填剤カラムは，おもに薬物血中濃度測定の分野で，血清試料の直接注入分析に使用されます．

内面逆相型充填剤（internal-surface reversed-phase packing material）は，いろいろと工夫されている浸透抑制型充填剤の一つのカテゴリーを占める充填剤で，ウシ血清アルブミンコーティング ODS シリカゲルに始まり，Pinkerton カラムに引き継がれ，その後もさまざまな工夫が加えられています．これらは，いずれも，充填剤細孔の中（内表面）を疎水性，外（外表面）を親水性というように，それぞれ性質の異なった固定相で修飾することで，タンパク質をサイズ排除モードで溶出，一般低分子化合物を逆相分配モードで保持・分離することが可能となっています．

浸透抑制型充填剤には，内面逆相型充填剤の他，化学結合型逆相充填剤の表面を親水性のポリマー被膜でコーティングしたシールド型固定相充填剤，比較的かさ高い親水性の結合相と疎水性結合相とを混合して化学結合した mixed-functional 固定相充填剤，一つの化学結合相の上部に親水性基，内部に疎水性基を配した binary-layered phase 固定相充填剤などがあり，いずれも血清試料の直接注入分析に使用されています[1]．

内面逆相型充填剤に関しては，「液クロ彪の巻」Q38 に詳しい記述がありますので参照ください．

---

* 浸透制限型充填剤ともいう．
1) 日本分析化学会関東支部編，"高速液体クロマトグラフィーハンドブック"，p.103，丸善（2000）．

Question

66
プレカラム誘導体化法でアミノ酸の定量分析を実施するさいに，標準品では問題ないのですが，実際の試料の分析となると予想（ポストカラム法）よりもかなり低い値が得られます．どんなことが考えられますか．また解決法はありますか．

Answer

プレカラム誘導体化法は，装置的にシンプルなものを使用できるため便利ですが，定量性という点では気をつけないといけないことがあります．

アミノ酸を含む試料には，アミノ酸以外にも，アンモニアなど，誘導体化試薬と反応する可能性のある不純物が含まれています．また，タンパク質の加水分解試料のようにタンパク質の量から含まれるアミノ酸の量を類推できる場合は別として，生体試料や食品試料などのように，どのアミノ酸がどの程度含まれているか不明の場合が多くあります．例えば，一つあるいは複数のアミノ酸が突出的に多く含まれているような試料も考えられます．こういった，不純物を多く含んでいたり，ある成分含量が突出的であるような場合，過剰に加えられたはずの誘導体化試薬が，多量に含まれている不純物や特定のアミノ酸に独占されるために他のアミノ酸に行き届かなくなり，定量性が損なわれるようになります．

ポストカラムカラム法では，カラムから分離溶出された成分に過剰の試薬が混合されるため，上記のようなことは生じません．突出した含量成分の定量性が損なわれることはありますが，他の成分の定量には影響しません．

こういった場合の解決方法としては，試料を希釈してみることをおすすめします．誘導体化試薬の濃度を高めるのも一つの方法ですが，試薬によっては試薬自身が析出したり，反応条件が異なってしまうことも考えられますので，試料を希釈してようすを見るのがベターな方法だと思います．ポストカラム法で，含量の高い成分の定量値が低く出る場合にも，試料の希釈をおすすめします．

もう一つ，プレカラム誘導体化法で注意しなければならない点として，試料の液性（特にpH）があります．アミノ酸の誘導体化法の多くは，塩基性下で誘導体化反応が進行します．したがって，試料のpHが極端に低い場合には，誘導体化の際に緩衝液などを用いても，反応に十分な至適pHになっていないことが考えられます．ポストカラム法では，試料中の酸性成分とアミノ酸が分離されるためにその影響を受けませんが（分離に多少の影響を受けるかもしれません），プレカラム法では大きく影響を受けます．誘導体化反応液のpHをpH試験紙などで確認され，該当した場合には，アミノ酸含量が検出に十分な量であれば試料を希釈することで回避できる可能性がありますが，そうでない場合には，アルカリ溶液を加えて反応に有利なpHにもってゆくことが必要です．

Question

67 糖類の検出法について教えてください．

Answer

　糖類（中性糖）の構造中にある官能基は水酸基とカルボニル基ですので，その検出には目的に応じた選択や工夫が必要です．糖類の検出法としては，一般的には以下の方法があります．

1．紫外可視吸光検出法

　紫外可視吸光検出法は，HPLCで最も一般的に使われますが，糖類の検出には有効ではありません．これは，糖類が190 nm付近でしか紫外吸収を示さないからです．このような波長域では，移動相の吸収や試料中の夾雑成分の影響を大きく受けるため，移動相が水のみの条件で，かつ夾雑成分のない試料以外，この検出法は実用上困難と考えてください．

2．示差屈折率検出法

　示差屈折率検出法は，試料成分と移動相に屈折率の差があれば，原理的には何でも検出できる汎用検出法であり，糖類の検出には昔から広く用いられています．示差屈折率検出法では，屈折率のごくわずかの差を測定しているため，検出感度はあまり期待できませんが，一般に甘みを感じる試料の分析には感度的に十分であり，食品分野では多用されています．なお，示差屈折率検出法では，グラジエント溶出法が使えませんので，分配法によるオリゴ糖分析やホウ酸錯体陰イオン交換法を用いる多成分分析には有効ではありません．

3．電気化学検出法

　電気化学検出法は高感度な検出法で，糖類についてはCu電極やAu電極を用いる方法があります．特に，Au電極とパルスモードを組み合わせる方法では，数pmolレベルの糖が検出できます．ただし，電極表面を強アルカリに保つ必要があるため移動相条件によっては，カラム溶出液に別ポンプにより高濃度の水酸化ナトリウムを添加することが必要になります．また，印加電圧が高く検出の選択性は高くありませんので，夾雑成分との分離が問題になることがあります．

4．蒸発光散乱法

　蒸発光散乱法は，カラム溶出液を噴霧して移動相を蒸発除去後，溶質に光をあててその散乱光を検出する方法で，蒸発しない成分は何でも検出できる汎用検出器です．20年ほど前から市販装置がありましたが，感度や操作性などの点で難があり，あまり普及しませんでした．しかし，最近では性能のよい装置も現れ，汎用検出器として見直されています．グラジエント溶出法が適用できますので，糖類の検出では，特に分配法によるオリゴ糖分析に効果的です．ただし，その原理上，不揮発性移動相（例えば緩衝液）は使用できませんので注意してください．以下に，オリゴ糖分析時のグラジエント溶出法の効果を示します．

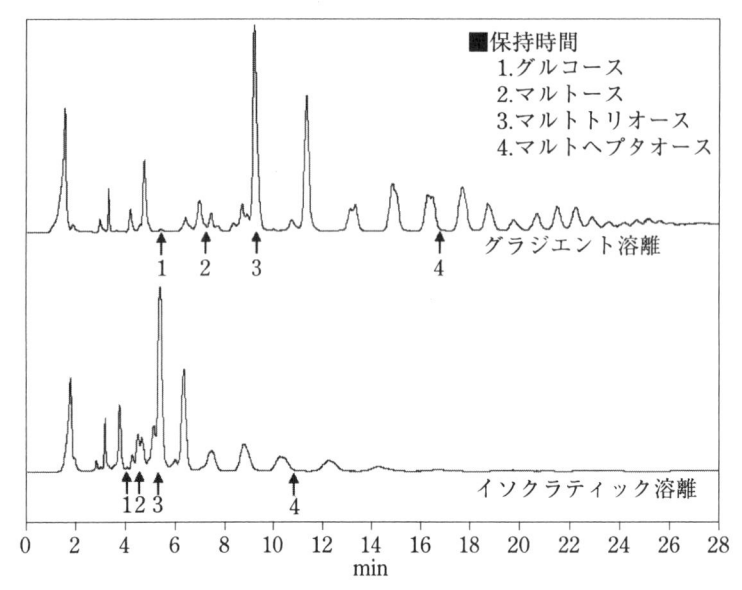

図1 オリゴ糖分析におけるグラジエント溶出法の効果

5．誘導体化検出法

　糖類は上記のように直接検出では，感度や選択性が十分満足できないことも多く，誘導体化法が数多く研究されています．紫外可視検出を目的とした誘導体化法としては，ポストカラム法では古くはオルシノール-硫酸法など呈色反応を利用した方法が用いられていましたが，耐食性の装置が必要で取扱いも厄介なため，今では使われていません．蛍光検出法は感度や検出選択性の面で非常に優れているため，糖類の誘導体化検出法では種々検討されています．プレカラム法では，2-アミノピリジンを試薬に用いるピリジルアミノ誘導体化が，糖タンパクの糖鎖構造解析において広く用いられおり，pmolオーダーの検出が可能となります．ただし，プレカラム法の常ですが，誘導体化処理にはある程度の時間と手間が必要です．この点，ポストカラム法では誘導体化反応が自動化されていますので，ルーチン分析で好まれます．ポストカラム法としては，2-シアノアセタミド法，アルギニン法などが広く用いられています．

Question

68 有機酸の検出法について教えてください.

Answer

　一般的な有機酸類は分子内にカルボキシル基（−COOH）を有していますので，これを利用した以下のような検出法が用いられています．

1. 紫外吸光検出法

　紫外吸光検出法では，カルボキシル基による 200～210 nm の吸収を直接検出します．有機酸分析で一般に用いられるイオン排除クロマトグラフィーでは，移動相として紫外吸収のない無機の酸類（過塩素酸，リン酸など）を用いるため，この組合せは最も簡便な有機酸の分析法となります．ただし，この波長域では試料中の夾雑成分が重なる可能性が高いため，標準液に近いような試料以外では，十分な注意が必要です．

2. 電気伝導度検出法

　有機酸はイオン性ですから，電気伝導度検出法による直接検出が可能ですが，十分な感度を得るには，移動相のバックグラウンド電気伝導度を下げる必要があります．イオン排除クロマトグラフィーでは，移動相に酸を用いるためバックグラウンドが高く，これらの組合せは実用的とはいえません．サプレッサーイオンクロマトグラフィーとイオン交換法の組合せでは感度よく分析できますが，選択性の問題から試料によっては夾雑成分の妨害を受けることがあります．

3. ポストカラム誘導体化法

　有機酸を選択的に高感度検出するポストカラム誘導体化法として，pH 指示薬による可視吸光検出法や pH 緩衝化電気伝導度検出法などがあり，いずれもイオン排除クロマトグラフィーと組み合わせて用いられます．pH 指示薬法は，有機酸による pH 指示薬の色変化を利用した検出法です．一方，pH 緩衝化法は，感度，選択性や精度に優れた方法です．この方法は，カラム溶出液に pH 緩衝化試薬を連続的に加え，pH を中性付近にすることにより，有機酸を解離状態にして電気伝導度検出器で高感度に検出しようという方法です．つまり，本法では移動相のバックグラウンドを下げ，かつ有機酸の解離を促進し感度を上げることができるため，一石二鳥というわけです．

Question

69 HPLCでよく使われる溶媒で**安定剤が含まれている溶媒**にはどのようなものがありますか.

Answer

　HPLCに使用する溶媒は, 順相, 逆相, SECなど分離モードの違いにより, さまざまなものが用いられています.

　溶媒類は, できれば安定剤などの添加物が入っていない方が, 分離や検出に影響がなくよいのですが, 溶媒の特性上添加物が必要なものもあり, HPLC用溶媒として使用する場合注意が必要です. また, 同じ溶媒でもグレードの違いにより添加物の種類が違ったり, 添加物が入っていない場合がありますので, 購入前にメーカーに確認するなど, 事前に調べておいた方が安全です. 添加剤入り溶媒使用時の注意点は「液クロ虎の巻」Q35で解説しています. また, HPLCグレードと他のグレードの違いは「液クロ虎の巻」Q34で解説しておりますので参照ください.

　下記にHPLCで使用する溶媒と, 添加剤についての一覧表を掲載しますので, 溶媒選択にお役立てください.

表1　HPLCで使用する溶媒, 添加剤

グレード	溶　媒	安 定 剤	おもな使用モード	備　考
HPLC用	アセトニトリル	なし	逆　相	
特　級	アセトニトリル	なし	逆　相	短波長・グラジエント測定に不適
HPLC用	アセトン	なし	順　相	
HPLC用	1-ブタノール	なし	順　相	
HPLC用	クロロホルム	アミレン	順　相	
特　級	クロロホルム	エタノール	順　相	エタノールが溶出力に影響する
HPLC用	ジクロロメタン	アミレン	順　相	
特　級	ジクロロメタン	エタノール	順　相	エタノールが溶出力に影響する
HPLC用	シクロヘキサン	なし	順　相	
HPLC用	1,4-ジオキサン	なし	SEC	
HPLC用	1,1,1,3,3,3-ヘキサフルオロ-2-プロパノール	なし	SEC	
HPLC用	エタノール	なし	順　相	

(つづき)

グレード	溶　媒	安 定 剤	おもな使用モード	備　　考
HPLC用	n-ヘプタン	な　し	順　相	
HPLC用	酢酸エチル	な　し	順　相	
HPLC用	n-ヘキサン	な　し	順　相	
特　級	n-ヘキサン	な　し	順　相	短波長・グラジエント測定に不適
HPLC用	メタノール	な　し	逆　相	
特　級	メタノール	な　し	逆　相	短波長・グラジエント測定に不適
HPLC用	トルエン	な　し	順　相	
HPLC用	2-プロパノール	な　し	順　相	
HPLC用	2,2,4-トリメチルペンタン	な　し	SEC	
HPLC用	テトラヒドロフラン	な　し	逆相, SEC	酸化するため早めに使い切る
特　級	テトラヒドロフラン	2,6-ジ-$tert$-ブチルヒドロキシトルエン	逆相, SEC	2,6-ジ-$tert$-ブチルヒドロキシトルエンは強いUV吸収がある

Question

70 LC/MS には HPLC 用ではなく LC/MS 用の溶媒の使用が望ましいのですか．

Answer

　近年の LC/MS の普及に伴い，試薬メーカーより LC/MS 用の溶媒が発売されました．価格は若干高価ですが，HPLC 用の規格に加え LC/MS を用いた規格試験が実施されています．また，コンタミネーションを最小に抑えるような包装の工夫も行われています．

　ここでは LC/MS の使い方を大きく二つに分け，それぞれの用途において LC/MS 用溶媒の使用の是非を考えてみたいと思います．

1．SIM (single ion monitering) 法および SRM (selected reaction monitering) 法

　SIM は LC/MS で特定のイオンのみを検出する方法です．また，SRM は LC/MS/MS で特定のプレカーサイオンから生成する特性のプロダクトイオンのみを検出する方法です．

　いずれも定量分析において用いられる手法であり，バックグラウンドノイズの低下による高感度化が期待されます．多くのケースでは HPLC 用の溶媒に含まれる不純物は問題になりません．しかしながらまれなケースとして，バックグラウンドノイズが高く，その原因として移動相中の不純物が疑われる場合もあります．このような場合においては LC/MS 用の溶媒を使うことで問題が解決する可能性もあると思われます．

2．その他の分析法

　LC/MS ではその設定により SIM 法や SRM 法以外の使用方法が可能です．例えば，スキャンする質量電荷比 m/z の範囲を広く設定することで，溶出時間とマススペクトルの情報を一度に得ることができます．試料中に含まれる未知の化合物を網羅的に検出する場合などに有効な手法です．このような場合，検出における選択性は低いことから，SIM や SRM に比べ，HPLC 用の溶媒に含まれる不純物が問題となる可能性は高くなると考えられます．したがって，これから分析法を開発するのであれば最初から LC/MS 用溶媒を使うことをおすすめします．

Question

71 移動相の最適流量とは何ですか．また，それは移動相の組成によっても異なるのでしょうか．

Answer

移動相の最適流量は，HPLC の分析目的が何であるかによって異なってきます．例えば，分離能を最大にして，近接ピークをできるだけ分離したいのか，分離能を多少犠牲にしても分析時間を短くして早く分析するのか，検出器側のデータ取り込み速度（例えば，LC/MS/MS における必要なプリカーサイオンの処理速度）が遅いため溶出流速を遅くする必要があるのかなど，さまざまな目的によって，移動相の最適流量が決まります．ここでは，一般的に HPLC は分離分析法であり，カラムに求められるのは高分離能を得ることであるという立場に立って，理論段高さが小さくなる移動相の最適速度（カラム線速度）を考えます．

カラムの全体的な理論段高さは，カラム線速度の平均値の関数であり，一般的な方程式を式 (1) に示します．この式はファンディームター（van Deemter）の式[1]と呼ばれるものを簡略した形で表しています．このファンディームターの式から，クロマトグラム上のピーク形状から求められる理論段高さ（HETP）は，チャネリングや渦巻拡散による項（線速度と無関係：右辺の第1項），移動相の流速方向の拡散による項（線速度に反比例：右辺の第2項）および移動相や固定相中での物質移動の遅れによる拡散に起因する項（線速度に比例：右辺の第3項）の総和で表すことができます．

$$H = A + \frac{B}{u} + C \cdot u \tag{1}$$

ここで，H：理論段高さ，u：線速度，A，B，C：係数

図1は，HPLC における典型的な値に対するカラム線速度と理論段高さの変動を表しています．この曲線から，H を最小にする線速度（極小値 u_{min}）があることがわかります．ファンディームターの式を，線速度 u で微分すれば，式(2)に示すように，理論段高さ H を最小にす

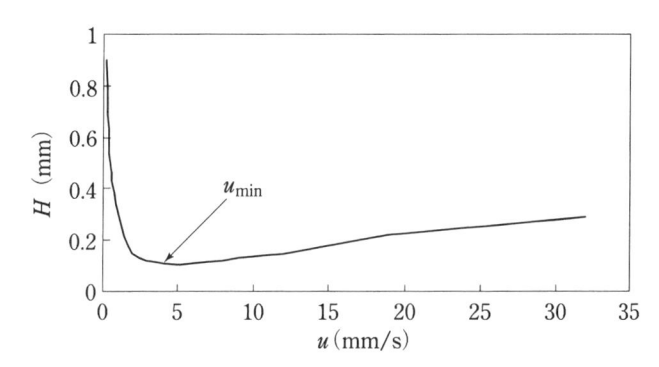

図 1 HPLC における典型的な値に対するカラム線速度と理論段高さの関係

る $u_{\min}$ を求めることができます．

$$u_{\min}=\sqrt{\frac{B}{C}} \qquad (2)$$

この速度 $u_{\min}$ 以下では，H は強く拡散の効果(B)に依存します．また，この速度以上のところでは，物質移動の項(C)に依存しますが，その立ち上がりは穏やかで平らです．HPLCにおいて，線速度に対して H の立ち上がりが緩やかであるということは，カラム効率を決定するときに流速はそれほど重要でないことがわかります．実務的には，分析時間を短縮する目的で，カラム効率を損なうことなく比較的高めのカラム流速を使用します．したがって，最適流速（現実的な流速）は，$u_{\min}$ の2～3倍のところを採用します．

次に，係数 B は流れ方向の溶質の拡散速度と関係して，拡散係数 D_m に比例し，係数 C は吸脱着速度に起因する溶質の拡散と関係して，拡散係数 D_m に反比例します．また，拡散係数 D_m は，ストークス-アインシュタイン（Stokes-Einstein）の関係式に従い粘性率 η に反比例します．したがって，温度一定の条件下で k_1, k_2, k_3 および k_4 を定数とすると，式(3)に示すように最適流速 $u_{\min}$ は溶質の拡散係数 D_m に比例し，溶媒の粘性率 η に反比例します．

$$u_{\min}=\sqrt{\frac{B}{C}}=\sqrt{\frac{k_1 \cdot D_m}{\frac{k_2}{D_m}}}=k_3 \cdot D_m=k_4 \cdot \frac{1}{\eta} \qquad (3)$$

すなわち，最適流速は移動相の組成に影響されることがわかります．一般に逆相分配系の移動相に使用されるメタノールとアセトニトリルの20℃における粘性率を表2に示します．

表2 メタノールとアセトニトリルの20℃における粘性率

溶 媒	粘性率 (20℃) (mPa·s)
メタノール	0.55
アセトニトリル	0.34

通常，移動相はこれらの有機溶媒と水を混合して使用しますが，どの割合で比較してもメタノール-水系の方が，アセトニトリル-水系より粘性率が高くなります．したがって，理論的には最適流速は粘性の低いアセトニトリル-水系の方がメタノール-水系よりも大きくなります．しかし，実際に，分析時に使用する流速は，理論値より2～3倍大きな範囲で使用していますので，溶媒による最適流速の変動は無視できます．

---

1) 日本分析化学会関東支部編，"高速液体クロマトグラフィーハンドブック 改訂2版"，丸善 (2000).

Question

72 イオン対試薬は，酸性物質用と塩基性物質用がありますが，両方に使用できるものはありますか．

Answer

　イオン性試料を逆相系の条件で十分保持させるために，イオン対試薬が有効に用いられています．イオン対試薬は，分析対象物である酸性物質あるいは塩基性物質とイオン対を形成します．そのため，酸性物質分析には，分子内にカチオン性部位を有する試薬を用い，塩基性物質分析には，分子内にアニオン性部位を有する試薬を用います．また，イオン対形成後に逆相系条件で十分な保持を達成させるため，イオン対試薬は分子内に疎水性部位を有することが重要です．

　試薬のなかには，図のように分子内にカチオン性部位（N^+）とアニオン性部位（SO_3^-）の両方を有するものがあります．このような試薬は，カチオン部位が酸性物質とイオン対を形成し，アニオン部位が塩基性物質とイオン対を形成します．すなわち，酸性物質と塩基性物質の両方に使用できるイオン対試薬としての可能性があります．

$$R-\overset{\overset{CH_3}{|}}{\underset{\underset{CH_3}{|}}{N^+}}-(CH_2)_3SO_3^-$$

　＜アニオン性・カチオン性両部位を有する試薬例＞
　① ［(3-クロルアミドプロピル)ジメチルアンモニオ］-1-プロパンスルホナート
　② N-テトラデシル-N,N-ジメチル-3-アンモニオ-1-プロパンスルホナート
　③ n-ドデシルジメチル(3-スルホプロピル)アンモニウムヒドロキシド
　④ n-オクタデシルジメチル(3-スルホプロピル)アンモニウムヒドロキシド

　イオン対効果は移動相のpHの影響を受けます．そのため，このような酸性・塩基性両物質にイオン対効果が期待できる試薬を用いたとしても，酸性物質とイオン対を形成する最適条件と，塩基性物質とイオン対を形成する最適条件が異なる場合があるので，酸・塩基の同時分析は難しい場合が多いです．

　上記①および②の試薬は，イオンクロマトグラフィーにおいてアニオンおよびカチオンの分析に応用されています．

Question

73 古い試薬が使えるかどうかの判断はどうすればよろしいですか．

Answer

　試薬は，安定なものから不安定ですぐに経時変化してしまうものまで，その性質は千差万別です．そのため，実験室に残っている古い試薬が使用可能であるのか判断するのは，試薬の性質を理解していないと難しいです．以下にHPLCで使われているおもな試薬の性質を記します．

1. 移動相用有機溶媒

　逆相系で多用されているメタノールやアセトニトリルは，未開封，冷暗所保管で1年程度であれば問題なく使用できます．同ロットを長期間使用する場合は，購入時に紫外吸収やグラジエント溶出によるベースライン変動などの基礎データを測定しておくことで，古くなっても購入時との比較ができます．

　きちんと封がされてないときや，直射日光のあたる場所に置いてあるなど保管の状態が悪い場合は，メタノールやアセトニトリルは，酸化や重合による劣化が考えられるので使用しない方が無難です．

　THFは，HPLCグレードのものは安定剤が入っていませんので，開封後はすぐに使用し，古いものは使用しないでください（本巻Q75参照）．

　順相系で多用されているヘキサンは，古くなると紫外部吸収不純物が顕著に増加するため使用しないでください．また，順相分析は水が大きく影響しますので，溶媒の吸湿には注意が必要です．順相系で使用する溶媒は，脱水して使用し，古くなったものは，使用前に再度脱水するようにしてください．

2. イオン対試薬

- アルキルスルホン酸ナトリウム：アルキル鎖長の違いによりさまざまな種類が市販されており，塩基性物質用として汎用的に用いられています．比較的安定な試薬のため封をきちんとしておけば長期間使用できます．
- 第四級アンモニウム塩：テトラ-n-ブチルアンモニウム基は酸性物質へのイオン対効果が高く，その塩はイオン対試薬として汎用されています．塩化物および臭化物は吸湿性が強いので保管に注意し，吸湿したもの（固まったり，濡れてきたもの）は使用しないでください．テトラ-n-ブチルアンモニウムヒドロキシドは最もよく使われているイオン対試薬の一つで，通常水溶液状態で販売されています．強い塩基性のため，リン酸などでpH 7.5前後に調整して使用します．また，塩基性である本試薬はポリ容器で保管しますが，ポリ容器は外部の不純物を透過する性質があるので，古い試薬は使用しないでください．

　試薬や溶媒は，保管方法が重要です．保管の基本は湿気の少ない冷暗所といわれていますが，必要に応じて冷蔵庫保存したり，一度開封した後は，きちんと栓を締めるなどの配慮してください．同じ試薬や溶媒でも使用可能年数を長くすることができると思われます．

Question

74 カラム評価にはどのような試薬が使われていますか．また，どのようなグレードの試薬を使えばよいのですか．すでに混合されているものはありますか．

Answer

表1におもなメーカーのODSカラム評価に用いられている，溶離液と試料を示します．溶離液としては，メタノール-水系とアセトニトリル-水系にわかれます．傾向としては，カラムのt_0を測定するためにウラシルを用い，理論段数などの性能評価は最後に溶出されるナフタレン，アセナフテン，アントラセンなどの試料で算出されています．試薬特級グレード以上の純度のもので十分使用可能です．一部のメーカーでは，自社カラム評価用に混合した試料溶液を扱っています．

表1 ODSカラム評価に用いられている溶離液と試料

メーカー	溶 媒	試料1	試料2	試料3	試料4	試料5	段数(N/m)
A	メタノール(100)	ウラシル	安息香酸ブチル	ノニルベンゼン	ドデシルベンゼン		ドデシルベンゼン
B	メタノール-水 (80：20)	ウラシル	トルエン	ナフタレン			ナフタレン
C, D, E, F	メタノール-水 (70：30)	ウラシル	安息香酸メチル	トルエン	ナフタレン		ナフタレン
G	メタノール-水 (70：30)	フェノール	ベンゼン	トルエン	ナフタレン		ナフタレン
H	メタノール-水 (65：35)	ウラシル	安息香酸メチル	トルエン	ナフタレン		ナフタレン
I	アセトニトリル-水 (75：25)	ベンゼン	ナフタレン	アントラセン			アントラセン
J	アセトニトリル-水 (70：30)	ベンゼン	フルオレン	ピレン			ピレン
K	アセトニトリル-水 (65：35)	アセトフェノン	ベンゼン	トルエン	ナフタレン		ナフタレン
L	アセトニトリル-水 (65：35)	ウラシル	アセトフェノン	ベンゼン	トルエン	ナフタレン	ナフタレン
M	アセトニトリル-水 (60：40)	アセトン	アセナフテン				アセナフテン
N	アセトニトリル-水 (60：40)	ウラシル	ベンゼン	アセナフテン			アセナフテン
O	アセトニトリル-水 (60：40)	ウラシル	ベンゼン	トルエン	ナフタレン		ナフタレン
P	アセトニトリル-水 (60：40)	ウラシル	ベンゼン	ナフタレン			ナフタレン
Q	アセトニトリル-水 (60：40)	ウラシル	安息香酸メチル	プロゲステロン	安息香酸ブチル		安息香酸ブチル
R, S, T, U	アセトニトリル-水 (60：40)	ウラシル	安息香酸メチル	トルエン	ナフタレン		ナフタレン
V	アセトニトリル-水 (50：50)	トルエン	ブチルベンゼン	フェニルベンゼン			フェニルベンゼン

Question

75 移動相にTHFを使うときの注意点を教えてください．

Answer

THF（テトラヒドロフラン）は逆相HPLCにおいてアセトニトリル，メタノールに次いでよく使用される有機溶媒です．

下の表に示すようにTHFはアセトニトリル，メタノールよりも溶出力の強い溶媒で，しかもアセトニトリルともメタノールとも異なる溶媒特性を有しています．したがって，アセトニトリルやメタノールで分離できなかったピークでもTHFで分離できる可能性があります．

表1 移動相に用いられるおもな溶媒の溶解パラメーター

	δ	δ_d	δ_o	δ_a	δ_h
THF	9.1	7.6	4	3	0
アセトニトリル	11.8	6.5	8	2.5	0
メタノール	12.9	6.2	5	7.5	7.5
水	21	6.3	大	大	大

δ：溶解パラメーター，δ_d：分散溶解パラメーター，δ_o：配向(極性)溶解パラメーター，δ_a：プロトン受容体の溶解パラメーター，δ_h：プロトン供与体溶解パラメーター

注意点は以下の通りです．

(1) HPLC用のものを使用：THFは空気酸化されやすいので特級のTHFにはBHT（2,6-ジ-*tert*-ブチルヒドロキシルトルエン）などの酸化防止剤が含まれています．酸化防止剤はUVおよびMS検出の妨害となることがありますので，酸化防止剤の含まれないHPLC用のTHFをおすすめします．

(2) 酸化を防止：HPLC用THFは非常に酸化されやすいので開封後，早く使い切ることをおすすめします．開封後保管する場合には窒素で置換を行い，キャップをしっかり閉めます．未開封であっても長期間経過したTHFには酸化し，化学的に活性な成分が含まれるためHPLCカラムに通液しない方がよいでしょう．

(3) 配管に注意：THFは一部のポリマー系樹脂を侵します．どうしても使用する場合には短時間での使用にとどめ，速やかにTHF以外の溶媒で置換します．

(4) UVの波長に注意：HPLC用であってもTHFのUVのカットオフは212nmとメタノール（205nm）やアセトニトリル（190nm）に比べ長波長側にあります．

Question

76 塩基性化合物を酸性の条件で分析する場合，バッファーの選択で注意する点を教えてください．

Answer

　逆相クロマトグラフィーにおいてODSカラムを使用した場合，pH 3以下でシラノール基はほとんど解離せず，逆にpH 7以上でほぼ全てが解離すると考えられています．

　このことから塩基性化合物を分析する場合，移動相のpHをシラノールの解離が抑えられるpH 2～3に設定するという人も多いでしょう．移動相を酸性にするさい，リン酸バッファーは非常によく用いられています．これはリン酸が扱いやすく，安価で，しかもUV吸収が弱いことによります．

　しかしながら，リン酸にも欠点があります．それはLC/MSでは基本的に使用できないということです．もしリン酸を使った分析法をおもちで，高感度化などを目的にLC/MSに移行したい場合にはリン酸をギ酸あるいは酢酸に置き換える必要があります．

　ところが，リン酸をギ酸に置き換えただけでもピーク形状や保持時間が違うことがあります[1]．そのメカニズムは残念ながらまだ明らかとなっていません．したがって，将来的にLC/MSを使用する可能性が高い場合には分析法開発の時点でギ酸あるいは酢酸を使用することをおすすめいたします．

---

1) D. McCalley, *J. Chromatogr., A*, **987**, 17 (2003).

Question

77 複数のHPLC装置でグラジエント分析を行うことになりました．**装置間で保持時間ができるだけ変わらないようにする**方法はありませんか．

Answer

　装置が異なると，配管・ミキサーなどの容量や実際の流速が異なるので，親分析のグラジエントプログラムをそのまま子分析で設定しても，同じクロマトグラムが得られないのは普通です．特に短時間でのグラジエント分析ではそれが著しく現れます．

　グラジエント分析には，① 溶媒グラジエント，② 流速グラジエント，③ 温度グラジエント，④ これらの組合せグラジエントがありますが，どのグラジエントにおいても子分析で親分析の保持時間を再現するには，親分析と子分析のグラジエント条件を同じにします．溶媒グラジエントの再現が基本で，これを実現してから流速・温度グラジエントの再現を図ります．溶媒グラジエントを再現するには，親分析カラムトップでの線速とグラジエント構成のモニター結果を子分析カラムトップで再現します．

　① 親分析のモニター：親分析装置でカラムを外して検出器のセル直結とし，溶離液に適当な波長に吸収帯をもつ物質を加えて，カラム先端のグラジエント構成をモニターし記録します．グラジエントのモニターに使う物質としては，光吸収・蛍光・示差屈折・電気化学・電気伝導などそれぞれの検出器でモニターできる溶媒なら何でも使えます．実分析に影響を与えない溶媒を，検出器の直線性が保たれる範囲内の濃度で使います．実分析で使う検出帯外でモニターする方が実分析時に影響が少ないでしょう．例えば，アセトンを用い256 nmでモニターします．

　② 子分析の再現：親分析同様にカラムを外して検出器のセル直結とし，溶離液の組成と送液流速を親分析と同じにあわせ，親分析カラム先端のグラジエント構成が子分析カラムトップで再現するように子分析装置グラジエントプログラムの設定（溶媒切り換え時間や溶離液混合比の変更）をします．この作業はかなり面倒で試行錯誤が必要ですが，子分析での流速・ポンプ〜サンプラー容量・サンプラー〜カラム容量・使用カラム・カラム温度・カラム〜検出器容量・溶媒混合方式（低圧混合，高圧混合）やミキサーをできるだけ親分析装置と同じにした方が容易です．

　親分析のグラジエントが子分析装置で再現できたら完成です．これが同じ保持時間が得られる子分析の溶媒グラジエントプログラムです．カラムを取り付け分析します．実際の分析では，カラムは同一ロットのものを使うのが保持時間の再現にはおすすめです．当初は保持時間を再現できても，繰り返しの分析での汚れや使用時間の程度により保持時間がずれることもあります．

　温度グラジエント・流速グラジエントでは，カラムオーブンの熱伝導性能，ポンプの耐圧性

能，それぞれの入力応答性を考慮して，温度・流速プログラムを追加します．

　カラムトップでのモニター実施時に気をつけることがあります．送液ポンプの性能が背圧の有無で大きく変わることが多くありますので，この影響を避けるため抵抗管をつけてモニターする方が無難です．抵抗管には，充塡剤をつめたものより，細孔管コイルがよいでしょう．

　グラジエント分析の目的にもよりますが，不純物や分解物，代謝物や生体試料などの未知サンプルを分析するような場合に新たに出現したピークが未知なのか既知なのかを判別するために溶出時間をあわせておきたいとお考えでの質問なのではとも思います．この場合は多波長検出器を使うなど，検出に工夫を加えるとよいでしょう．また，化学的に安定な標準物質の混合物を溶出マーカーとして分析の合間に注入し，その溶出プロファイルを比較することによりピークの同定に役立てるというのも一つのアイデアだと思います．

　上述の配管系やミキサー容量をピッタリとあわせてグラジエントカーブを厳密に揃える方法は，特に HPLC メーカーが異なる場合は困難な場合があります．そこで子分析カラムトップで濃度グラジエントを再現する方法を紹介しました．

Question

78 溶離液を再現性よく調製するコツはありますか．

Answer

　液体クロマトグラフィー（HPLC）における分離・分析は，分析対象の試料，固定相（カラム），移動相（溶離液）の関係を目的に応じ調節することで達成され，溶離液はHPLCの三要素の一つであり大変重要なものです．

　溶離液は，自家調製をすることが多く，調製方法によっては分離および再現性に影響を与えますで，再現性よく調製することが重要なポイントになります．

1．使用する試薬・溶媒について

　HPLCの溶離液調製に使用する試薬・溶媒は適切なものを選ぶ必要があります．HPLCの溶離液に用いる溶媒類は，HPLC用をおすすめします．HPLC用試薬は，紫外吸光光度（UV吸収）・相対蛍光強度・屈折率などHPLCの検出に対応する保証がされ，つねに同じ品質の物が入手できるからです．溶離液調製にあたっては，使用する試薬・溶媒の性質と検出方法を考慮し選択する必要があります．

2．有機溶媒-水系の混合方法

　アセトニトリル-水（30：70）の溶離液を調製する場合，メスシリンダーを用いてアセトニトリル300 mL，水700 mLをそれぞれ計量し別容器で混合した後，使用するのが一般的ですが，初歩的な誤りとして，メスシリンダーまたはメスフラスコを用い，はじめにアセトニトリルを入れた後，水を添加し1Lにする，またはその反対の操作により調製してしまうケースが考えられます．この場合，溶離液組成の比率が異なるため図1に示したクロマトグラムのように試料保持時間に差がみられます．このような単純な溶離液の調製においても，混合方法が異なると結果が異なることがあるので混合方法，手順を明確にしておく必要があります．

3．有機溶媒-緩衝液の混合方法

　有機溶媒とリン酸二水素ナトリウムなどの塩の水溶液を混合して溶離液とする場合，有機溶媒の比率，および塩溶液の濃度により混合したときに溶解していた塩が析出してくる場合があるので注意が必要です．特にグラジエント溶出を行う場合，あらかじめ析出の有無を確認しておくことが，再現性不良，圧力異常などのトラブルの回避につながります．また，混合する場合は塩溶液に有機溶媒を添加混合する方が，塩の再結晶化が発生しにくいといえます．

4．緩衝液の調製方法

　緩衝液を調製する場合，同濃度の溶液どうしを混合しpHを調整して使用する場合と緩衝液の基本となる溶液に酸またはアルカリ溶液を添加してpHを調整して使用する場合があります．

緩衝液のpH調整は有機溶媒と混合する前の段階で調整してください，有機溶媒が入るとpHの値が正確に測れなくなるからです．緩衝液の調製方法によっては分離が変化する場合がありますので，調製方法を決めておく必要があります．

　検討などによく使用する溶離液系でpHを調整するさいは，あらかじめ，pH曲線をつくっておくと混合量，添加量の目安がつき，調整時間の減少，入れすぎによる失敗などが減少します．例として，リン酸カリウム緩衝液でpH 7.0に調整する場合，図2より20 mMリン酸二水素カリウム溶液250 mLに20 mMリン酸水素二カリウム溶液300 mLを混合すればよいことが予測でき，あらかじめ実験への必要量から各溶液の調製量がわかり，使用する試薬の過不足がなくなります．

　厳密なpH調整が必要な場合，または高い再現性が要求される場合などで毎回同じ緩衝液を調製する場合は，はじめから決まった重量の試薬を正確に秤量し混合する方法が，簡単で再現性のある調製法です．

　秤量で試薬の混合比を決める場合の注意点として，用いる試薬に吸湿性がある場合，秤量誤差が発生する可能性があるので管理方法，乾燥方法，保管方法を決めておくことが必要です．

5．調製液の利用

　既知の濃度に設定された調製液が試薬として市販されていますが，これらを利用することで，溶離液調製が簡易になります．調製液のラベルには，ファクターが記載されており，厳密な濃度がわかります．使用されている水は，超純水が使われており品質的にも十分なものが使用されています．

6．溶離液の表記

　使用した溶離液の調製方法を明確に記載しておくことが重要です．例えば，アセトニトリル-20 mMリン酸溶液(pH 3.3)＝7：13と書かれていた場合，20 mMリン酸溶液ではpH 2付近の値を示します．したがって，このリン酸溶液では，何らかの塩基を添加しなければなりませんが，記載がないため何でpHを調整するか不明となってしまいます．したがって，この場合はpH調整に使用した塩溶液の記載も必要不可欠です．溶離液の表記においては，第三者に判断できるような記載，注意が必要です．必要であれば，分析条件とともに調製方法を併記することで，誰でも同じ結果を得ることができます．

　以上示しましたように，溶離液は，使用する試薬類，調製方法でHPLCの結果が微妙に変化します．調製時には，つねに同じ操作ができるように標準化，表記することが溶離液を再現性よく調製するコツと考えます．

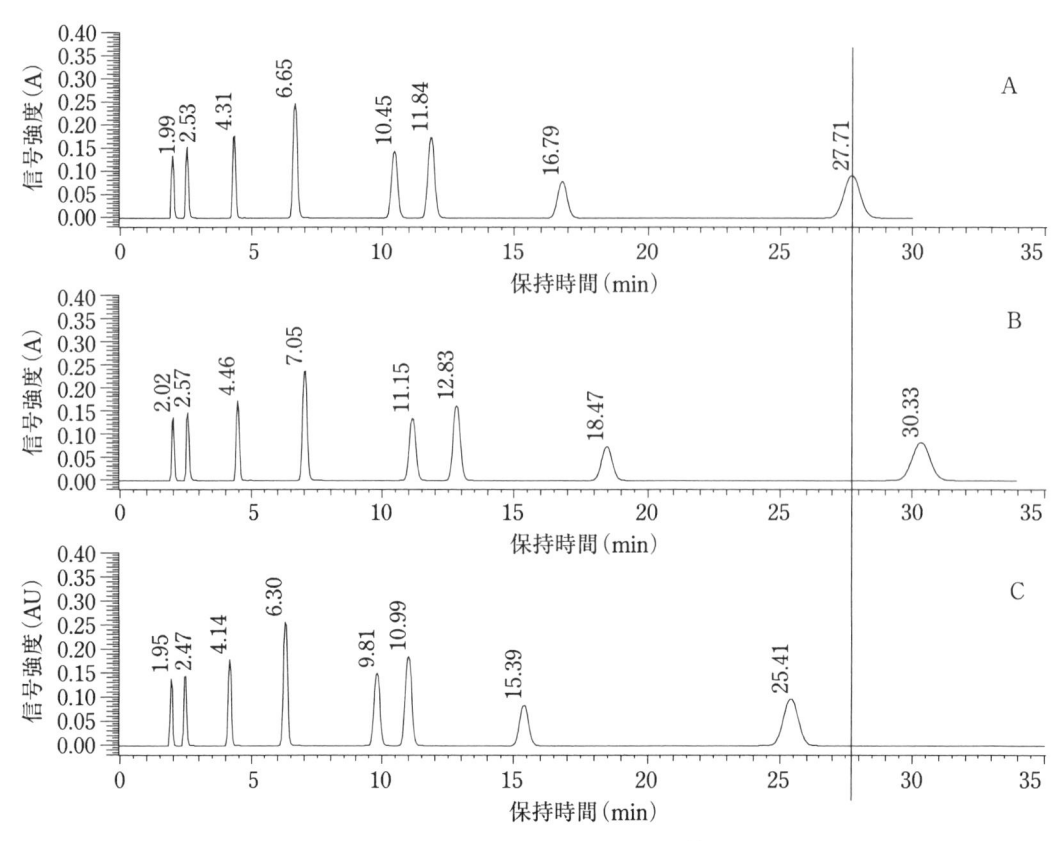

A：アセトニトリル-水(30：70(v/v))，B：アセトニトリルに水を添加，C：水にアセトニトリルを添加

図1 混合方法による違い

20 mMリン酸K(250 mL)＋20 mMリン酸K₂混合によるpH曲線

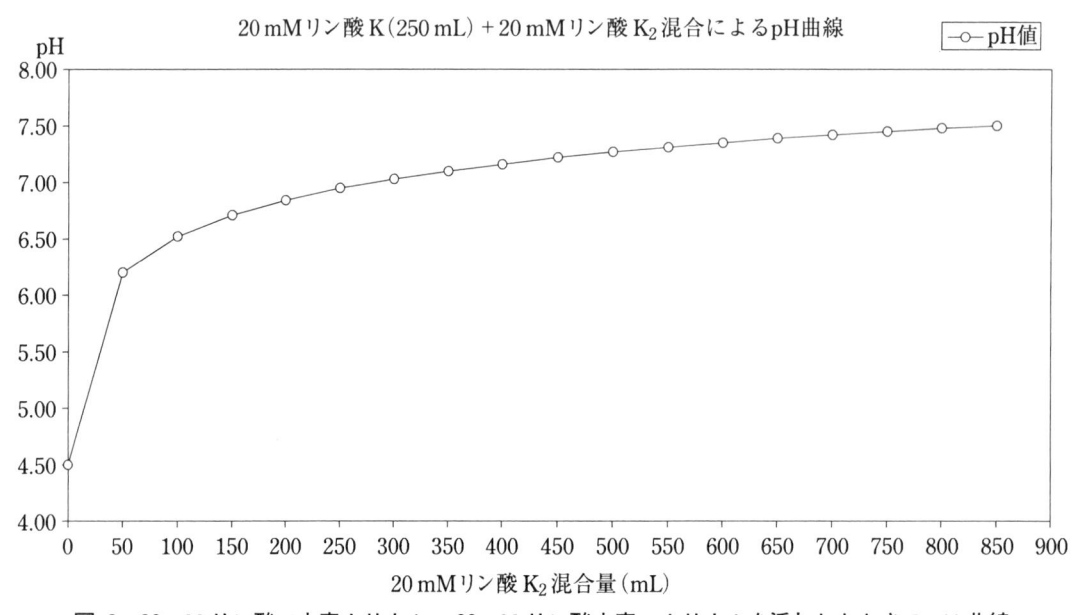

図2 20 mM リン酸二水素カリウムへ20 mM リン酸水素二カリウムを添加したときのpH曲線

Question

79 移動相に中性付近の緩衝液を使用すると，**カラム内のシリカゲルが溶けたり，チャネリング現象がみられる**ことがあります．実際カラムを開けてみると，充填剤の目減りが生じています．私の経験では，酢酸緩衝液の場合に顕著です．どうしてこんなことが起きるのでしょうか．また防ぐ方法は．

Answer

シリカゲルが水に溶けカラム外に流れ出てしまう．このことが原因です．ODS 充填剤はシリカゲルにオクタデシルシリル基が結合されています．多くの場合，さらに残存シラノール基処理としてトリメチルシリル(TMS)化，いわゆるエンドキャッピング処理が施されています．しかし完全エンドキャッピングと称してもシリカゲル表面上には必ずシラノール基が残っています．通常は総シラノール基の半分，エンドキャッピングを強化したものでも4割程度は残存しているといわれています．つまり ODS 充填剤は表面が疎水性であり，水によるシリカゲル基材の溶解はかなり抑えられますが，残存シラノール基が存在することにより，そこから徐々にシリカゲルは溶出するということです．

ODS の結合密度が低いほど疎水性が低くなることから，またエンドキャッピングが悪いほど残存シラノール基が多いことからシリカゲル基材からのシリカゲルの溶出は多くなります．逆に結合密度が高くし，エンドキャッピングを強化することにより，シリカゲルの溶出は抑えられ，このような充填剤を用いればカラム寿命が長くなります．また，シリカゲルの溶解性は温度に大きく依存し，カラム温度を低く設定することによっても寿命をのばすことができます．40℃から30℃にカラム温度を10℃下げることにより約3倍長寿命になります．

緩衝液の影響としては，同じ pH であれば有機系緩衝液よりも無機系緩衝液の方がシリカゲルの溶解性が高くなる傾向があります．しかし緩衝液の種類よりも pH の方が溶解性には大きく影響するため，質問者がたまたま中性で酢酸緩衝液を多用しており，酢酸緩衝液の場合に顕著と感じられるのは，酢酸緩衝液よりも中性条件がシリカゲルの溶解性に大きくかかわっていたと思われます．

Question

80 pHメーターを使わずに**リン酸緩衝液を簡便に調製する**方法はありませんか．

Answer

リン酸緩衝液は，UV/VIS 波長域で吸収がほとんどなく，また緩衝液として比較的広い pH 領域で使用できるため，HPLC で幅広く利用されています．リン酸緩衝液は，各種リン酸塩をベースにリン酸や水酸化ナトリウムなどにより pH 調整を行うことにより調製できますが，いちいち pH メーターを用いるのは結構面倒なものです．

それを解消する手段として，理論上計算されたリン酸塩とリン酸の一定量を秤量して調製する方法があります．これらの方法では，秤量さえ正確に行えば調製の再現性もよいのでとても便利です．

① 100 mM リン酸ナトリウム緩衝液　（pH＝2.1）
- リン酸二水素ナトリウム二水和物　（MW＝156.01）　　50 mmol（7.8 g）
- リン酸（85％, 14.7 mol/L）　　50 mmol（3.4 mL）
- これらを水に溶解し全量 1 L とする．

以下に一例を示します．

② 10 mM リン酸ナトリウム緩衝液　（pH＝2.6）
- リン酸二水素ナトリウム二水和物　（MW＝156.01）　　5 mmol（0.78 g）
- リン酸（85％, 14.7 mol/L）　　5 mmol（0.34 mL）
- これらを水に溶解し全量 1 L とする．
- ①を 1/10 希釈してもよい

③ 50 mM リン酸ナトリウム緩衝液　（pH＝2.8）
- リン酸二水素ナトリウム二水和物　（MW＝156.01）　　40 mmol（6.24 g）
- リン酸（85％, 14.7 mol/L）　　10 mmol（0.68 mL）
- これらを水に溶解し全量 1 L とする．

④ 100 mM リン酸ナトリウム緩衝液　（pH＝6.8）
- リン酸二水素ナトリウム二水和物　（MW＝156.01）　　50 mmol（7.8 g）
- リン酸水素二ナトリウム十二水和物　（MW＝358.14）　　50 mmol（17.9 g）
- これらを水に溶解し全量 1 L とする．

⑤ 10 mM リン酸ナトリウム緩衝液　（pH＝6.9）
- リン酸二水素ナトリウム二水和物　（MW＝156.01）　　5 mmol（0.78 g）
- リン酸水素二ナトリウム十二水和物　（MW＝358.14）　　5 mmol（1.79 g）
- これらを水に溶解し全量 1 L とする．
- ④を 1/10 希釈してもよい

Question

81 グラジエント溶出のためのミキサーの種類と特徴を教えてください．

Answer

　グラジエント溶出で使用されるミキサーは，大別してスタティックミキサーとダイナミックミキサーで，この二つを組み合わせたミキサーもあります．スタティックミキサーとダイナミックミキサーのおもな特徴について下表に示します．

タイプ	混合原理	長所	短所	用途 低圧混合	用途 高圧混合
スタティック	混合槽内の仕切バッフルで生ずる分岐流と乱流で混合	省スペース 省エネルギー	流速や溶媒差で分岐流や乱流が変わり混合に影響を受ける	×	◎
ダイナミック	混合槽内の撹拌子で強制混合	溶媒差（濃度，粘度）の影響を受けにくい	スペースをとる容量と流速でレスポンスが変わる	◎	◎

　① スタティクミキサー：製品により多少構造は異なりますが，内部に仕切りバッフルを有します．このタイプのミキサーはポンプの力を利用するもので，流入移動相がミキサー内部の構造により分岐流や乱流が生じ混合します．省スペースなどの利点がありますが，流速や溶離液粘度により設定した混合比が十分に得られないこともあります．

　② ダイナミックミキサー：直接駆動の撹拌子や槽外部の回転磁気で回転する撹拌子を混合槽に有します．流入移動相は強制的に混合され，溶媒差の異なる移動相でも効果的に混合が可能です．撹拌子の回転にモーターが使われ形が少々大きくなる短所や，混合槽容量を小さくし難く低流速でのレスポンスの遅れや設定グラジエントからのずれが多少出る短所があります．

　最近，混合槽容量を小さくし，回転パルスで撹拌子を廻す小型のものや超音波振動により撹拌するダイナミックミキサーも開発さています．

　一般的に，高感度分析，低流量分析，短時間分析でのグラジエント分析は難しいとされています．低流速での混合の不十分さ，短時間分析での設定グラジエントへの追従性の不十分さに原因があります．特に高感度分析では，混合が十分に行われないと移動相が不均一となり，ベースラインにうねりが生じ信頼性のある分析が行えませんので注意が必要です．

　最近では送液装置の低流量精度が上がりグラジエント形成が容易になっていますが，あらかじめベースラインチェックを行い分析要求に相応しいミキサーを選択することは大切です．

Q： HPLCに試料を注入するさい，移動相で希釈することが何故望ましいのですか．
A： 一つは分離系の保護です．もう一つは正確なクロマトグラムを得るためです．
　　試料を移動相より溶解性の高い溶媒に溶かして注入すると移動相に溶かして注入したピークより多少シャープさの劣るピークになり，ときとして保持時間に差を生じることもあります．これはカラム内，とりわけその先端での試料の付着状態の差によると考えられます．薄層板のシリカゲルプレートにサンプルをスポットするとき，溶解力の強い溶媒で試料を添加すると溶媒の広がりとほぼ同じ範囲に試料は広がります．溶解力の弱い溶媒で添加すると試料は固定相に保持され小さな点として濃縮された状態になります．HPLCのカラム内でも同様な現象が生じるものと推察できます．つまり溶解性の高い溶媒ではカラム先端で濃縮されず広く分布してしまうためにこのような現象が起こるものと考えられます．このためカラム先端での濃縮効果を発揮させシャープで再現性の高いピークを得るためにも移動相で希釈することが望ましいのです．また，移動相で希釈した方が，それ以外の溶媒で希釈したときと比較してきれいなベースラインが得られる場合が多いです．

Q： アルカリにのみ可溶な物質のHPLC分離を行う場合，注意点を教えてください．
A： アルカリにしか溶けない化合物の分析にはアルカリ性移動相を用いる必要があります．しかし，シリカを基剤とした充填剤をつめたカラムではアルカリ性移動相で使用すると基材のシリカゲルが溶解し，再現性に問題が起こります．またその耐久性はアルキル基の長さが短くなればなるほど減少するといわれています．このためにポリマー充填剤をつめたカラムや，表面をポリマーコーティングしたシリカカラムやチタニアなどの耐アルカリ性が高い基剤を用いた充填剤をつめたカラムを用います．基本はこれでOKです．しかし，実際には中性，酸性移動相を用いるときには現れないトラブルに見舞われることがあるので注意が必要です．私的な経験ですが，当方で開発したアルカリ移動相を用いたアプリケーションを別の場所で実施したところ徐々にピークの形状が悪くなり最終的にはピークがでなくなってしまうという現象に見舞われました．原因は他のアプリケーションに使っていた装置であったため，装置の内のフィルター部分に蓄積していた高分子状成分が溶出しカラム内に侵入し"カラムに新しい固定相"を形成したためでした．アルカリ性移動相を使うことはまれですので，このようなことが起こらないようにカラムを外した状態で，蒸留水，アルカリ性移動相の順に十分に全流路系を洗浄することが必要です．また，アルカリ性移動相は使い慣れていないため中性，酸性移動相に比べ運用上のノウハウの蓄積がまだまだです．カラムだけでなくシステムの流路系全体（ポンプ，配管，接続）に細心の注意を払って使うことが肝要です．

Q: ノック式ピペットに使用するチップで，親水性の材質のものを教えてください．

A: ノック式ピペットに使用されているチップは，現在では全て疎水性の材質です．
　チップを親水性に加工，例えばコーティングすることは技術的には可能ですが，当然高価格となります．ご存知のようにチップはディスポタイプが主流を占めており価格は非常に安価となっております．また，親水性に加工することにより水切れも悪くなり，現状では市場性がなく各メーカーとも製造しておりません．

Q: オンライン固相抽出法を使用するさいの注意点を教えてください．

A: 固相カートリッジからの成分の溶出がHPLC移動相で行われる点に注意が必要です．
　オフライン固相抽出法は，抽出／濃縮した目的成分を有機溶媒100％で溶出させることができますが，オンライン固相抽出法ではそれができません．したがって，脂溶性の高い成分の抽出を行う場合に疎水性の高い固相充填剤（SDBなどのポリマー固相など）を使用すると，溶出に時間を要するだけでなく，溶出バンドが広がってしまい，結果的に得られるクロマトが非常にブロードなピークになってしまいます．
　また，同様の理由により，固相充填剤と分析カラムの組合せにも注意が必要です．例えば，オクチル基結合型（C8）やフェニル基結合型（Ph）などの保持力が弱い充填剤を分析カラムに使用した場合，固相カートリッジにも同等もしくはより弱い保持力の充填剤を使用する必要があります．要するに，固相カートリッジからの溶出時に広がってしまったサンプルバンドを，分析カラムの先端に最濃縮させることにより，ピーク形状の改善とピーク高さがかせげるようになります．

Q: HPLC実験からでた廃液の処理方法について教えてください．リサイクルできますか．

A: 廃液の処理においても，法規定により定められた取扱いが必要です．
　以下におもに関連する法規の一部を列挙します．
  ・消防法……………………………………指定数量（保管数量の管理）
  ・毒物及び劇物取締法……………………紛失防止のための毒劇物管理
  ・労働安全衛生法…………………………取扱い標準の徹底
  ・特定化学物質の環境への排出量の把握等
    　及び管理の改善の促進に関する法律…PRTR，MSDS，化学物質管理指針
  ・その他
　一例をあげますと毒物及び劇物取締法では，アセトニトリルは，劇物の扱いになります．したがって，保管するさいは規定された表示をした施錠できる薬品庫に保管しなければなりません．さらに，分析に使用した廃液も劇物扱いになりますので，同様の取扱いが必要となります．廃棄する場合にはさらに環境基本法，水質汚濁防止法，下水道法等の関連法規にも遵守しなければなりませんので，法令を遵守して処理してください．
　リサイクルすることは可能です．一部のメーカーで専用装置を扱っています．逆相系溶離液を再生する装置です．原理は，検出器から出た廃液を専用カラムに通液することで，溶離液中の試料を除去し，再び溶離液瓶に戻す循環方式装置です．

Q: 酢酸アンモニウム粉末の正しい保管方法を教えてください（普通に保管していると徐々に吸湿しているように見えます）．

A: 試薬は製造直後から徐々に劣化するものです．試薬の経時変化の速度はその種類，純度，保存条件および取扱い方法により異なってくるので，試薬の取扱いには十分注意し，正しい保存や取扱いを心がける必要があります．

今回質問にある酢酸アンモニウムの場合は潮解性があり，室温で徐々にアンモニアを放出します．このため，保管時の湿気や温度には十分気をつけて保管してください．湿気の多い場所であればデシケーターに入れて保管する必要があります．

以下に試薬の保管管理に関する注意事項を記します．

① 試薬の品質を劣化させないために
- 表示された注意事項はよく守る
- 直射日光にあてない
- 保管温度，湿度には気をつける
- できるだけ早く使いきってしまい，長期保管しない

② 危険防止のために
- 取扱い上の注意事項はその指示に従う
- 品種別に分類して保管する
- 危険物や毒物・劇物に該当する試薬は，たとえ少量であってもその関係法規の取り決めを順守し保管しなければならない
- 地震などによる転倒・落下を防ぐ措置を講じておく

Q: 移動相用有機溶媒の入っていたガロン瓶の処理はどうすればよいですか．回収してもらえるのですか．

A: 液クロを使用されている方の中で，有機溶媒の入ったガラス瓶の処理に悩まれている方も多くいらっしゃるかと思います．市販の有機溶媒は大容量（18L入缶など）の場合を除き，ガラス瓶に入っております．一般家庭を除き官公庁，大学，民間企業等で使用されたガラスの空容器は産業廃棄物として処理業者に出されているのが一般的です．この場合は有償となります．一方，ガラス瓶を製造しているメーカーでもガラス瓶の回収を行っているところがあります（廃棄のさいに容器を洗浄し，キャップをはずしてから業者に出します）．この場合も有償となりますが，回収した瓶は破砕され異物を取り除くことによりカレット（再生原料）として再度ガラス瓶製造時に原料とともに溶かされリサイクル（再生利用）されます．料金も産業廃棄物業者に出すよりも割安で処理してくれるようです．この場合は環境問題にもやさしい処理方法といえます．また，試薬メーカーでもリサイクルとして回収してくれるところがあるようです．さらに3L瓶についてはダンボール箱を含めリサイクルではなくリユース（繰り返し利用）してくれるところもあるようですので，相談してみてはいかがでしょう．

4章 LC/MS

Question

82 LC/MS の日常的なメンテナンスの方法を教えてください．

Answer

　ESI や APCI などの大気圧イオン源を備えた LC/MS の日常的なメンテナンスは，大気圧で生成したイオンが真空領域へ導入されるさいに通過するイオン導入孔，およびその周辺（オリフィス，コーン，ヒーテッド，キャピラリーなど（図1参照）），スプレイノズル部分の洗浄です．この部分が汚染されることで，① イオン化に必要な高電界が十分に生成されなくなる，② 大気圧で生成したイオンを真空中へ引き込む効率が低下する，といった不具合が発生し，結果として感度が低下してしまうためです．使用状況に応じて，毎日・一日おきなど定期的な洗浄をおすすめします．洗浄方法としては，メタノールやアセトンなどを染み込ませたキムワイプでイオン導入孔付近の汚れを拭き取るのが一般的ですが，専用のメンテナンス治具がメーカーによって準備されている場合には，それを使用するのがよいでしょう．

　もう少し頻度の低いメンテナンスとしては，イオンガイドなど真空中に配置されているインターフェイス部の洗浄やロータリーポンプのオイル交換・補充などがあげられます．メンテナンス操作が複雑ですし，それほど頻繁にメンテナンスする必要もありませんので（数カ月に一度程度），メーカーの定期点検などに任せてもよいかも知れません．

図1　オリフィスの写真

Question

83 APCI, ESI 以外のインターフェイスがあれば教えてください.

Answer

　APCI, ESI が現在のように汎用的に使用可能になる以前は，以下に示す3種類のインターフェイスが一般的に使用されていました．もちろん現在でもメーカーによっては販売しています．

1. サーモスプレー (thermospray, TSP)

　加熱ネブライザーにより噴霧・気化された試料成分を，低真空下，コロナ放電によってイオン化する方法です．コンベンショナル HPLC との直結をはじめて可能にしたインターフェイスとして，まさに一世を風靡したインターフェイスであるといえます．イオン源の概念図を図1に示します．Q84 の APCI イオン源と比較すると明らかなように，両者の構造およびイオン化の方式は非常に類似しており，TSP にかわって APCI が登場したといえます．

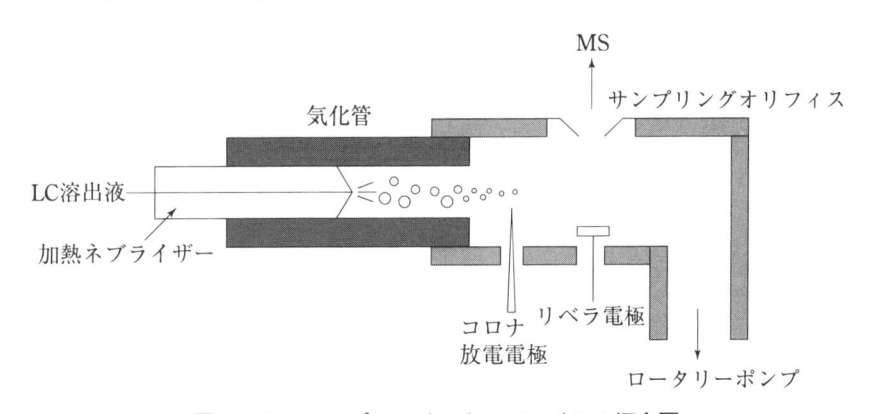

図1　サーモスプレーインターフェイスの概念図

2. パーティクルビーム (particle beam, BP)

　"LC/MS でも汎用的なマススペクトルデータベース検索ができます" というキャッチフレーズで開発されたのがこのインターフェイスです．図2に PB の概念図を示します．GC/MS がまだパックドカラムで使用されていた時代に用いられていた "ジェットセパレーター" と構造的に類似しています．LC からの溶出液は高圧の He ガスによって噴霧され，スキマーを通過するさいに He や低分子の移動相溶媒分子などがロータリーポンプによって排気され，試料成分分子が電子衝撃 (EI) イオン源に導入されて，イオン化されます．NIST, Wiley などのデータベースに登録されているスペクトルと同じ EI でイオン化されるため，これらのデータベースを用いた検索が可能です．LC 分離が必要でかつ EI で効率よくイオン化される化合物は多くないため，汎用的に使われるには至りませんでしたが，農薬分析など一部のアプリケーションには有用です．

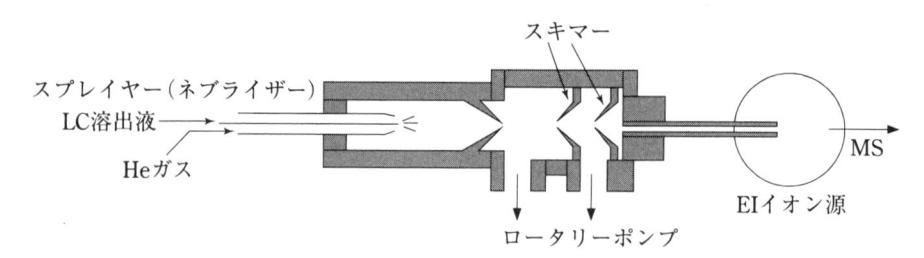

図2 パーティクルビームインターフェイスの概念図

3. FRIT/FAB

　TSPとほぼ同時期に，高速原子衝撃 (FAB) イオン化法を利用したインターフェイスが開発され，FRTI/FABと呼ばれました（図3参照）．非常に汎用性の高いFABイオン化を利用しているため，幅広い分野で利用されました．LCからの溶出液をマトリックスと呼ばれるイオン化促進剤と混合し，プローブを介してイオン源に導入，Fritと呼ばれるステンレスメッシュに染み出させて高速Xe粒子を衝突，FABイオン化をさせる方式です．液体のイオン源への導入量が数μL/min程度に制限されるため，LC/MSインターフェイスに"コンベンショナルHPLCとの接続"が要求された時期に敬遠される傾向にありました．また，高性能を発揮させるためにはインターフェイスのセッティングに高度な技術が要求され，それも敬遠される要因になりました．基本的に汎用性の高いFAB法で試料成分をイオン化するため，ESIやAPCIでイオン化されない，あるいは解析困難なスペクトルが得られるような試料に対して，よりよい結果を与える可能性があり，今でも好んで使用している分析者もいます．

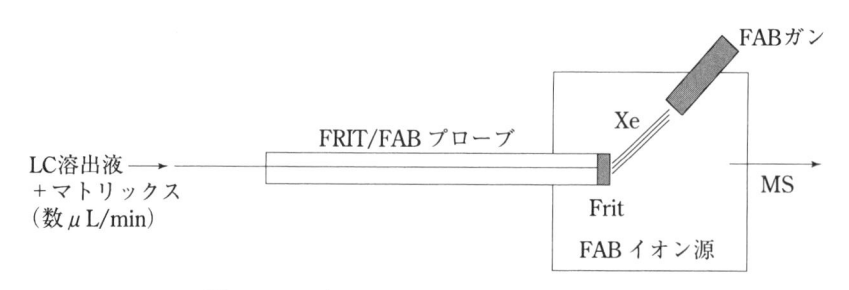

図3　FRIT/FABインターフェイスの概念図

Question

84 APCIスペクトルで**分子量よりかなり大きな質量数のイオンが観測**されました．溶媒の付加イオンではないようです．何故でしょうか．

Answer

一つの可能性として，測定対象化合物が気化管部分で熱分解を起こし，部分構造が開裂・生成したフラグメントが，イオン化のさいに $[M+H]^+$ や $[M-H]^-$ に付加して生成したイオンであることが考えられます．図1に示すように，APCIイオン源では，イオンが生成する空間よりも手前に脱溶媒を行うための気化管が配置されているため，このような現象が起こる可能性があります．一方，ESIイオン源では，イオン化過程が脱溶媒よりも前にあるので，このようなイオンが観測される可能性は低いといえます．

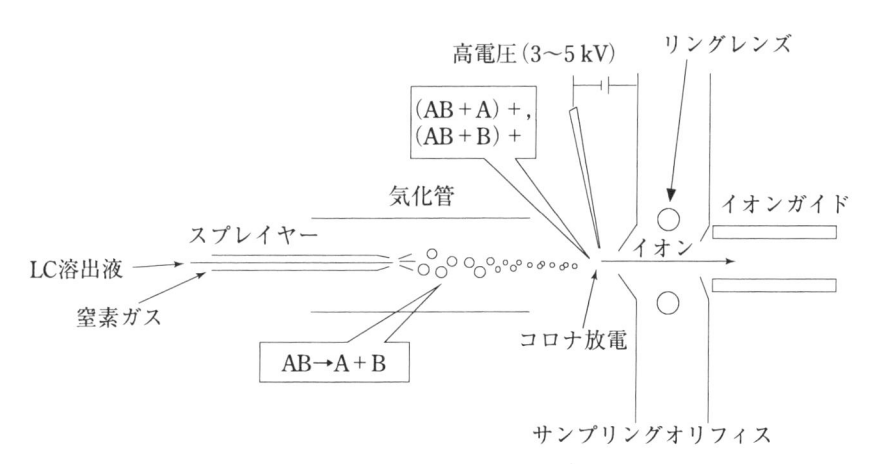

図1 APCIイオン源の概念図

Question

85 新品のLCをMSに接続するときの注意点があれば教えてください.

Answer

　新品のLC装置をLC/MSとして使用するとき，LC装置から溶出するバックグラウンドイオンに注意する必要があります．新品のLC装置にメタノールなどの溶媒を通液し，すぐにMSへ接続すると，44uや73u（あるいは74u）間隔で多数のピークを示すスペクトルが観測されることがあります．図1に，新品のLCポンプに0.1％ギ酸-メタノール混液を通液してすぐにESI/MSに接続して測定したバックグランドスペクトルを示します．また比較のため，十分にエージングされたLCポンプに同じ溶媒を通液して得られるバックグラウンドスペクトルを図2に示します．図1では，m/z 1000以上の領域に74u間隔で複数のピークが観測されています．これは，シリコーン製品から溶出するケイ素化合物由来のイオンであると推測されます．これらはUV吸収をもたない化合物であることが多く，LC単体（UV/VIS検出）での使用時には問題になりません．新品のLC装置をLC/MSとして使用するさいには，日常的に使用する溶媒を十分通液（最低でも1mL/minの流量で24時間）し，エージングを行うことをおすすめします．

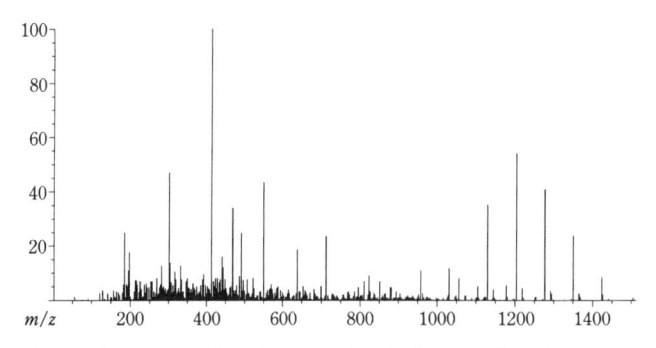

図1　新品のLCポンプからのバックグラウンドスペクトル

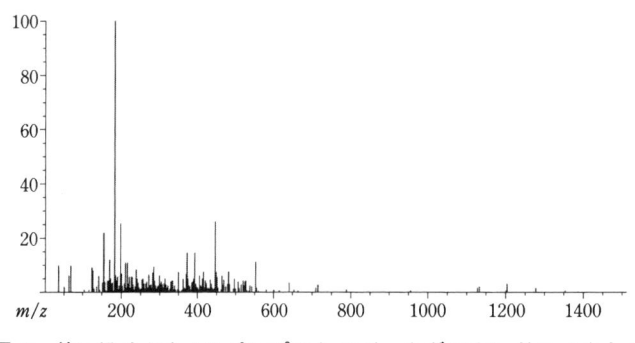

図2　使い込まれたLCポンプからのバックグラウンドスペクトル

Question

86 前処理をした実サンプルをLC/MSで測定したら，界面活性剤が検出されました．入っているはずがないのに何故でしょうか．

Answer

　試料の前処理に使用したビーカー・三角フラスコなどのガラス器具を，洗剤を用いて洗浄した場合，試料に界面活性剤が混入する可能性が考えられます．特にUV吸収をもたない界面活性剤は，LC単体で使用しているときには観測されないため，LC/MSで使用したときにはじめて問題になることが多いといえます．前処理過程に濃縮が含まれていれば，洗剤成分の濃度が高くなり，あたかも，本来試料に含まれている成分であるような振る舞いをします．

　図1～3に，3種類の市販洗剤由来の正イオンESIスペクトルを示します．ガラス製のサンプルバイアルを，洗剤を用いて洗浄し，十分に水で濯いだ後，メタノールで壁面に残存している洗剤成分を抽出し，10倍濃縮した後，フローインジェクションによりESI/MSに導入・スペクトルを測定しました．それぞれのマススペクトルで，m/z 400付近より高質量電荷比領域において洗剤由来のピーク（☆印）が観測されています．種類は異なるものの，44u間隔でピークが観測されていることから，ポリエチレングリコール系の界面活性剤が主成分であることがわかります．

　洗浄にはできるだけ市販溶剤は使用せず，有機溶媒（イソプロパノールなど）を使用することが望ましく，あるいはディスポーザブルの容器の使用をおすすめします．

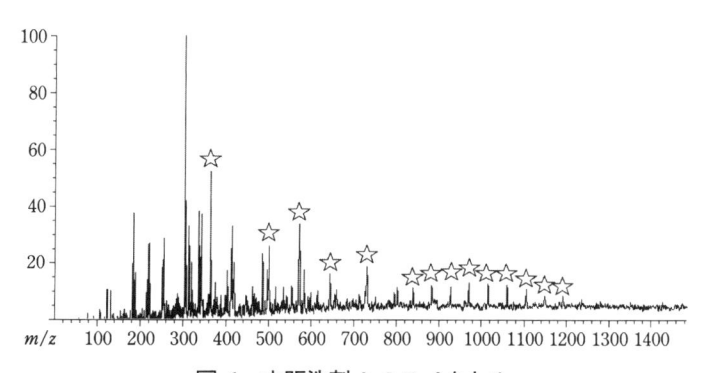

図1　市販洗剤Aのスペクトル

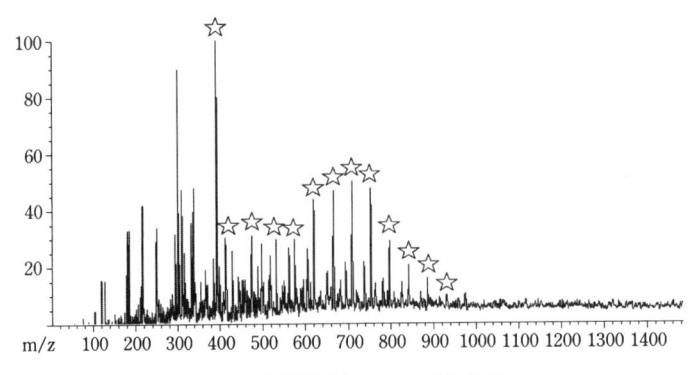

図 2 市販洗剤 B のスペクトル

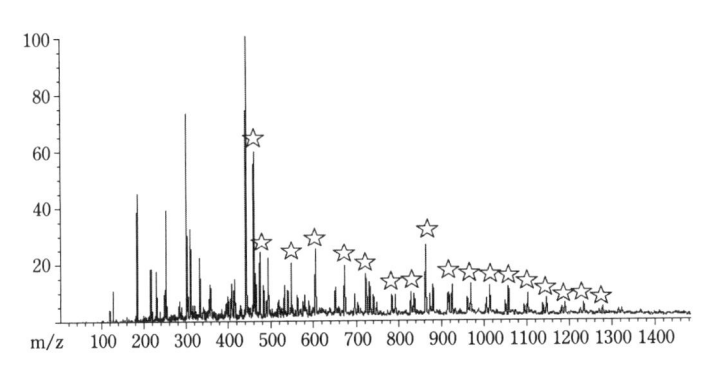

図 3 市販洗剤 C のスペクトル

Question

87 UVで見えるピークが MS で見えないことがあります．MS は感度が高いのに何故ですか．

Answer

　UV と MS は，全く異なる原理で測定対象成分を検出しています．UV 検出器では UV を吸収する化合物を検出し，MS ではイオン化される化合物を検出します．UV を吸収し，かつ ESI や APCI でイオン化されない化合物（おもにプロトンの受容・供与性官能基をもたない化合物）を UV 検出器と MS 検出器で測定した場合，ご質問のような現象が起こります．イオン化される化合物であっても，イオン化の効率が著しく低い場合，同様なことが起こり得ます．また，クロマトグラムの種類によっても感度の評価は異なります．例えば，あるペプチド化合物の感度を UV と MS で比較し，210 nm の UV で検出したクロマトグラムと $(M+H)^+$ イオンのマスクロマトグラムが同程度の S/N だったとします．その場合，TIC 上の S/N は UV クロマトグラムのそれより低くなります．SIM クロマトグラムの S/N は UV で検出したクロマトグラムのそれより高くなります．「MS はいかなる場合においても高感度である」とはいえないのが現実です．

Question

88 LC/MS で測定した TIC でベースラインの落ち込みとしてピークが観測されることがあります．何故ですか．

Answer

　LC/MS ではベースラインレベルが高く観測される場合が多く，そのようなときにこの現象が観測されます．ベースラインレベルが高い状態で試料成分が LC から溶出されてきてイオン化されると，試料成分がイオン化されている間は移動相溶媒のイオン化が阻害されますので，ベースラインレベルが下がり，TIC が落ち込むというご質問の現象が起こります．移動相溶媒自身イオン化効率の高い溶媒（イオンペア試薬を含む溶媒など）を使用している場合，特に顕著にみられる現象です．図1に落ち込んでいる TIC の例を示します．上段が TIC，中断と下段はそれぞれある試料成分のマスクロマトグラムを示しています．TIC でベースラインが落ち込んでいる位置に，それぞれの成分が観測されています．

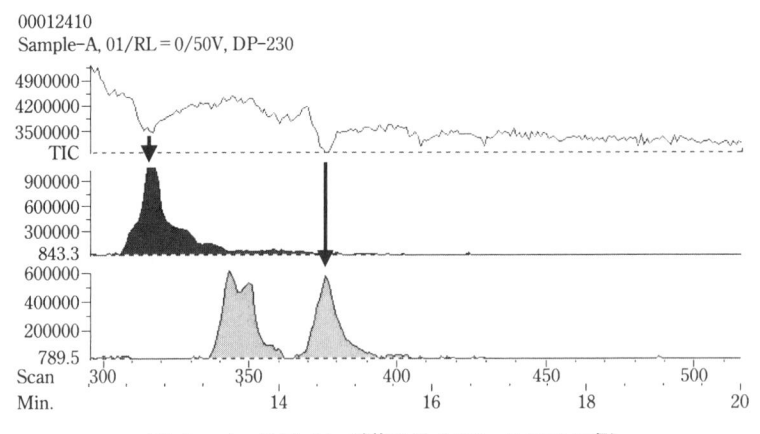

図 1　ベースラインが落ち込んでいる TIC の例

Question

89 LC/MS/MS スペクトルのライブラリーデータベースはありますか．

Answer

　質量分析計で未知化合物を同定できるデータベースとしては，電子イオン化法（EI）で得られたスペクトルについてコンピュータサーチプログラムによって検索できるもの（NIST, Wiley, PMW など）がすでに市販され汎用されています．これらのデータベースに含まれている化合物の種類は急速に増えてきています．しかし，世の中にある化合物でそれらのライブラリーに含まれていないものはまだまだたくさんあります．例えば，NIST 02（http://www.nist.gov/srd/nist1.htm）には 147,194 のデータが登録されていますが，TSCA（Toxic Substance Control Act, http/www.complywithtsca.com/）目録にあるおよそ 64000 化合物のうち，NIST に含まれているものは約 8000 にすぎません．したがって，EI 法ではカバーできない化合物に対して，エレクトロイオンスプレーイオン化（ESI）法などで広範囲な化合物を分析できる LC/MS あるいは LC/MS/MS によるデータベースが期待されています．

　結論からいえば，LC/MS/MS には GC/MS のライブラリーデータベースように統合されたものはまだありません．しかし，企業や大学が独自に LC/MS/MS のスペクトルをライブラリー化しようと試みているという情報はあります．その一例として University of Alberta の URL を示します．http//:www.ualberta.ca/~gjones/mslib.htm

　必要のある化合物についてはスタンダードを用いて自分でデータベースをつくっていくのが今のところ早道です．LC/MS/MS でデータベースを構築していくさいに注意しなければならないのが，同定を容易にするために安定して得られる複数のプロダクトイオンを含んだフラグメントパターンを得ることです．衝突誘起解離（CID）は分子構造中の結合力の弱い原子間に開裂が起こるため，衝突室にかける電圧，すなわちコリジョンエネルギーによって各々のフラグメントピーク強度が変ります．そのためコリジョンエネルギーを複数（3つくらい）変更して得たスペクトルを足しあわすことによって比較的一定した均質なフラグメントパターンが得るようにすべきです．この方法は通常ソフトウェアでルーチン化できます．

　また，トリプル四重極型 MS などの MS/MS とイオントラップ MS による MS/MS とではそのフラグメントパターンが違います．したがって，その互換性はないといえるでしょう．さらに，インソースフラグメンテーションなど，今後統合された LC/MS/MS のデータベースを構築していくためには，検討すべきことがいくつかありそうです．

　ライブラリー構築・検索用ソフトウェアは現在各 MS メーカーから販売されており，フラグメントパターンのみならず，MS クロマトグラム，UV クロマトグラム，構造式などが登録できるものがあります．

Question

90 LC/MS の溶離液を検討するさいの注意点を教えてください．

Answer

　最も汎用的に用いられている ESI では，LC/MS の溶離液に選択する溶媒はある程度揮発性であることが必要で，水＋メタノールまたは水＋アセトニトリルがよく使われます．そして，イオン化するためには化合物にプロトンを受けわたしできるイオン性であることが求められます．ポジティブイオン（正イオン）の場合はギ酸または酢酸，ネガティブイオン（負イオン）の場合はアンモニアや酢酸アンモニウム少量添加します．リン酸緩衝液は不揮発性のため，塩が析出しインターフェイスがつまってしまうため，通常使用しません．

　LC/MS に適した HPLC 分離を検討する前に，LC/MS でできるだけ高感度に分析するために溶離液の pH を優先して条件検討を行います．そのうえで分離や保持が悪い場合はイオンペア試薬や塩を含む溶液を添加する場合がありますが，あまり多く入れると感度が低下するため，できるだけ少なくします．このように，LC/MS の条件を優先するとクロマト条件はある程度妥協せざるを得ません．

　溶離液はマトリックス中の夾雑物質も溶出させます．夾雑物質は多くの場合イオン化エネルギーを奪うため，対象化合物のイオン化を抑制します．その場合，pH を調整して溶出時間をずらして測定するようにします．また，タンパク質サンプルなどの場合，前処理に使用する界面活性剤もシグナル強度を低下させますので，できるだけ除去してください．

　塩酸や硫酸といった無機強酸は対象化合物のポジティブイオンと強いイオンペアを形成し感度が低下するため，通常は使われません．

第4章 LC/MS

Question

91 APCIでイオン化条件の最適化の方法を教えてください．

Answer

　APCI（大気圧化学イオン化法）は，試料溶液を窒素などのネブライジングガスとともに気化管内にスプレーしてサンプルを気化し，数kVのコロナ放電を行うことで化合物をイオン化します．通常は分子量が小さく（1300 Da以下），極性が低く，熱に安定な化合物のイオン化に適しています．

　イオン化のメカニズムは，3段階で進みます．ポジティブモードの場合，まず放電によって大気中の N_2，O_2 が $N_2^{2+\cdot}$ で $O_2^{2+\cdot}$ が生成し，大気や移動相中の H_2O，CH_3OH と反応することにより H_3O^+，CH_3OH^{2+} が生成します．それらがプロトン供与体として働き，$[M+H]^+$ が生成されます．したがって，APCIでは一般的にポジティブモードにおいては，気相でプロトン親和性の高い化合物ほど感度が高くなります．逆に，ネガティブモードでは，-COOHや-SO_3H がが脱プロトン化し，$[M-H]^-$ が生成します．

　10^{-3} M程度の酢酸アンモニウムの緩衝液を加えることでポジティブモードでは NH_4^+ が，ネガティブモードでは CH_3COO^- がそれぞれプロトン受容体となってイオンの生成効率を上げることが知られています．一般的には，緩衝液はイオン化には必ずしも必要ではありませんが，使用する場合は揮発性のもので50 mMまでのものとしてください．高濃度の緩衝液は低極性化合物の感度を低下させることがありますので，注意してください．

　ハードウェアの面では，コロナ放電電極，気化管の温度，ネブライジングガスの流量，プローブ温度など，APCIを最適化するさいに考慮すべきことはたくさんあります．これらは実際に測定しながら調整してください．

　APCIは前述したように低極性の低分子化合物に適しているので，環境や食品中の残留化合物分析の場などで活躍します．また，ESIと比較してイオンサプレッションが起きにくいため，尿や血漿などのマトリックスで分析する医薬品代謝物の分析にも威力を発揮します．各分析の場面において，試料にあったイオンソースを選択して測定することをおすすめします．最近はESIソースとAPCIソースが一体化され，イオン化モードを切り換えながら測定するイオンソースが市販されています．メソッド開発の効率化を図ることができるとともに，混合試料において化合物に適したイオン化法で迅速に分析することができます．

Question

92 LC/MSは多くの装置メーカーから発売され，アプリケーションデータも発表されています．異なるメーカーの装置を使用してパラメーターを組む場合の留意点を教えてください．

Answer

　LC/MS装置で設定するパラメーターはイオンソース側のガスの流量やスプレイヤーに印加する電圧，質量分析器側のオリフィスプレートや四重極にかかる電圧など，あわせて通常10程度あります．装置メーカーによってガスの流れや機器の構造が違うため設定しているパラメーターも違い，全てをそのまま異なるメーカーの機器に用いることはできません．

　しかし，スプレイヤー電圧（コーン電圧，オリフィス電圧）などイオン導入部の電圧は測定対象物質の化学的性質に大きく依存するため，同じ原理のイオン化方法を用いる限り，各社ともほぼ同様の値が使われますので，パラメーター設定のさいに参考にすることができます．

　他に参考になるものとしては，SIMやSRM（またはMRM）の設定質量数やカラムと移動相条件があります．しかし，ほぼ同じ度合いで開裂するフラグメントが二つ以上存在する化合物をSRM分析する場合，ある装置で選択したモニタリングイオンが必ずしもつねに他のメーカーの装置で最適とは限らないことをよく経験します．同じ機種であっても別々の装置で最適な条件に調整した場合，それぞれ違うプロダクトイオンを選択する場合もあるようです．

　少しでも高感度で再現性よく測定したい場合はその機器ごとに条件を最適化することをおすすめします．昨今は自動メソッド作成ソフトウェアもあり，それを利用すれば簡単にほぼ最適な分析条件をつくることができます．

Question

93 LC/MS 装置の精度管理について教えてください．

Answer

　LC/MS に限らず MS の精度管理とは質量精度を管理することです．質量精度は質量分析計の分解能とキャリブレーションの信頼性によって決まります．

　分解能は質量分析計によって違い，一般的に四重極 MS やイオントラップ MS はユニットマス（1u）と低いために高い質量精度は得られません．一方 TOF-MS のように高分解能の質量分析計（5000～10000 FWHM（半値幅））では，数 ppm（例：5 ppm の場合，m/z 1000 で測定誤差が 0.005 u）程度の高い質量精度が得られ，ミリマス（原子質量単位 u の 1/1000 の単位）の測定が可能になります．そして，予測される化学構造式を確認したり，未知化合物の組成式を絞り込んだりすることができ，同位体分布からのイオンの価数を決定することもできます．

　全ての質量分析計においてキャリブレーションは重要ですが，高分解能の質量分析計ほど重要度は増します．キャリブレーションとは，質量既知のスタンダード化合物を用いてマススペクトルの横軸を補正することです．スタンダード化合物にはポリプロピレングリコール（PPG），レセルピンやペプチド，ヨウ化セシウムなどが使われます．質量分析計の種類に応じて適した質量範囲と質量間隔をもつスタンダード化合物を選択します．通常 MS のソフトウェアにはメーカーが推奨するスタンダードの質量が登録されており，手順に沿って簡単に行うことができます．キャリブレーションの信頼性は分解能やピークの形状，および感度に左右されるため，キャリブレーションのさいそれらのチェックも同時に行います．分解能やピーク形状が悪い場合は MS 側のチューニングを行います．また，最適な感度がでるように，イオンソースやインターフェイスの汚れにも注意してください．特にミリマス測定の場合は測定の前あるいは後に行うか，質量校正用内標準を入れて測定することをおすすめします．

　また，質量精度は実験室の室温の影響を受ける場合があります．この場合，設置条件に定められた環境内で，室温をできるだけ一定に管理してください．

Question

94 多成分の試料をLC/MSで測定するときパラメーターはどのように設定したらよいのですか．

Answer

MSのパラメーターには，イオンソースやインターフェイスのヒーター温度やガス流量などの素早く切り換えることのできないものと，数十msec単位で切り換えることのできる電圧に関するものとの大きく二つにわけることができます．つまり，1回の試料インジェクションにおいて，後者は成分にあわせて変更しながら測定することが可能ですが，前者は通常一定で測定します．多成分試料をMSで一斉分析するさい，電圧に関するパラメーターは成分ごとに最適化したものを使うことができますが，ガスやヒーターに関するパラメーターは共通のものを使うことになります．

LC/MSやLC/MS/MSの場合，通常まずインフュージョンで標準サンプルを導入し，電圧系パラメーターを成分ごとに最適化していきます．その次に，電圧計パラメーターを最適化するさいに最も感度が低かった成分に注目し，それが最高感度になるようにヒーター温度やガス流量のパラメーターを最適化します．最低感度の成分にあわせたパラメーターは必ずしも他の成分にとって最適とは限りませんが，通常はそれで電圧系パラメーター設定時に測定できた他の成分も検出できるはずです．

特に最近定量においても多用されているLC/MS/MSは選択性が高いため，必ずしも成分ごとのピーク分離をきっちり行わなければならないとは限りません．しかし，例えば農薬の多成分一斉分析をする場合など，同じ骨格や官能基をもつ化合物が複数存在し，SRM測定においては同じQ3モニタリングイオンを選択することがあります．そして，衝突室で不活性ガスと衝突した分子は飛行速度が落ち，かつ多成分分析ではドゥエルタイム（あるSRMトランジションのQ3モニタリングイオンを通過させる時間）が50 msec以下と短くなるため，先のイオンができないうちに次のイオンが入ってくるというクロストーク（ゴーストピーク）が起こることがあります．そのさいに，パラメーター設定でできることは，

- 同じQ3モニタリングイオンをもつSRMチャンネルの順番を離す
- SRMチャンネル切換え時間を長めにとる：ただし，一斉分析の成分数をあまり多くできない
- 違うQ3モニタリングイオンを選択する：ただし，感度が犠牲になることがある

という方法です．

一方，参考までに

- ピークが重ならないようにLCで十分に分離する：ただし，ゴーストピークがでる可能性は残る

- 衝突室に電位差を設け，衝突した分子を加速させて排出する機構をもった LC/MS/MS を利用する

といった解決策もあります．

　他の MS についても，一度のランで成分にあわせて切り換えができるパラメーターとできないパラメーターを分けて設定することになります．

Question

95 LC/MS では，リン酸緩衝液のかわりに，ギ酸または酢酸系の緩衝液を使用します．緩衝液の選択の目安はありますか．

Answer

　通常緩衝液は pK_a に対して±1 程度の pH に調整すると十分な緩衝能が得られます．リン酸は三つの pK_a を有するため，幅広い pH 領域での緩衝能があるうえに，特徴的な UV 吸収がないため，HPLC の移動相として通常よく使われています．しかし，リン酸緩衝液は不揮発性で，LC/MS に使用すると析出してインターフェイスをつまらせるため，ほとんど使われません．そのかわり，0.1％から1％のギ酸や酢酸がよく利用されます．これらは，その濃度で多くの化合物にプロトンを付加させるに十分な酸性条件になるため，ポジティブイオンモードの検出に優れています．しかし，強酸性の移動相では酸性化合物のイオン化が抑制されてしまうことがあるため，少し高めの pH 条件にしてネガティブイオンモードで検出します．その場合，アンモニア，酢酸アンモニウム，ギ酸アンモニウムなどを使って pH を調整します pK_a はギ酸が 3.75，酢酸が 4.75 であり，酸性の緩衝液に適しています．20mM 当たりの濃度を用いることが多く，5mM 以下でも使用することがあります．低濃度の場合は緩衝液の pH を緩衝するイオンの pK_a とほぼ等しくなるように調整します．通常緩衝液の pK_a に対して±1 程度の pH に調整します．

　一方，LC/MS で移動相を弱アルカリ性にするときには，炭酸水素アンモニウムを一般的に使用します．pK_a は 9.2 と 10.2 です．したがって，炭酸水素アンモニウムは塩基性の広い範囲で緩衝液として使うことができます．炭酸水素アンモニウムはイオン化されるさいアンモニア，水，二酸化炭素といった揮発性の物質に分解されます．

　まとめると，LC/MS 用の移動相の緩衝液としては，ギ酸（アンモニウム），酢酸（アンモニウム），炭酸水素アンモニウムがあり酸性領域では pH 3 から pH 5.5，アルカリ領域では pH 8.5 から pH 10 で一般に使われます．

Question

96 LC/MSで未知試料の分子量を推定するさいどのような点に注意し，どのように行なえばよいのですか．

Answer

　MSスキャンで観測されたピークから分子量を推定します．そのさい，できるだけ精度のよい装置，測定法で測定することをおすすめします．その精度は質量分析計によって違います．LC/MS/MSであればフラグメントの情報から基本骨格や官能基が推定できる場合があります．ミリマスまで測定できる質量精度の高いMSであればプロダクトイオンやプリカーサーイオンの組成分析が可能であり，未知試料の構造決定の確実性が増します．構造が決められれば正確な分子量が得られます．

　LC/MSのESI法では，通常ポジティブモードでn個のプロトンが付加された$[M+nH]^{n+}$のイオン，ネガティブモードではプロトンがn個脱離した$[M-nH]^{n-}$のイオンなどの擬分子イオンを観測します．そのため，まずイオンの価数を知る必要があります．イオンの価数はMSの分解能を高め，同位体の存在比の違いによるピークの間隔から判断します．有機物のC^{12}とC^{13}の構成数が一つ違う同位体の質量数の違いは1 amuであり，観察するマススペクトルの値はm/zなので，隣り合うその二つの同位体ピークの間隔が1 amuであれば1価，1/2 amuであれば2価，1/3 amuであれば3価のイオン…ということになります．ただし，四重極などの分解能の低いMSは価数が多くなるとその判断は厳しくなります．そして，観測するマススペクトルの値はおもに，

　ポジティブモード：$[M+nH]/n^{n+}$

　ネガティブモード：$[M-nH]/n^{n-}$

などのイオンを示すため，これから分子量を求めます．また，ESIの場合，$[M+NH_4]^+$や$[M+Na]^+$，$[M+K]^+$といったアダクトイオンが生じる場合があることを知っておく必要があります．その場合，例えばナトリウムアダクトイオンのマススペクトル値は$[M+nNa]/n^{n+}$となり，それから分子量を求めます．また，大気圧化学イオン化（APCI）や大気圧光イオン化（APPI）を利用する場合，生じるイオンは1価であること，APPIでは官能基のない化合物の場合M^+のラジカルイオンが観察されることがあることも知っておいてください．

　付加イオンの質量差を利用した分子量の推定方法もありますが，それについては「液クロ彪の巻」を参照ください．

Question

97 LC/MSで定量分析を行いたいのですが，ピーク強度に再現性が得られません．原因と対策を教えてください．

Answer

ピーク強度には絶対的強度と相対的強度がありますので，それぞれについて考えられる原因と対策案を以下に示します．

1. 絶対的ピーク強度の再現性が得られない場合

MSは基本的に破壊分析の装置であるため，長期にわたる絶対的なピーク強度の安定性や再現性は，UV検出器などと比べると著しく劣るといわざるを得ません．おもな理由はイオン源の汚染による感度低下です．特にLC/MSでは，その傾向が顕著に現れます．LC/MSインターフェイスとして一般的に用いられているESIやAPCIは，そのケミカルノイズレベル（ベースラインレベルではない）の低さから，高感度であるといわれていますが，正しくはS/N比が高いのであって，イオン量としては決して多くないといえます．つまり，絶対的なピーク強度における安定性は乏しいといえます．ダイオキシン分析や農薬分析など，はるか昔に技術が完成したEIイオン源を用いたGC/MSによる定量分析においても，内部標準物質の使用は必須であるといわれています．

対策：内標準物質（内標）の使用が推奨されます．内標を用いることで，イオン源の汚染が原因となる長期にわたるイオン強度の変動を補正することができます．安定同位体でラベルした化合物が理想的です．

2. 相対的ピーク強度の再現性が得られない場合

安定同位体でラベルした化合物でない内標を使用している場合，イオン源の汚染などによる長期的な絶対的ピーク強度の安定性の悪さは補正できます．このような状況でピーク強度の再現性が得られない原因としては，夾雑成分による目的成分のイオン化阻害の可能性が考えられます．この現象は，主として複雑な夾雑成分を含む実試料を分析したさいにみられます．安定同位体でラベルした化合物でない内標を使用した場合，内標と定量対象成分は異なる保持時間に観測されます．高いイオン化効率を示す夾雑成分が，定量対象成分の保持時間に重なって溶出したと仮定すると，定量対象成分のピーク強度は減少します．同じ濃度の試料を測定しても，夾雑成分の影響が異なれば，相対的ピーク強度の再現性は得られません．

対策：この現象は，SIM法などで定量分析を行うさいにみられることが多いといえます．SIMでは指定したm/zのイオンしかモニターしていませんから，夾雑成分が重なっていたとしても気づきません．スキャン測定で確認することをおすすめします．夾雑成分の重なりが確認されたら，分離条件の検討や安定同位体でラベルした内部標準物質を使用することが必要です「液クロ彪の巻」Q84も参照ください．

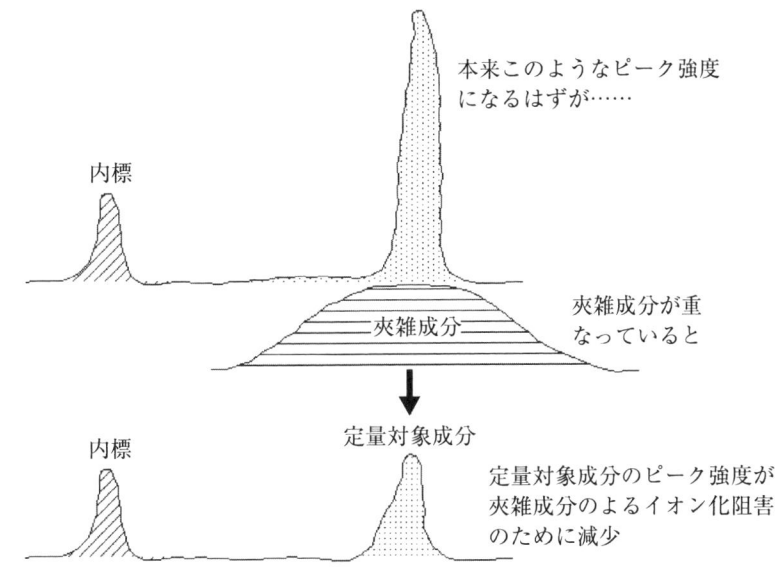

図 1　夾雑成分によるイオン化阻害

Question

98 LC/TOF-MS で定量分析はできますか.

Answer

　ここ数年，飛行時間質量分析計（time of flight MS, TOF/MS）をLC/MSとして使用するケースが増えてきました．LC/TOF-MSでも，その他のLC/MSと同様に定量分析は可能です．

　最近開発されているTOF/MSは，直交加速，イオンミラー，高速エレクトロニクスなどの技術開発によって容易に高分解能が得られるようになり，大気圧イオン化法との組合せによりLC/MSとして汎用的に使われるようになりました．おもな特長は，高分解能（半値幅で5000〜10000程度），広質量電荷比（m/z）範囲（通常m/z 10000以上），高速スペクトル取り込み（1秒間10スペクトル以上），高スペクトル感度，などです．

　四重極MSや三連四重極MSによる定量分析においては，SIMやSRMという測定法が用いられます（SIM：あらかじめ指定した特定イオンのm/zのみをモニターしながら測定する方法．SRM：あらかじめ指定した特定のMS/MSによるプロダクトイオンのm/zのみをモニターしながら測定する方法．通常SRMはSIMより高い選択性を示す）．しかしLC/TOF-MSでは，このような定量分析に特有の測定法はありません．通常の測定は，つねにプロファイルスペクトルを取り込むことによって行われ，データ処理の段階で，m/z範囲を指定してマスクロマトグラムを作成し，定量分析を行います．このときのm/z範囲を変化させることで，マスクロマトグラムの選択性を変化させることができます．

　図に，2種類のm/z範囲で作成した，尿中デキストロメトルファンのマスクロマトグラムを示します．上図は，四重極MSと同じユニットマスの範囲で作成したマスクロマトグラム，下図は，0.01uの範囲で作成したマスクロマトグラムです．上図では，マスクロマトグラムの選択性が低く，デキストロメトルファンのピークはマトリックス成分由来のピークと重なってしまっています．下図では，マスクロマトグラムの選択性が向上しているため，デキストロメトルファンは単一ピークとして検出されています．LC/TOF-MSでは，このようにマスクロマトグラムを作成するさいのm/z範囲を狭く設定することで，選択性を向上させることができます．

　LC/TOF-MSにおける定量分析について上述しましたが，注意すべき点もあります．従来のTOF-MSシステムでは，時間デジタル変換器（time to digital converter, TDC）を用いてデータ採取を行っていました．TDC方式は，時間測定のための記録方式であるため，検出器に到達するイオン量をシグナル強度として捉えることができません．1回の飛行サイクルで単純にイオンの到着（時間）だけを記録するので，複数のイオンが同時に検出器に到達しても1

つのシグナルとしてしか捉えることができませんでした．

近年，アナログデジタル変換器（analog to digital converter, ADC）によるデータ採取方法が採用されるようになってきました．ADC方式では，検出器に到達するイオン量を，それに応じたシグナル強度として捉えることができます．1回の飛行サイクルで複数のイオンが同時に検出器に到達した場合，イオンの数をある程度まで正確にカウントすることが可能です．したがって，TDC方式と比較した場合，広いダイナミックレンジを有することになります．

ごく最近になって，TDC方式のTOF/MSでも，イオン量が多くシグナルが飽和状態になった場合，検出器に到達するイオン量を制限して見かけ上ダイナミックレンジを広く見せる機能をもった装置も市販されるようになってきました．

LC/TOF-MSを用いて定量分析を行う場合，広いダイナミックレンジを有する装置を使用することをおすすめします．

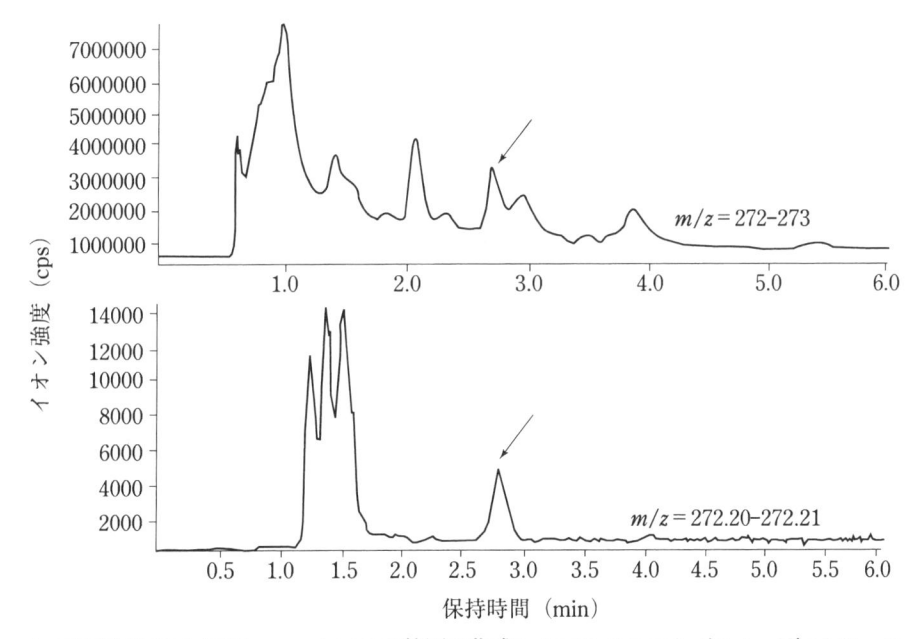

上：四重極MSと同じユニットマスの範囲で作成したマスクロマトグラム，下：0.01uの範囲で作成したマスクロマトグラム．

図1 尿中のデキストロメトルファンのマスクロマトグラム

Q: LC/MS で M＋Cl や M＋Na などが見えました．Cl や Na の由来は．
A: Na の由来についてはいくつかの可能性が考えられます．
 　第一に，移動相溶媒を保存しているガラス瓶が考えられます．ガラスの主成分はケイ酸ソーダやホウ酸ソーダなどの含 Na 化合物ですから，ガラスの材質そのものあるいは不純物から，Na が溶媒によって溶出する可能性は十分にあり得るでしょう．第二に，人体からのコンタミが考えられます．人間の皮膚には，つねに多量の NaCl が存在しますので，それが移動相溶媒やガラス器具，その他の実験器具にコンタミして MS へ導入される可能性はあると思われます．第三に，LC の配管として利用されている PEEK チューブから溶出する可能性が指摘されています．アンモニア水によって ppb レベルの Na が溶出するという情報がありますので，その他の溶媒でも溶出の可能性は否定できないと考えられます．
 　Cl に関しては推測の域をでませんが，人体からのコンタミの可能性が考えられます．

Q: TOF/MS のダイナミックレンジが一般的に狭いと聞きましたが本当ですか．
A: 従来の TOF システムでは，時間デジタル変換器（time to digital converter，TDC）を用いてデータ採取を行っていました．TDC 方式は，時間測定のための記録方式のためシグナルの強度として捉えていません．1 回の飛行サイクル（transient：トランジェント）で単純にイオンの到着（時間）だけを記録しているので，複数のイオンが検出器に到着しても一つのシグナルとしてしか捉えることができませんでした．TOF/MS のサンプリングスピードは非常に速くデータ量も膨大になります．実際には，複数のトランジェントサイクルのそれぞれの m/z のシグナルを積算して合算したものを処理しています．近年，アナログデジタル変換器（analog to digital converter，ADC）によるデータ採取方法が採用されるようになってきました．ADC 方式では，イオンが到着するとそれを積算して強度としてとらえることができます．また，複数のトランジェントサイクルのそれぞれの m/z のシグナルを積算して合算したものを処理しています．したがって，TDC 方式と比較した場合，広いダイナミックレンジをすることができます．TDC 方式のものでも，イオン量が多く検出されたシグナルが飽和状態になった場合，検出器に入れるイオン量を制限して見かけ上ダイナミックレンジを広く見せる機能をもったものも出てきています．

資　料　編

掲載会社名一覧
アプライドバイオシステムズジャパン株式会社
財団法人化学物質評価研究機構
関東化学株式会社
ジーエルサイエンス株式会社
シグマアルドリッチジャパン株式会社
株式会社資生堂
株式会社島津製作所
株式会社住化分析センター
ダイセル化学工業株式会社
東京化成工業株式会社
東ソー株式会社
日本ウォーターズ株式会社
日本ダイオネクス株式会社
日本分光株式会社
野村化学株式会社
林純薬工業株式会社
株式会社日立ハイテクノロジーズ
メルク株式会社
横河アナリティカルシステムズ株式会社
和光純薬工業株式会社

（五十音順）

― 人と化学と環境の間で常に信頼される機関を目指します ―

財団法人化学物質評価研究機構は、優れた技術陣、研究陣を擁し、化学物質に関する諸問題解決のための試験・検査・評価、研究・開発を実施しており公正な第三者機関として、企業や関係省庁・自治体・団体などから高い評価と信頼をいただいています。

分析技術におけるクロマト分析は、重要な位置を占めています。当機構では、ユーザーとしての長年の経験をもとに液体クロマトグラフおよびガスクロマトグラフのカラムを、簡便性と高性能を追究し、技術開発してきました。現在、高速液体クロマトグラフ用に各種「L-column」、ガスクロマトグラフ用に大口径オープンチューブラーカラム「G-column」を供給し、皆様方の新技術への対応と試験研究への一助を担っております。

L-column

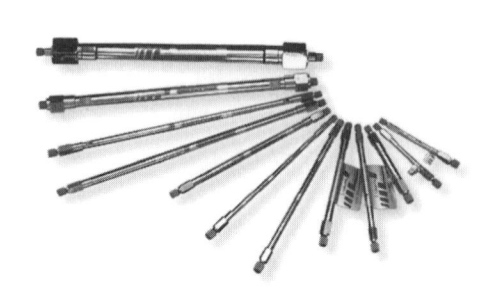

卓越した不活性化処理技術
-Super Endcapping-

L-column は、独自に開発した高温気相シリル化（スーパーエンドキャッピング：日米欧特許取得）を行うことで残存シラノールを極限まで不活性化したカラムです。

- ■ **L-column ODS**　　　　　HPLC用高性能ODSカラム　粒子径5μm
- ■ **L-column ODS（3μm）**　高分解能3μmODSカラム
- ■ **L-column ODS-V**　　　　高再現性ODSカラム
- ■ **L-column ODS-L**　　　　高耐久性セミミクロODSカラム
- ■ **L-column C8**　　　　　　高性能C8カラム
- ■ **L-column HB**　　　　　　LC/MS高感度分析用カラム
- ■ **L-column L-1180**　　　　HPLC用たんぱく質除去前処理カラム

微量分析からセミ分取まで幅広い用途に対応しています。

風邪薬の一斉分析 Cold medicine

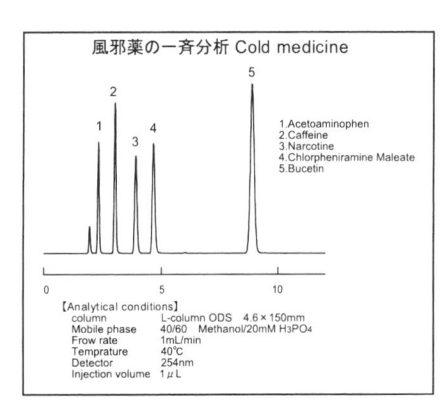

1. Acetoaminophen
2. Caffeine
3. Narcotine
4. Chlorpheniramine Maleate
5. Bucetin

【Analytical conditions】
column: L-column ODS 4.6×150mm
Mobile phase: 40/60 Methanol/20mM H3PO4
Frow rate: 1mL/min
Temprature: 40℃
Detector: 254nm
Injection volume: 1μL

サルファ剤の分析 Sulfa drugs

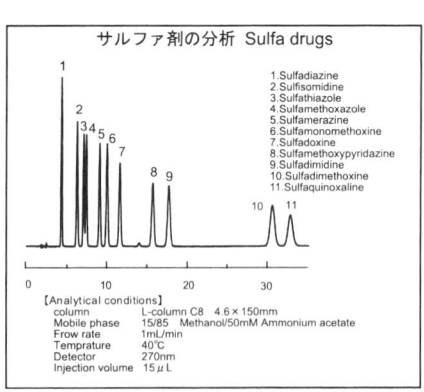

1. Sulfadiazine
2. Sulfisomidine
3. Sulfathiazole
4. Sulfamethoxazole
5. Sulfamerazine
6. Sulfamonomethoxine
7. Sulfadoxine
8. Sulfamethoxypyridazine
9. Sulfadimidine
10. Sulfadimethoxine
11. Sulfaquinoxaline

【Analytical conditions】
column: L-column C8 4.6×150mm
Mobile phase: 15/85 Methanol/50mM Ammonium acetate
Frow rate: 1mL/min
Temprature: 40℃
Detector: 270nm
Injection volume: 15μL

- ・スーパーエンドキャッピングによりシリカゲル表面に強固な膜が形成され高耐久性（使用pH範囲が広い）
- ・塩基性化合物も極めてシャープなピークで検出可能、酸性化合物も良好に分離（混在分析も可能）
- ・完全球形シリカゲルと優れた充填技術による低いカラム圧力と高分離能
- ・金属不純物の少ない高純度シリカゲル基材を起用により、配位化合物も吸着することなく微量分析が可能
- ・ピークの切れが良く、主成分のテーリング上に出現する不純物や代謝物も良好に分離
- ・基本性能が優れているので、緩衝液も単純な組成でよく、LC/MSに最適

製品のお問い合わせ

CERi 財団法人 **化学物質評価研究機構**
Chemicals Evaluation and Research Institute, Japan

東京事業所　クロマト技術部

〒345-0043　埼玉県北葛飾郡杉戸町下高野1600番
TEL 0480-37-2601　FAX 0480-37-2521
URL http://www.cerij.or.jp　e-mail chromato@ceri.jp

資料編　185

SeQuant
Innovators in Chemical Analysis™

Zwitterion Chromatography - ZIC
Hydrophilic Interaction Chromatography - HILIC

HPLC column

ZIC-HILICはSeQuantが製造し野村化学が販売します

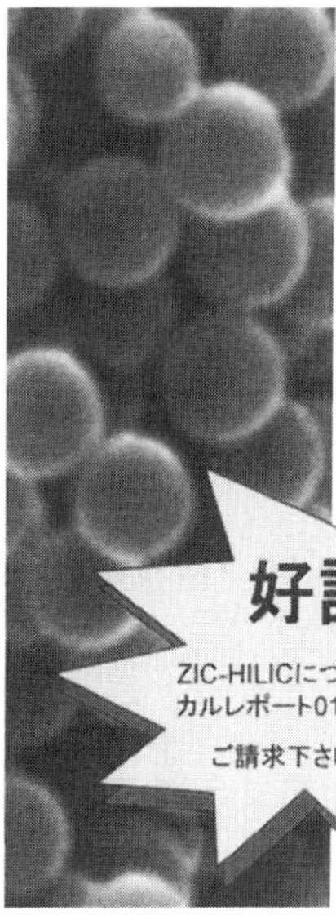

高極性化合物の分離にはヒリックモードのZIC-HILICが最適

ZIC®-HILIC and ZIC®-pHILIC
（ジック・ヒリック　シリカ基材）　　（ジック・ピーヒリック　ポリマー基材）

ZIC-HILICは両性イオン基を固定相とした全く新しいカラムです。親水性相互作用クロマトグラフィー（HILIC）モードによる分離に適しています。更にZIC-HILICはイオン性化合物と両性イオン固定相の弱い静電的相互作用がHILICの分離モードに加味します。

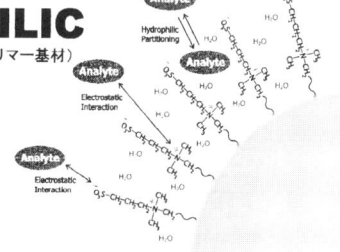

好評発売中
ZIC-HILICについて説明しているテクニカルレポート015配布中
ご請求下さい

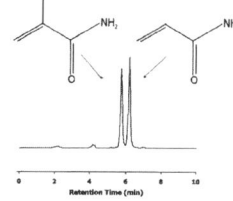

ZIC-HILIC (250x4.6mm) column using isocratic elution with a mobile phase of 75:25 actonitrile/ aqueous ammonium acetate (5 mM)

メタクリルアミドとアクリルアミドの分離例

ヒリックモード専用カラム

コストパフォーマンスに優れた野村化学製ヒリック用シリカカラム　＊カラムコストが1/2から1/3

Develosil SILICA-HILIC（Ⅰ）　通常の高純度シリカ
Develosil SILICA-HILIC（Ⅱ）メタルドープシリカ（耐久性5倍向上）

【分離例】

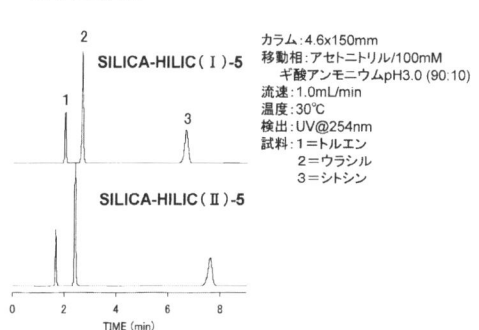

SILICA-HILIC（Ⅰ）-5
SILICA-HILIC（Ⅱ）-5

カラム：4.6x150mm
移動相：アセトニトリル/100mM ギ酸アンモニウムpH3.0 (90:10)
流速：1.0mL/min
温度：30℃
検出：UV@254nm
試料：1＝トルエン
　　　2＝ウラシル
　　　3＝シトシン

【耐久性】

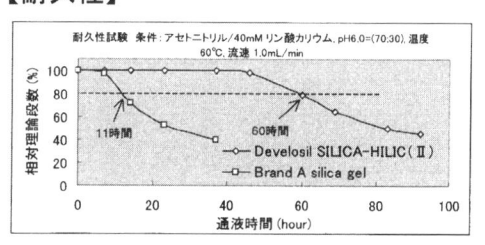

耐久性試験　条件：アセトニトリル/40mM リン酸カリウム, pH6.0=(70:30), 温度 60℃, 流速 1.0mL/min

- Develosil SILICA-HILIC（Ⅱ）
- Brand A silica gel

11時間　　60時間

ヒリックモードには"アセトニトリル/水系"等の水を含んだ移動相を用いますが、シリカは水に可溶なため耐久性に乏しいといった欠点がありました。弊社のヒリックモード用シリカゲルSILICA-HILIC（Ⅰ）,（Ⅱ）はヒリックモード専用に開発されたシリカであり、特に（Ⅱ）は独自の処理を施すことにより従来のシリカでは到達できなかった耐久性を手に入れました。

【価格例】
Develosil SILICA-HILIC（Ⅰ）-5　4.6x150mm　¥40,000
Develosil SILICA-HILIC（Ⅰ）-5　2.0x150mm　¥40,000

野村化学株式会社

〒489-0003　愛知県瀬戸市穴田町851
TEL:0561-48-1853　FAX:0561-48-1434
Website: http://develosil.net　E-mail: info@develosil.net

光学異性体分離カラム SUMICHIRAL

<<光学異性体分離メソッド開発支援サービス>>

分離したい光学異性体 → カラム選択 住化分析センターがサポートします → 最適のキラル固定相

★カラムスクリーニングサービス
　サンプルをご提供いただき、最適のカラムをスクリーニングいたします。
　（分離成功時にご購入。試料によってはお請けできない場合もございます。）
★デモカラム
　一定期間、カラムを貸し出します。（分離成功時にご購入。）
★技術資料集「ようこそスミキラルOAへ」最新版（第4版）2004.9 発行
　キラル分離例　300 化合物以上、各化合物毎にクロマトグラム例を掲載！
★講演、セミナー活動　　学会・展示会講演、インハウスセミナー

<<分離例>>

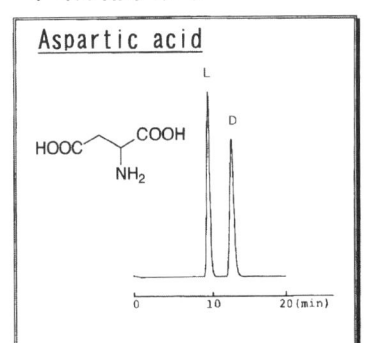

Aspartic acid
Column : SUMICHIRAL OA-5000
4.6mmi.d..×150mm
Mobile phase : 2mM copper(II) sulfate in water-isopropanol (95:5)
Flow rate : 1.0mL/min

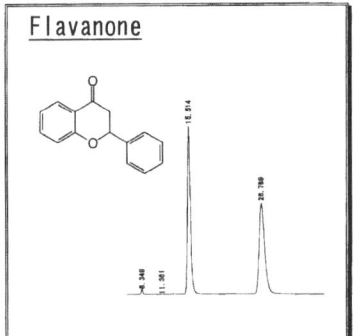

Flavanone
Column : SUMICHIRAL OA-7000
4.6mmi.d..×250mm
Mobile phase : 20mM phosphate buffer (pH2.0) / CH3CN (60:40)
Flow rate : 0.85mL/min

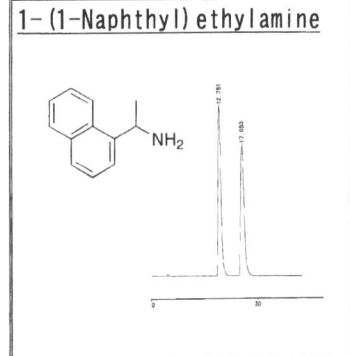

1-(1-Naphthyl)ethylamine
Column : SUMICHIRAL OA-8000
4.6mmi.d..×250mm
Mobile phase : HClO4(pH=2) / CH3CN (70:30)
Flow rate : 0.8mL/min

株式会社住化分析センター　SCAS　Sumika Chemical Analysis Service

大阪営業所・カラム販売担当　〒554-0022 大阪市此花区春日出中 3-1-135　TEL 06-6466-5243 FAX 06-6466-5255
カラム専用 E-Mail : column@scas.co.jp
東京営業所　〒101-0062 東京都千代田区神田駿河台 3-4-3　TEL 03-3257-7201 FAX 03-3257-7220
大阪営業所　〒541-0043 大阪市中央区高麗橋 4-6-17　TEL 06-6202-1000 FAX 06-6202-0005

資 料 編　187

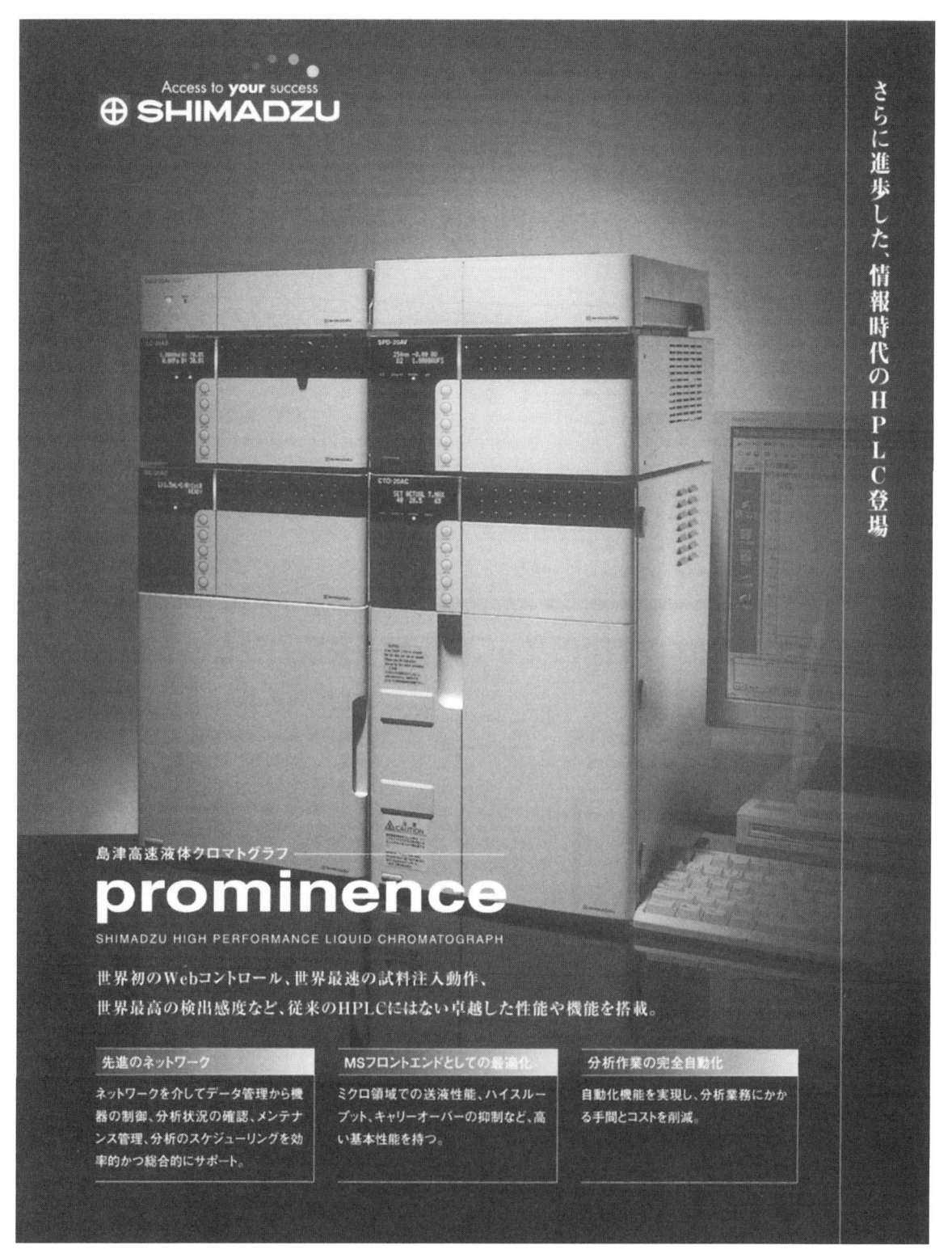

さらに進歩した、情報時代のHPLC登場

Access to **your** success
⊕ SHIMADZU

島津高速液体クロマトグラフ
prominence
SHIMADZU HIGH PERFORMANCE LIQUID CHROMATOGRAPH

世界初のWebコントロール、世界最速の試料注入動作、
世界最高の検出感度など、従来のHPLCにはない卓越した性能や機能を搭載。

先進のネットワーク
ネットワークを介してデータ管理から機器の制御、分析状況の確認、メンテナンス管理、分析のスケジューリングを効率的かつ総合的にサポート。

MSフロントエンドとしての最適化
ミクロ領域での送液性能、ハイスループット、キャリーオーバーの抑制など、高い基本性能を持つ。

分析作業の完全自動化
自動化機能を実現し、分析業務にかかる手間とコストを削減。

株式会社 **島津製作所**
京都市中京区西ノ京桑原町1
http://www.an.shimadzu.co.jp/

分析計測事業部　お問合せはもよりの営業所へ
● 東　京 (03) 3219-5685　● 郡　山 (024) 939-3790　● 静　岡 (054) 272-5600　● 岡　山 (086) 221-2511
● 関　西 (06) 6373-6551　● つくば (029) 851-8515　● 名古屋 (052) 565-7531　● 四　国 (087) 834-3031
● 札　幌 (011) 205-5500　● 北関東 (048) 646-0081　● 京　都 (075) 811-8151　● 広　島 (082) 248-4312
● 東　北 (022) 221-6231　● 横　浜 (045) 311-4615　● 神　戸 (078) 331-9665　● 九　州 (092) 283-3334

HPLCカラム用充填剤
INERTSIL® 3シリーズ
分析時間短縮のすすめ

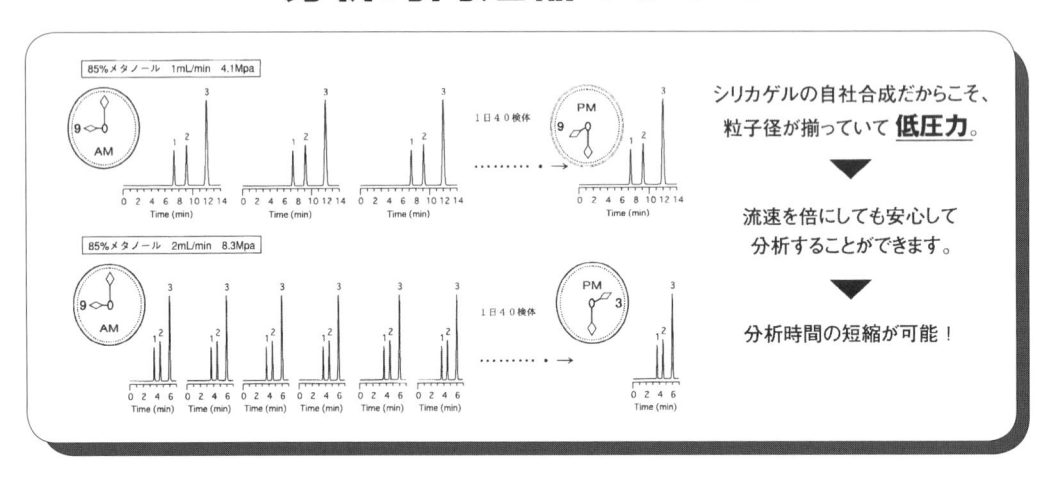

シリカゲルの自社合成だからこそ、粒子径が揃っていて **低圧力**。

▼

流速を倍にしても安心して分析することができます。

▼

分析時間の短縮が可能！

更なる時間短縮を目指して…、微小粒子充填カラムのすすめ

微小粒子充填剤 は、
- 理論段数が高いため短いカラムで分析可能
- 流速を早くしても高理論段数を維持できる

低圧力 のイナートシルなら、

大幅な分析時間の短縮が可能！
さらに…、溶媒消費量も削減！

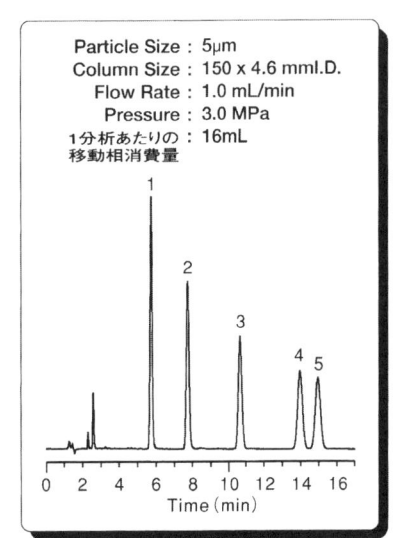

Particle Size : 5μm
Column Size : 150 × 4.6 mmI.D.
Flow Rate : 1.0 mL/min
Pressure : 3.0 MPa
1分析あたりの移動相消費量 : 16mL

Particle Size : 3μm
Column Size : 100 × 4.0 mmI.D.
Flow Rate : 1.5 mL/min
Pressure : 10.0 MPa
1分析あたりの移動相消費量 : 9mL

Column : Inertsil ODS-3
Eluent : $CH_3CN/H_2O = 70/30$
Col.Temp. : 40℃
Detector : UV 254nm
Sample : 1. Ethylbenzene
2. Propylbenzene
3. Butylbenzene
4. iso-Amylbenzene
5. n-Amylbenzene

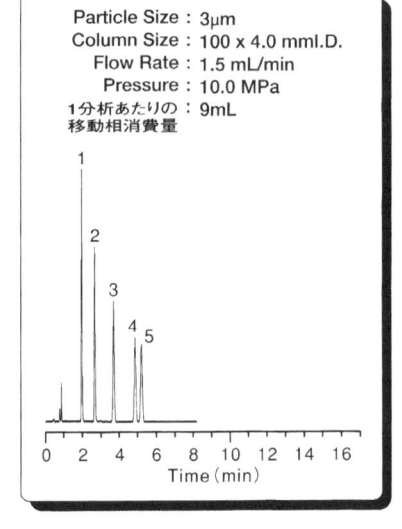

ジーエルサイエンス株式会社
GL Sciences

本社 営業企画課
〒163-1130 東京都新宿区西新宿6丁目22番1号 新宿スクエアタワー30F
電話 03(5323)6611 FAX 03(5323)6622
webページ : http://www.gls.co.jp/　E-mail: info@gls.co.jp

新製品 第3世代のキラルカラム® 登場！

CHIRALPAK® IA

耐溶剤性
いろいろな有機溶媒が使えます

高分離能
幅広い種類の化合物に適用できます

高再現性
ロット間の再現性に優れています

種々の有機溶媒が使える多糖系耐溶剤型キラルカラムを新発売致しました。今まで使用できなかった酢酸エチル、THF、ハロゲン系溶媒、DMSO等を移動相に用いることが可能となり、分析バリエーションの飛躍的拡大のみならず、分取の効率化が可能となりました。

分離改善例

当社従来カラム

Conditions
Column : CHIRALPAK® AD-H 4.6mmI.D. × 150mmL
Sample : Benzoin ethyl ether
Flow rate : 1.0ml / min
Temperature : 25℃
Detection : 254nm (UV)
Mobile Phase : n-Hexane / 2-Propanol = 90 / 10

3.7min.
4.1min.

新製品 CHIRALPAK® IA

Conditions
Column : CHIRALPAK® IA 4.6mmI.D. × 150mmL
Sample : Benzoin ethyl ether
Flow rate : 1.0ml / min
Temperature : 25℃
Detection : 254nm (UV)
Mobile Phase : n-Hexane / Ethyl acetate = 80 / 20

3.2min.
6.8min.

お問合せ・資料請求は、http://www.daicel.co.jp/cpi/
E-mail : chiral@daicel.co.jp

ダイセル化学工業株式会社
CPIカンパニー Chiral Pharmaceutical Ingredients

● 東日本 〒108-8230 東京都港区港南2-18-1 JR品川イーストビル14F TEL.03-6711-8222(直) FAX.03-6711-8228
● 西日本 〒541-0052 大阪市中央区安土町2-3-13 大阪国際ビル30F TEL.06-6263-4878(直) FAX.06-6263-4838

HITACHI

NEW

ELITE LaChrom

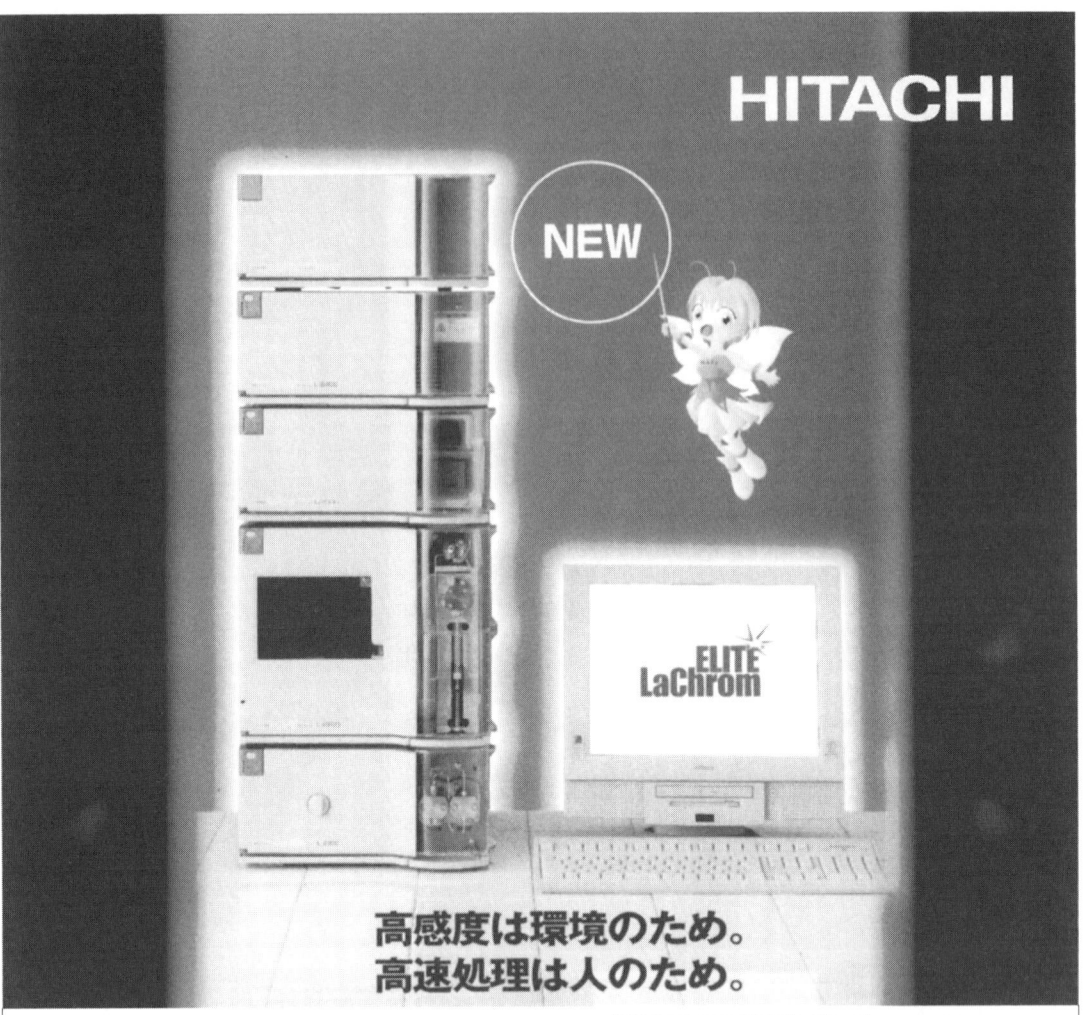

高感度は環境のため。
高速処理は人のため。

未踏分野を切り開く エリート 誕生。

バイオ関連分野では生命現象の解明を通じて病気の治療や新薬の開発など、急速な開発競争が展開されています。この未踏分野への挑戦に伴い、貴重で微量なサンプル分析の増加など、高速液体クロマトグラフに求められる機能も非常に高度になってきています。さらに品質管理の分野では、日々増え続けるサンプルの迅速な分析とともに、環境に配慮した溶媒の低減も現実の課題となってきました。このような背景に基づき開発したのが、セミミクロ分析に威力を発揮するLaChrom Elite SMASHシステムと、より多くのサンプルをより高精度に短時間で分析するLaChrom Elite HTAシステムです。セミミクロ分析から汎用分析まで、幅広いニーズにお応えする日立高速液体クロマトグラフLaChrom Elite。新時代の幕開けを告げる、日立ハイテクノロジーズのライフサイエンスプロダクツ「BIONAVI」シリーズの第一弾です。

日立高速液体クロマトグラフ
LaChrom Elite

BIONAVI
Life Science Products

株式会社 日立ハイテクノロジーズ 〒105-8717 東京都港区西新橋一丁目24番14号 電話 ダイヤルイン(03)3504-7211 www.hitachi-hitec.com/science/
北海道(札幌)(011)221-7241 東北(仙台)(022)264-2219 筑波(土浦)(0298)25-4801 中部(名古屋)(052)583-5811
北陸(金沢)(076)263-3480 関西(大阪)(06)4807-2511 京都(京都)(075)241-1591 四国(高松)(087)862-3391
中国(広島)(082)221-4511 九州(福岡)(092)721-3511

GLP / GMP Validation Support・Certified Quality

GLP/GMP における分析バリデーションをサポートします。

Cica KANTO Reagents

分析バリデーションサポート高純度シリカ系逆相カラム
Mightysil GP シリーズ

充填剤バッチ間・カラムロット間偏差を厳しい規格として設定し、高精度の充填を行っています。

▶ バリデーションが必要とされるあらゆる分析工程において、安心してご利用いただけます。

常時3バッチの充填剤をご用意しています。

▶ 医薬品などの分析法検討の際、充填剤バッチの異なるカラム3本をあらかじめ試験することができます。

充填剤の物性・溶離特性を証明する「Certificate of Analysis」を添付。

▶ 酸性、塩基性、金属配位性化合物などの幅広い試料に対して、抜群のピーク形状と高い再現性をお約束します。

RP-18(ODS)・RP-8(C8)・RP-4(C4) 充填剤をご用意。

▶ 幅広い化合物の分析にご利用頂けます。カラムサイズも、各種ご用意しています。

——— 環境保全と健康維持は、私たちの願いです ———

製品に関する資料をご用意しております。下記までお問い合わせ下さい。

Cica 関東化学株式会社 試薬事業本部

〒103-0023 東京都中央区日本橋本町 3-11-5 03(3663)7631
〒541-0048 大阪市中央区瓦町 2-5-1 06(6222)2796
〒812-0007 福岡市博多区東比恵 2-22-3 092(414)9361

≪ http://www.kanto.co.jp E-mail; reag-info@gms.kanto.co.jp ≫

Chromolith™
シリカ一体型カラム クロモリス

メルクのHPLCカラム クロモリスは、HPLC分析の世界に真のハイスループットをもたらす新世代カラムです。カラム骨格と流路を一体型（モノリス型）とすることによって、高い分解能を維持しながら、驚異的な低背圧と高耐久性を実現しました。

マクロポア構造

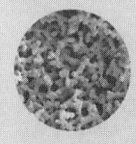

クロモリスのシリカ担体は一体成形された連続体です。内部には平均2μmの空洞（マクロポア）が網目状に形成され、粒子充填型カラムにおける粒子間隙の役割を果たします。

メゾポア構造

クロモリスのシリカ担体表面には平均13nmの細孔が形成され、HPLCにおける分離・吸着に関与します。シリカゲル粒子の細孔に相当します。

- ● 低背圧 ──────── 同一流速条件でカラム背圧を格段に低く抑制
- ● 高カラム効率 ──── 高流速でも高いカラム効率を維持
- ● 高速分離 ──────── 高流速でも確実に分離、真のハイスループット分析を実現
- ● 高耐久性 ──────── 長期間の高速分析や高粘性溶媒によるカラム劣化を最小限に抑制

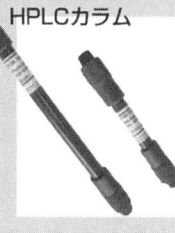

HPLCカラム

クロモリスHPLCカラムは、RP-18e、RP-8e、Siの3種類。どれも高速高分解能分析から完全イナートの特性を生かしたバイオセパレーションまで、幅広い分野でお使いいただけます。
また、RP-18eには10cm、5cm、2.5cm、のサイズをご用意。目的に合わせてお選びいただけます。

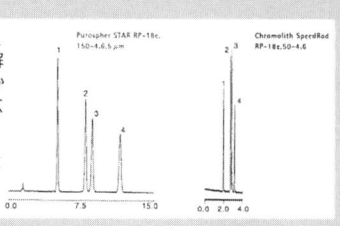

キャピラリーカラム Cap Rod™

新発売のクロモリス キャップロッドは、シリカ一体型キャピラリーカラムです。内径100μmのキャピラリーはクロモリスのもつ優れた特性を受け継いでいます。LC-MSを用いた薬物動態解析やタンパク質分析など、ポストゲノム研究のハイスループット化に役立ちます。

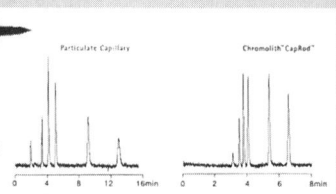

メルク株式会社

東京本社 試薬・ライフサイエンス事業部
〒153-8927
東京都目黒区下目黒1-8-1 アルコタワー5F
Tel: 03-5434-4722 / Fax: 03-5434-5076

フリーダイヤル／Eメール
Tel: 0120-189-390 / Fax: 0120-189-350
E-mail: service@merck.co.jp
http://www.merck.co.jp

MERCK

Kaseisorb LC ODS 2000 シリーズ

逆相分析用ODSカラム

- 3ミクロンと5ミクロンの2種類をラインナップ
- バリデーション対応
- 市販品の中で最高レベルの理論段数
- 市販品の中で最も安い価格帯

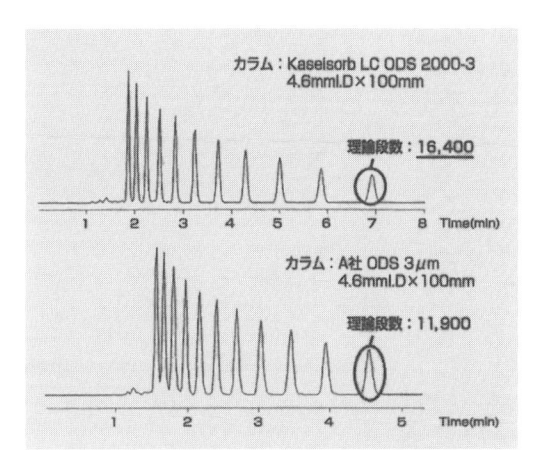

カラム：Kaseisorb LC ODS 2000-3
4.6mmI.D×100mm
理論段数：16,400

カラム：A社 ODS 3μm
4.6mmI.D×100mm
理論段数：11,900

Kaseisorb LC ODS 2000-3

○細孔径：120Å　○粒子径：3μm　○炭素化率：17%

内径(mm)×長さ(mm)	製品コード	価格（円）
2.0×50	S1499	42,000
2.0×100	S1498	45,150
2.0×150	S1497	47,250
4.6×50	S1496	31,500
4.6×100	S1495	34,650
4.6×150	S1494	36,750
4.6×250	S1479	44,100

バリデーションキット※

内径(mm)×長さ(mm)	製品コード	価格（円）
4.6×100 (3本セット)	S1468	93,660
4.6×150 (3本セット)	S1467	99,750

※ロットの異なるゲルを充填　＜消費税込み＞

Kaseisorb LC ODS 2000

○細孔径：120Å　○粒子径：5μm　○炭素化率：17%

内径(mm)×長さ(mm)	製品コード	価格（円）
1.5×150	S1488	54,600
1.5×250	S1489	61,950
2.0×50	S1465	35,700
2.0×150	S1486	40,950
2.0×250	S1487	47,250
3.0×150	S1484	35,700
3.0×250	S1485	40,950
4.6×50	S1493	26,250
4.6×150	S1480	30,450
4.6×250	S1482	35,700
7.5×250	S1490	84,000
10×250	S1491	141,750
20×50	S1466	84,000
20×250	S1492	231,000

バリデーションキット※

内径(mm)×長さ(mm)	製品コード	価格（円）
4.6×150 (3本セット)	S1481	82,950
4.6×250 (3本セット)	S1483	96,600

※ロットの異なるゲルを充填　＜消費税込み＞

詳細な資料を用意しています。ご請求ください。
製品情報はホームページでもご覧いただけます。
www.tokyokasei.co.jp/chromato/

TCI　東京化成工業株式会社　クロマト事業部

TEL: 03-3927-0193
FAX: 03-3927-0226
E-mail: chromato@tokyokasei.co.jp

Wako

LC/MS用溶媒・酸・カラム

LC/MS分析に悪影響を及ぼす不純物を極限までカット

環境汚染物質の極微量分析や薬物代謝の解析などにぜひ一度お試しください！

LC/MS用溶媒

アセトニトリル・メタノール

特長①
アルミキャップを採用
キャップからの汚染の可能性を低減

特長②
LC/MS分析適合性試験を実施
m/z 50～2000のノイズレベルを保証

アセトニトリル
（従来品）
（LC/MS用）

New ぎ酸・酢酸

特長 従来品に比べ不純物ピークを大幅に抑制

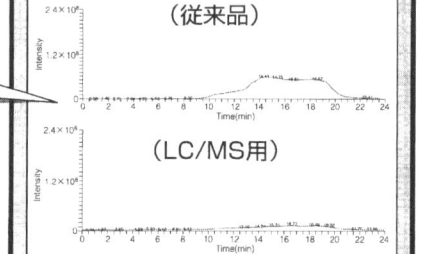

アセトニトリル	LC/MS用	012-19851	1L
		018-19853	3L
メタノール	LC/MS用	138-14521	1L
		134-14523	3L
ぎ酸	LC/MS用	067-04531	50ml
酢酸	LC/MS用	018-20061	50ml

LC/MS用カラム

Wakopak®MS-5C18GT

特長 金属（鉄）との接触を避け、非特異的吸着を抑制

カラム両端のフリットに高純度チタンを使用
カラム管内壁をガラスライニング処理

カラムサイズ充実！

Wakopak®MS-5C18GT*)
2.0mmφ× 50mm **New**
2.0mmφ×100mm **New**
2.0mmφ×150mm

*)カラム接続タイプはデュポンタイプです。

＊資料をご請求ください。

和光純薬工業株式会社

本　　社：〒540-8605　大阪市中央区道修町三丁目1番2号
東京支店：〒103-0023　東京都中央区日本橋本町四丁目5番13号
営 業 所：北海道・東北・筑波・横浜・東海・中国・九州

問い合わせ先
フリーダイヤル：0120-052-099　フリーファックス：0120-052-806
URL：http://www.wako-chem.co.jp
E-mail：labchem-tec@wako-chem.co.jp

資料編　195

LC Packings

ハイスループット化に向けたバイオキャピラリ・ナノLCシステム

先進のセパレーションテクノロジー　DIONEX

ISO 9001 REGISTERED
ダイオネクス社の製品は、ISO9001で認証を受けた工場で開発・製造されています。

- モノリスカラムの使用により、MSプロテオミクスのフロントエンド分離ツールとして高感度、高分離能、高速分離を実現
- マイクロ→キャピラリ→ナノのすべてのモードで、分離・分取が可能
- デュアルグラジエント法により、2次元の分離能と分離効率を改善し、さらにハイスループット化に最適なシステムを構築可能

マイクロフラクションコレクタ　Probot

マイクロポンプおよび検出器　UltiMate Plus
マイクロカラムスイッチング　Swiochos
マイクロオートサンプラ　Famos　（写真右より）

《特長》
- ESI/MSとの接続およびMALDIターゲットの作成に最適
- リン酸化ペプチドや全タンパク質の消化物などの試料にはイナートor/andデュアルグラジエントタイプから選択可能
- ナノフローセンサの導入により、カラム流速の信頼性向上
- f molレベルの試料をロスなく分析
- 2次元および多次元クロマトグラフィー分離システムを用い、高精度、高分離能解析
- MALDIターゲットなどへのブロッティングが容易
- ほとんどの他社製MSのソフトウェアから直接コントロール可能

システム構成	UltiMate Plus	UltiMate DG *	Swichos	Famos	Probot **	PC
多機能バイオナノLCシステム	●		●	●		●
簡易型バイオナノLCシステム	●		●			●
オンラインMALDIターゲットシステム	●		●	●	●	●
デュアルグラジエントバイオナノLCシステム		●	●	●	(●)	●

*UltiMate DGは、UltiMate Plus Dual Gradient HPLC Systemを表わします。　**Probotを除くモジュールには、それぞれイナートタイプが選択できます。

日本ダイオネクス株式会社

URL http://www.dionex.co.jp

- 本　　社　大阪市淀川区西中島6-3-14　（〒532-0011）　TEL(06)6885-1213　FAX(06)6885-1215
- 東京支社　東京都荒川区東日暮里5-17-9　（〒116-0014）　TEL(03)5850-6080　FAX(03)5850-6085
- 名古屋営業所　名古屋市中村区名駅3-16-3　（〒450-0002）　TEL(052)571-8581　FAX(052)571-8582
- 大阪営業部　大阪市淀川区西中島6-3-14　（〒532-0011）　TEL(06)6885-1335　FAX(06)6885-1215
- 九州営業所　福岡市博多区祇園町1-28　（〒812-0038）　TEL(092)271-4436　FAX(092)262-0737

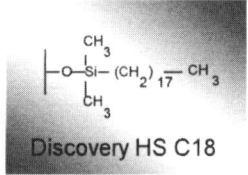

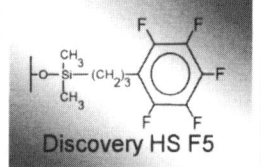

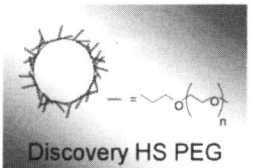

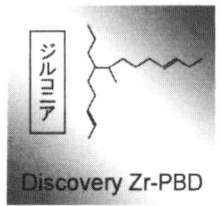

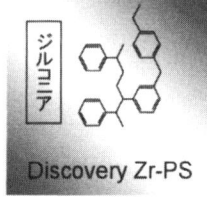

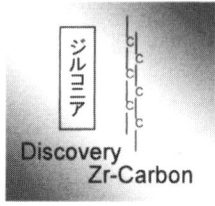

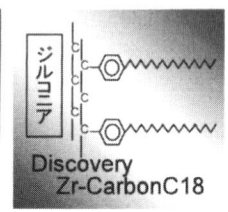

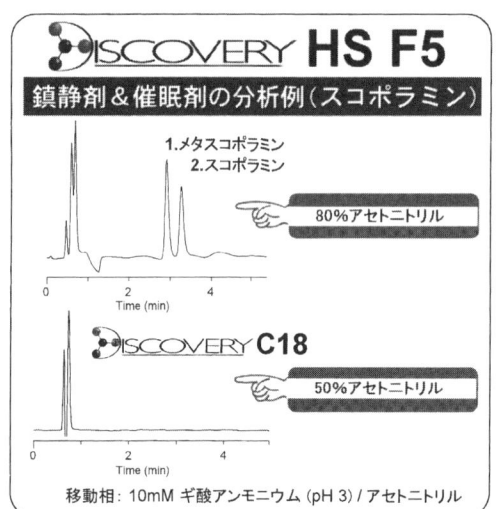

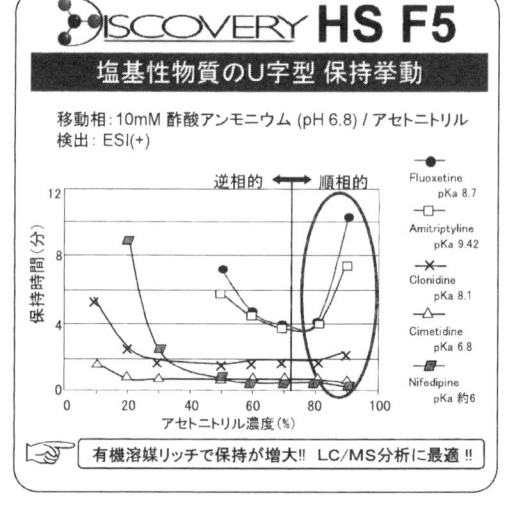

新しいクロマト解析ソフト「MAY2000」

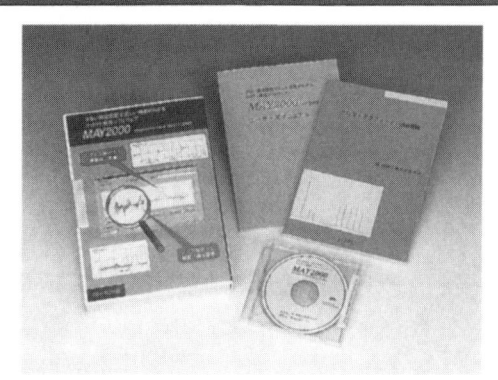

- FUMI理論を適用した新しいクロマト解析ソフト
- 1回の測定で正しい測定精度が得られる!
- くり返し測定が不要!
- バリデーションに最適!
- システム適合性試験に最適!
- もちろん定量計算も可能です!
- 任意濃度における精度を予測!
- 複数のクロマトムラムを同一条件で解析可能!
- 種々の定義による検出限界を計算!

【クロマト解析ソフトMAY2000】
Code No.57010
税込価格:207,900円(1ユーザーライセンス)

《精度管理シリーズ》

Code No.55036
【医薬品の分析法バリデーション】
著者:鹿庭なほ子　　　税込価格:5,250円
医薬品分析法における信頼性の保証について

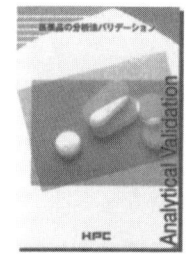

Code No.55020
【内部精度管理 ―食品衛生検査の実際―】
著者:松田りえ子　　　税込価格:8,400円
現場での理解と実施に役立つ実用書

Code No.55022
【HPLC分析の精度 ―分析の信頼性を知るために―】
著者:林　譲、松田りえ子　税込価格:9,240円
FUMI理論の基礎、応用、実践まで詳しく解説

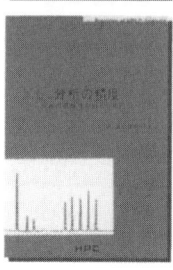

林 純薬工業株式会社　商品企画部　原田・植田
〒540-0037　大阪市中央区内平野町3-2-12　TEL.(06)6910-7290　FAX.(06)6910-7340
http://www.hpc-j.co.jp/sd/sd.html　E-mail:Kaihatu@hpc-j.co.jp

HPC

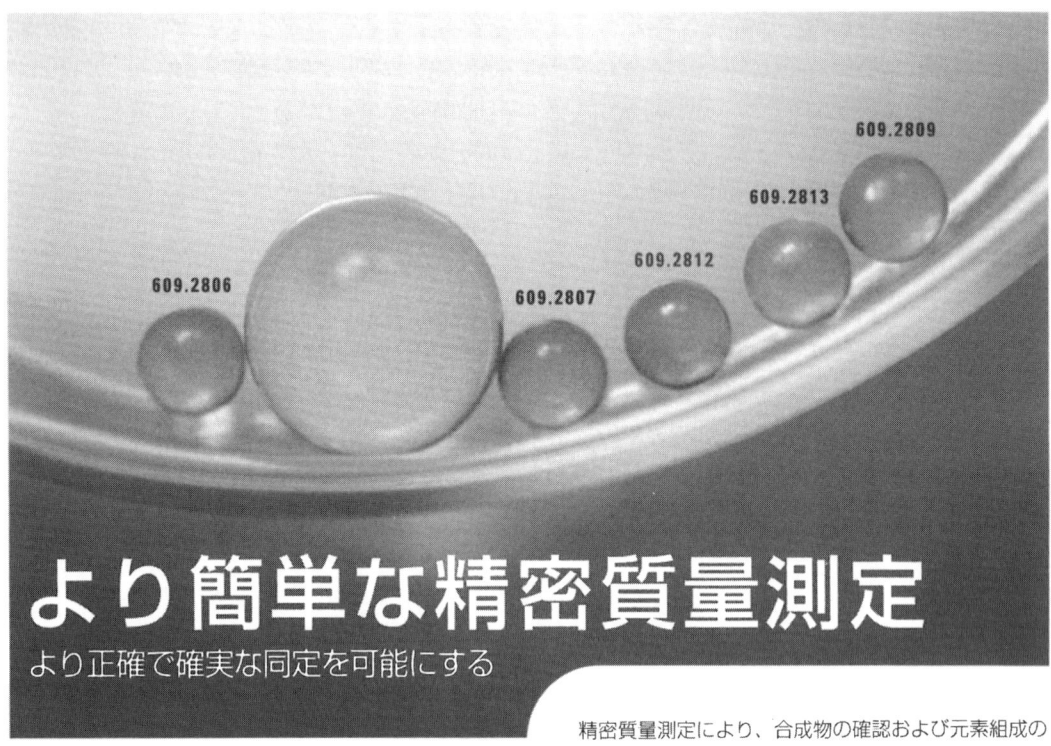

より簡単な精密質量測定
より正確で確実な同定を可能にする

Agilent LC/MSD TOF
(飛行時間型質量分析計)

- 3 ppmの質量精度
- 10,000の分解能
- 広いダイナミックレンジ
- 低ピコグラムレベルの感度

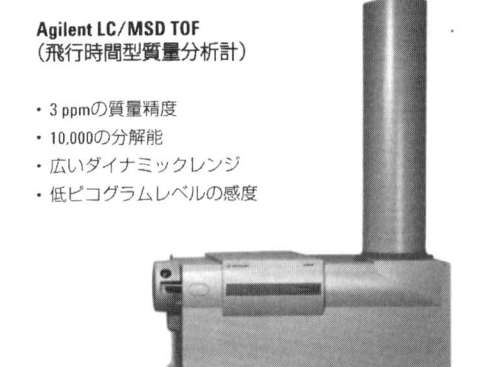

お問い合わせは： 0120-477-111
横河アナリティカルシステムズ株式会社
〒192-0033 東京都八王子市高倉町 9-1

http://www.agilent.com/chem/jp

©Agilent Technologies, Inc. 2004

精密質量測定により、合成物の確認および元素組成の決定が確実にできるようになります。AgilentのLC/MSD TOF質量分析計は、連続的で自動化されたリファレンス質量の導入により、正確な質量測定値が容易に得られます。

一回の分析で得られるスペクトルの広いダイナミックレンジは、高濃度および低濃度のサンプル成分検出を確実にし、希釈や再注入の必要性をなくします。

3 ppmの質量正確さ、10,000の分解能、低ピコグラムレベルの感度により、LC/MSD TOFは、ほとんどすべての測定に対応できる正確さ、分解能、感度を備えています。

いつも正確で確実な同定をお望みなら、ぜひAgilentにご連絡ください。

Agilent Technologies
dreams made real

横河アナリティカルシステムズ株式会社

資 料 編　199

まずこのカラムから最初のステップを始めてください
ZORBAX Eclipse XDB カラム

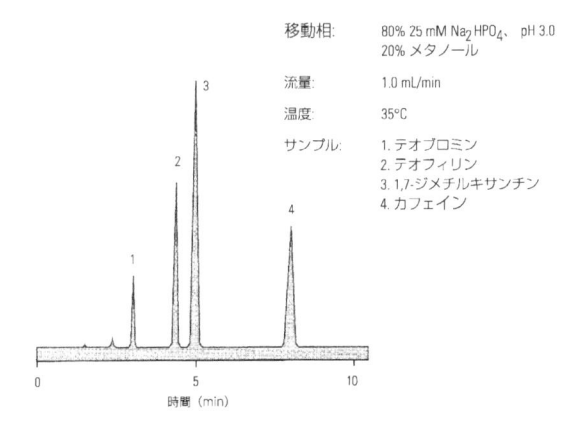

移動相：	80% 25 mM Na$_2$HPO$_4$、pH 3.0
	20% メタノール
流量：	1.0 mL/min
温度：	35°C
サンプル：	1. テオブロミン
	2. テオフィリン
	3. 1,7-ジメチルキサンチン
	4. カフェイン

低 pH（図の例）から中性 pH 領域で酸性、塩基性、
中性物質を優れたピーク形状で分離します
ZORBAX Eclipse XDB-C18、4.6×150 mm、5μm（Agilent 部品番号 993967-902）

Agilent の定評ある ZORBAX を充填した Eclipse XDB カラムは広い pH 範囲にわたって優れたピーク形状と高い分離能をお届けします。3 種類の固定相（C18、C8、フェニル）が用意されているこのカラムは新たなメソッド開発を希望されるお客様がまず最初に検討すべき優れた選択肢です。

- 酸、塩基、中性物質のすべてで優れたピーク形状を提供します
- ユニークな超高密度結合（e**X**tra-**D**ensely **B**onded）と ダブルエンドキャップ技術により非常に広い pH 範囲（2～9）で使用が可能です
- カラム間、ロット間の変動のない高信頼性の再現性に優れたクロマトグラム
- 100% シリカを基材とする粒子がシリカ-有機物ハイブリッド粒子よりも高いカラム効率を実現します
- 困難なサンプルも最初からうまく分離できることがあります
- 他のカラムを検討する必要はありません

Agilent は広範なアプリケーションと条件に対応して分離を行える多様な HPLC カラムを提供しています。これらのカラムはメソッド開発を始める際の正しい選択肢であるばかりでなく、最適化を進めるための最善の選択肢でもあります。

新しい『2004 Agilent ZORBAX HPLC カラム選択ガイド』をご請求ください。この価値あるガイドは Eclipse XDB カラムを使用してメソッド開発をスタートする方法に加えて、数多くのアプリケーションが説明されています。弊社へオンライン接続していただければ無料コピーを入手することができます。

是非弊社 Web サイトをご覧になり、無料の『カラム選択ガイド』を入手してください。
または、横河アナリティカルシステムズ(株)カストマコンタクトセンター
(0120-477-111) へ電話でご請求ください。

www.agilent.com/chem/1eclipse

Agilent Technologies
dreams made real

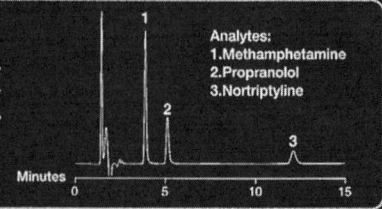

TSK-GEL からNew ODS登場

逆相分配クロマトグラフィー用充てんカラム

高極性化合物、LC/MS(/MS)分析に
TSKgel ODS-100V

グローバルスタンダード、ファーストチョイスODS
TSKgel ODS-100Z

同じベースシリカに表面特性の異なる2種類のODS ⇒ 基本特性は同じでも選択性の異なるクロマトグラムが得られます

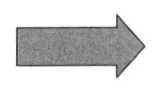

● ODS-100Vと他社アクアタイプODSの比較

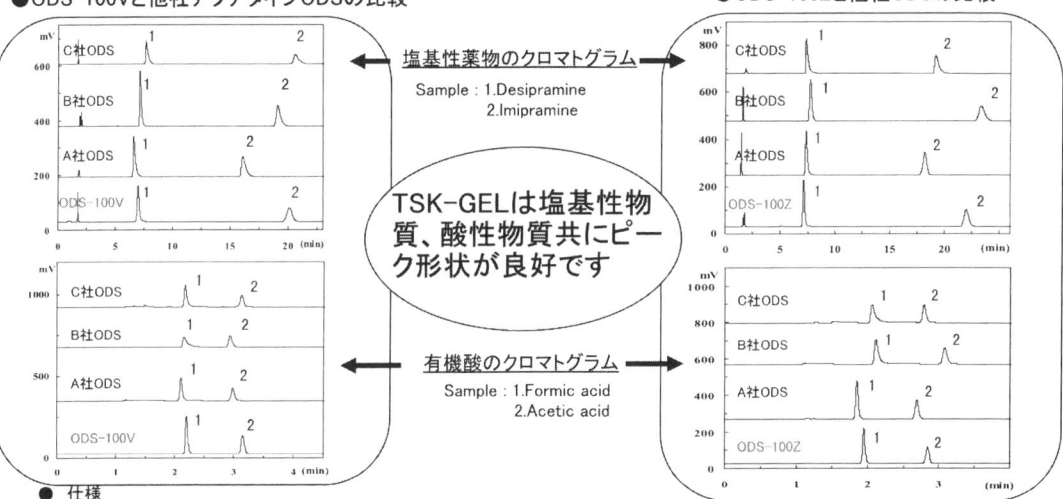

● ODS-100Zと他社ODSの比較

塩基性薬物のクロマトグラム
Sample : 1.Desipramine
2.Imipramine

TSK-GELは塩基性物質、酸性物質共にピーク形状が良好です

有機酸のクロマトグラム
Sample : 1.Formic acid
2.Acetic acid

● 仕様

分析カラム

品番	品名	カラムサイズ	価格
21455	TSKgel ODS-100V	4.6 mmI.D. x 15 cm	42,000 円
21456	TSKgel ODS-100V	4.6 mmI.D. x 25 cm	55,000 円
21461	TSKgel ODS-100Z	4.6 mmI.D. x 15 cm	42,000 円
21462	TSKgel ODS-100Z	4.6 mmI.D. x 25 cm	55,000 円

ガードカラム

品番	品名	カラムサイズ	包装	価格
21453	TSKguardcolumn ODS-100V	3.2 mmI.D. x 1.5 cm	3本入り	35,000 円
21454	TSKguardcolumn ODS-100Z	3.2 mmI.D. x 1.5 cm	3本入り	35,000 円
19018	カートリッジホルダ	—	—	45,000 円

＊ セミミクロカラム(2mmID)は近日発売予定です。
＊ 詳しくは弊社担当営業までお問合せ下さい。

デモカラム実施中！

東ソー株式会社
科学計測事業部
TOSOH

東京本社 〒105-8623 東京都港区芝3-8-2 TEL (03)5427-5180 FAX (03)5427-5220
大阪支店 TEL (06)6344-3857　名古屋支店 TEL (052)211-5730　福岡支店 TEL (092)781-0481
仙台支店 TEL (022)266-2341　山口営業所 TEL (0834)63-9888

東ソー科学計測ホームページ　http://www.tosoh.co.jp/hp_inx.htm
東ソーHLCデータベース　http://www.tosoh.co.jp/hplc/hlcdb_inx.htm
お問い合わせ E-mail　●製品全般、装置カタログに関するお問合せ　hlc@tosoh.co.jp
●カラム、分離に関するお問合せ　tskgel@tosoh.co.jp

JASCO Corporation

超臨界クロマトグラフィシステム

特徴的な物性を示す超臨界流体は、クロマトグラフィの移動相として、多くの利点を有します。高拡散性・低粘性のため物質への浸透性が高く、充填剤などの多孔性物質中での高い物質移動が期待でき、短時間で分離分析が行える高効率分離用移動相として適しています。さらに、分離条件や保持時間を変化させるパラメータとして、圧力や温度の制御による移動相流体の密度変化やモディファイヤ溶媒の種類や量が利用できます。このようなパラメータを連続的に変化させるグラジェント法も採用できることから、物性の異なる多成分を分離対象とすることができます。

また、紫外・可視検出器(UV・VIS)、多波長検出器(PDA)、円二色性検出器(CD)、赤外検出器(FTIR)、蒸発光散乱検出器(ELSD)、フレームイオン検出器(FID)、質量分析計(MS)など多くの検出器が利用でき、幅広い種類の成分の検出が行えます。

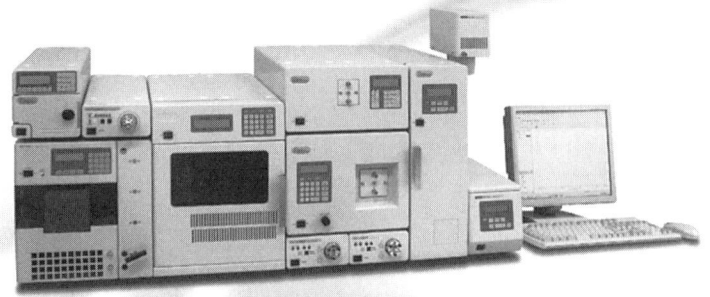

SFCによる光学異性体分離カラムを用いたキラル分離は、次のような特長があります。

- ▶ 超臨界流体クロマトグラフィは、カラム圧損が小さいため、高流量による測定が可能となり、高効率な分離が行える生産性の高い分離法です。
- ▶ 二酸化炭素を使用した場合は、安全性も高く、医薬品へ容易に利用できます。また、近年では、環境汚染という観点からも注目され、大量の有機溶媒を消費する分取HPLCの替わりに利用できると同時に、大気圧下では二酸化炭素が気体となるため、試料の後処理が簡単にできます。
- ▶ ダイセル化学工業社製の豊富な充填剤ラインアップの各種カラムを使用することにより、各種成分に対応できます。SFCと高性能カラムによる高分離、純度の高い二酸化炭素などにより、高純度な成分の分画分取が可能です。
- ▶ 本システムは、迅速な注入に対応した超臨界流体クロマトグラフィ用オートサンプラAS-2059-SF(新製品)と自動切換バルブを用いることにより、複数の種類のカラムを用いた最適分離条件の検討を行うことができます。

ハイスループットSFCによる光学異性体の迅速分離

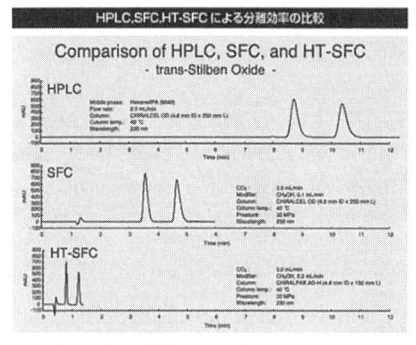

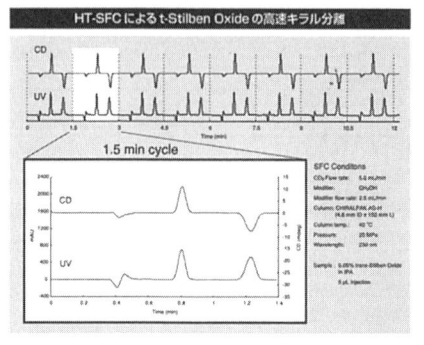

Trans-Stilben Oxideの分離データでは、SFCは、HPLCよりも2から3倍高い効率で分離が可能です。AS-2059-SFと高分離タイプカラム(CHIRALPAK AD-H、4.6mmI.D.x150mm)を利用した迅速分析では、1.5minサイクルで注入し、HPLCよりも1/10の短時間でハイスループット測定が可能です。

光と技術で未来を見つめる

日本分光株式会社

〒192-8537 東京都八王子市石川町2967-5
PHONE 0426 (46) 4111 (代表)
FAX 0426 (46) 4120 http://www.jasco.co.jp/

北海道S・C 011(741)5285
北日本S・C 03(3294)0345
筑波S・C 029(857)5721
東京S・C 03(3294)0341
西東京S・C 0426(46)7001
神奈川S・C 045(989)1711
名古屋S・C 052(452)2671
大阪S・C 06(6312)9173
広島S・C 082(238)4011
九州S・C 092(474)1215

ISO14001 ISO9001
JSAE 024 JQA-0777

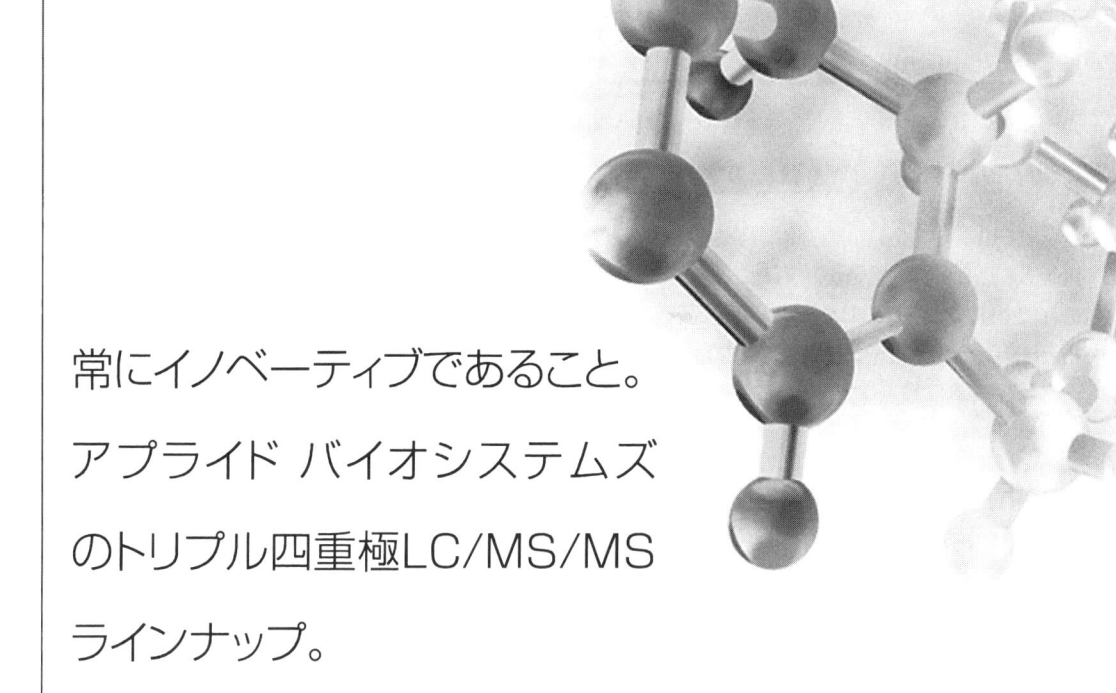

常にイノベーティブであること。
アプライド バイオシステムズ
のトリプル四重極LC/MS/MS
ラインナップ。

最高感度ハイスループット
API 4000™ LC/MS/MS システム

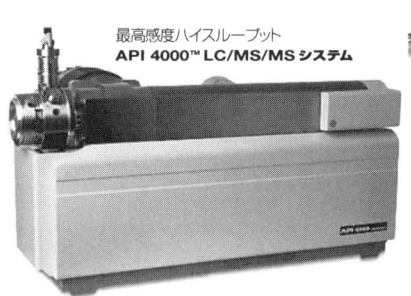

高感度と安定性。実績が示す高い信頼性。
PhotoSpray™ソースが低極性分子を高感度に
API 3000™ LC/MS/MS システム

コンパクトな高性能トリプル四重極
API 2000™ LC/MS/MS システム

その他 LC/MS(/MS) システム
- 4000 Q TRAP® LC/MS/MSシステム
- QSTAR® XL Hybrid LC/MS/MSシステム
- Q TRAP® LC/MS/MSシステム
- API 150EX™ LC/MSシステム

Applied Biosystems / MDS SCIEX

イオンソース、インターフェース、コリジョンセル、そして質量分析計。私たちはLC/MS/MSで数々のイノベーションをリードしてまいりました。
それが世界、そして日本で、トリプル四重極シェアNo.1*の理由です。
　　　　　　　　　　　　　　　　　　　　　　　　　　　　　　*F&S World Life Science Mass Spectrometry Markets 2004
もっと詳しくお知りになりたい方は：**www.appliedbiosystems.co.jp**

iScience：バイオロジカル システムの複雑な相互作用をより広く、深く理解するために、ライフサイエンティストたちは従来の研究手法に先端技術、そしてインフォマティックスを結び付ける新たな発見への革命的なアプローチを開発しています。共に歩むパートナーとしてアプライド バイオシステムズは、この新しい **Integrated Science**、"**iScience**"を可能にする革新的な製品、サービス、知的情報を提供します。

AB Applied Biosystems

アプライド バイオシステムズ ジャパン株式会社　本社：東京都中央区八丁堀4-5-4 TEL03-5566-6100

For Reserch Use only. Not for use in diagnostic procedures. Applied Biosystems and QSTAR are registered trademarks and AB(Design), Applera, API 2000, API 3000, API 4000, API 150EX, PhotoSprey, iScience are trademarks of Applera Corporation or its subsidiaries in the US and/or certain other countries. Q TRAP is a registered trademark of Applied Biosystems/MDS SCIEX, which is a joint venture between Applera Corporation and MDS Inc. ©2004 Applied Biosystems Japan Ltd. All rights reserved.

SHISEIDO HPLC カラム 新製品紹介

奇跡の低シラノール活性・高分離能・高耐久性カラム～中性条件下での塩基性化合物の分析に

CAPCELL PAK C_{18} MG II

「CAPCELL PAK C_{18} MG II : (Miracle Grade)」は、当社独自の新コーティング技術 Ultimate Polymer Coating を開発・適用したことにより、世界最高水準のシラノール基の封鎖を実現しました。これにより、これまでシリカ系ODSでは困難であった中性条件下における塩基性化合物の分析を可能としました。もちろん、分離能力にも優れるこのカプセルパック C_{18} MG II は、カラム選定時のファーストチョイスに最適なオールインワンカラムです。

なぜ中性条件で塩基性化合物？

- 試料中に酸・アルカリに対して不安定な化合物が入っている場合
- LC-MS 分析等のように、移動相組成に制限がある場合
- 移動相の条件検討に手間を掛けたくない場合
- 脱塩処理をせずに、分取したい場合

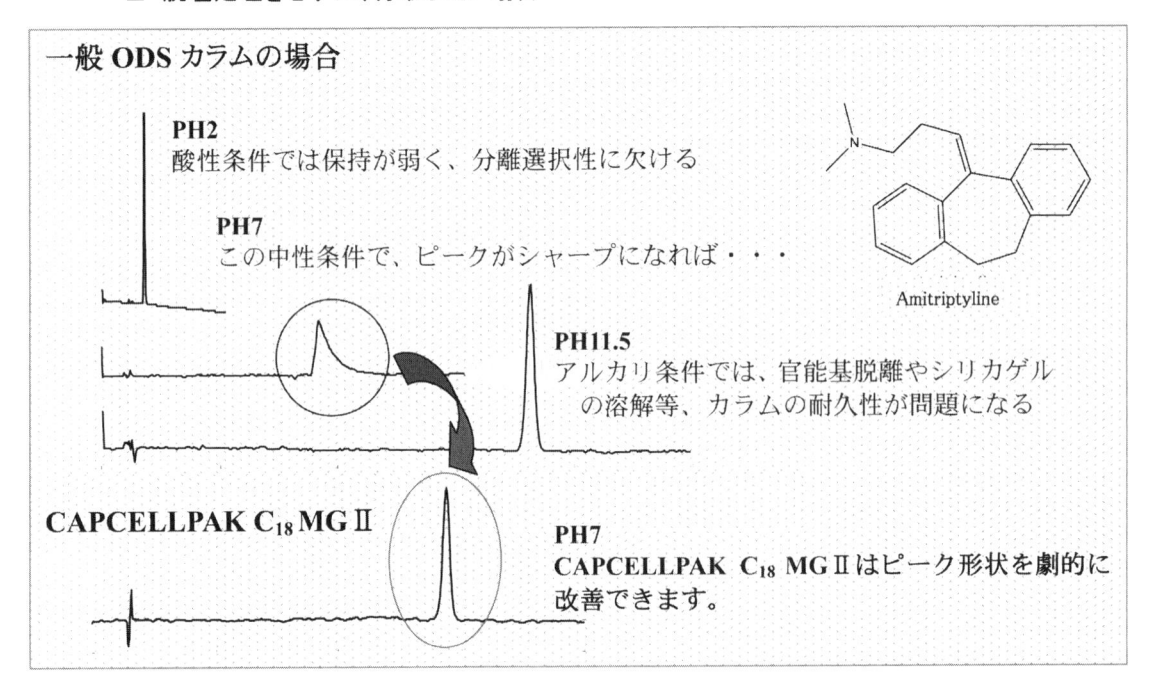

一般 ODS カラムの場合

PH2 酸性条件では保持が弱く、分離選択性に欠ける

PH7 この中性条件で、ピークがシャープになれば・・・

PH11.5 アルカリ条件では、官能基脱離やシリカゲルの溶解等、カラムの耐久性が問題になる

Amitriptyline

CAPCELLPAK C_{18} MG II

PH7 CAPCELLPAK C_{18} MG II はピーク形状を劇的に改善できます。

SHISEIDO FINE CHEMICALS

株式会社資生堂　ファインケミカル事業部　http://www.shiseido.co.jp/HPLC

- SHISEIDO RESEARCH CENTER LC アプリケーションセンター
  〒224-8558　神奈川県横浜市都筑区早渕2-2-1　技術相談 TEL.045-590-6058
- 東日本担当　〒105-8310　東京都港区東新橋1-6-2　TEL.03-6218-5945　FAX.03-6218-5979
- 西日本担当　〒601-8037　京都市南区東九条西河町12　TEL.075-671-0301　FAX.075-671-0302

索　引

あ行

アダクトイオン　177
アナログデジタル変換器　181, 182
アミド基　14
アミノ酸　134
アルカリ性移動相　156
安定化　126
安定剤　138

イオン化条件　171
イオン化阻害　179
イオンクロマトグラフィー　77
イオン対試薬　143, 144
イオン排除クロマトグラフィー　111
異性体　42
位置異性体　42
移動相消費量　25
移動相用有機溶媒　144
インターネット　87
インターフェイス　161

液相　121
エナンチオマー　51
塩基性化合物　147
エンドキャッピング　54

オフライン法　130
オリゴ糖分析　136
オンカラム検出法　84
オンライン固相抽出法　157, 128
オンライン法　133

か行

界面活性剤　165
化学形態別分析　71
化学的分解　126
化学発光検出法　74
ガードカラム　131
カートリッジタイプ　53
カーボン　30
カーボン系充填剤　31
カラム圧　53
カラム温度　45
カラムの劣化　27
カラム寿命　131
カラムスイッチング　124
カラムスイッチング法　116
カラム洗浄　27
カラム評価　145
カルバメート基　14
ガロン瓶　158
緩衝液の調製方法　150

幾何異性体　43
擬似移動床法　106
希釈　156
逆相クロマトグラフィー　5, 8, 10
逆相充填剤の細孔　11
キャピラリー電気泳動　110
キャリブレーション　173
極性基内包型固定相　14
キラル固定相　47, 49
キラル配位子交換クロマトグラフィー　49
キラル分離　40
キラルリガンド　50

グラジエント分析　148
グラジエント法　44
グラジエント溶出　155
グラジエント溶出法　13, 136

蛍光強度　60
蛍光検出器　60
検出器　79
　　——の耐圧性　80

光化学反応検出法　73
光学異性体　43, 47, 49, 51
高純度シリカ　29
構造異性体　42
高速原子衝撃イオン化法　162
酵素阻害剤　126
コスト　25
固相抽出　129
固相抽出剤　30
混合方法　150

さ 行

再現性　13, 178
細孔　11, 33
細孔径　33
細孔容積　33
最適流量　141
サチュレーションカラム　4
サプレッサー方式　78
サーモスプレー　161
産業廃棄物　158
残存シラノール　16
サンプリングピリオド　65
サンプル注入量　25
サンプルループ　108
ジアステレオマー　51

時間デジタル変換器　180, 182
質量応答性　82
質量精度　173
時定数　65
自動化装置　129
重金属　29
順相液体クロマトグラフィー　2
消光　60
死容積　54
蒸発光散乱法　135
除タンパク　124
シラノール基　18, 54
シリアルカラム接続法　116
シリカゲルカラム　4
試料負荷容量　37
シリル化剤　54
親水性相互作用クロマトグラフィー
　　　　　　　　　2, 4, 5, 6, 8, 10
親水性保持係数　8
浸透抑制型充填剤　133

水素結合　6, 47
スペシエーション　71
スムージング　97

精製度　102
精度管理　173

絶対検量線法　120
洗浄　132
双極子相互作用　6
疎水性アミノ酸　8
疎水性保持係数　8

た 行

大気圧化学イオン化　177
大気圧化学イオン化法　171
大気圧光イオン化　177
ダイナミックレンジ　181, 182
タイムコンスタント　65
炭素含有量　53

チップ　157
チャネリング　153
超臨界流体クロマトグラフィー　58, 101
超臨界流体抽出　58

定量分析　178, 180
データ処理　96
データ取込み　65
デッドボリューム　54, 109
デュアルグラジエント法　116
テーリング　14, 16, 18, 29
テーリング処理　96
電荷移動相互作用　47
添加剤　138
電気伝導度検出器　75, 77

糖類　135
突沸　127
ドナン膜平衡　111

な 行

内標準法　120
内面逆相型充填剤　133
ナノフロー　113

二次元クロマトグラフィー　116

濃縮方法　127

濃度応答性　82
ノンサプレッサー方式　78

は 行

配位子交換クロマトグラフィー　40
廃液処理方法　157
配　管　108
ハイスループット化　118
π-電子相互作用型　43
波長正確さ
　　UV/VIS 検出器の――　62
バックグラウンドスペクトル　164
パーティクルビーム　161
パラメーター　172, 174
バリデーション活動　99
バリデーション計画書　99

ピーク強度　178
ピーク検出　66
ピークデコンボリューション　95
飛行時間質量分析計　180
微小粒子径充填剤　26
ヒノキチオール　16
比表面積　33
ヒリック　2

ファンディームターの式　141
複合分離　21
不分離ピーク　95
浮遊物除去　131
フーリエ交換赤外分光光度計　58
プリカーサーイオン　177
古い試薬　144
プレカラム誘導体化法　134
プロダクトイオン　177
プロテオミクス　114
分取 LC　102, 106
分取クロマトグラフィー　101

ベースライン　96
　　――の落ち込み　168
ベースライン N 法　96
ペプチド　5, 8, 10

保管方法　158
保持時間　45
ポストカラム誘導体化法　73
ホスト-ゲスト相互作用　47
ホスト-ゲスト相互作用型　43
ホームページ（クロマトグラフィーに関する）　87

ま 行

マイクロセパレーション　113
前処理カラム　128
マニュアルベースライン補正　97

ミキサー　155
ミクロ化　82
未知試料の分子量　177
ミリマス　173

メタボノミクス　114
メンテナンス　160

毛管現象　11
網羅（的）分析　114
モノリスカラム　37

や 行

有機酸　137
誘導結合プラズマ　71
誘導体化検出法　136

溶解パラメーター　146
溶　媒　138
溶媒特性　146
溶離液　150

ら 行

ライブラリーデータベース　169

リサイクル分取　104
立体異性体　43
粒子径　26, 53
流　量　25
理論段数　38

理論段高さ　35
──と線流速　39
臨界鎖長　19
リン酸緩衝液　154,176

ルミノール法　74
レーザー励起蛍光検出器　63

ロボット　129

欧　文

APCI　161,171,177
APCI イオン源　163
APPI　177
AUFS　70
BP　161
21 CFR Part 11　92
ESI　161
FAB　162
FRIT/FAB　162
FTIR　58
GAMP 4 ガイダンス　99
HETP　35
HILIC　2,5,6,8,10
ICP　71
LC/ICP　71
LC/MS
　　140,160,164,165,168,172,173,174,176,177,178
LC/MS/MS スペクトル　169
LC/MS 溶離液　170
LC/MS 用溶媒　140
LC/NMR　70

LC/TOF-MS　180
LIF　63
$\log P$ 値　8
NIST 02　169
Rekker の疎水性フラグメント定数　8
RPLC　5,8,10
SFC　58
SFE　58
SIM　140
SRM　140
TOF/MS　180
TSCA　169
TSP　161
UV/VIS 検出器の波長正確さ　62
UV 検出器　70
UV セル　109
van Deemter　38
van't Hoff の式　45
van't Hoff のプロット　45
Z 形セル　83

液相色譜

液クロ虎の巻

誰にも聞けなかった
HPLC Q&A
High Performance Liquid Chromatography

監修■東京理科大学薬学部教授
薬学博士　中村 洋

編集■(社)日本分析化学会
液体クロマトグラフィー研究懇談会

プロ集団が書いた、オフィシャルガイド!!

液クロの現場で日々発生する素朴な疑問の数々。想定されるこれらの問題に、液クロ懇談会の精鋭メンバーが分かり易く答えております。最先端の情報をもとに編集された『液クロ虎の巻』が、さまざまな現場で活用されますことを願っております。

B5版　172頁

定価■本体価格**2,800**円＋税
ISBN4-924753-47-5　C3043

発行　筑波出版会
〒305-0821 茨城県つくば市春日2-18-8
電話■029-852-6531　FAX■029-852-4522
URL■http://www.t-press.co.jp

発売　丸善 出版事業部
〒103-8244 東京都中央区日本橋3-9-2 第2丸善ビル
電話■03-3272-0521　FAX■03-3272-0693

液クロ　虎(トラ)の巻

『液クロ 虎(トラ)の巻』あらまし Question 項目

1章　HPLC の基礎と理論

1. 理論段の考え方は？
2. 半値幅で求めた理論段数 N とピーク幅で求めた N が異なる理由は？
3. 保証された理論段数が得られない原因は？
4. 同じカラムを連結するさい，必要最低本数の求め方は？
5. t_0 またはホールドアップボリュームを測定するのに適当な溶質とは？
6. ソルベントピークとよばれるピークが現れる原因と対策は？
7. クロマトグラムピークの歪みの原因は？
8. ピークテーリングの原因と対策は？
9. クロマトグラム上に現れる負のピークの原因と対策は？
10. 内標準物質の選定方法は？
11. ベースラインが移動する，また変わる理由は？
12. 検出限界，定量限界と回収率の求め方は？
13. 測定法の評価に必要な事項は？
14. クロマトグラフィーの再現性をよくするには？
15. カラムをスケールアップするとき，最大吸着量は SV，LV のどちらに依存する？
16. 微量成分の分取のさいの注意点は？
17. 分取を行うときのカラム内径と分取可能な量は？

2章　固定相と分離モード ─ 充塡剤，カラム ─

18. 液体クロマトグラフィー充塡剤の基材の特徴と選択法は？
19. 全多孔性充塡剤の場合に，溶離液は細孔内も流れている？
20. 逆相系，ODS では分離の場はアルキル鎖全体，それとも？
21. 微小径の無孔性充塡剤の長所，短所は？
22. 逆相系で C18 と C8 が多く使われる理由は？
23. 炭素量が異なるとゲルの性質や試料の分離が変わる？
24. エンドキャッピングとは？
25. シリカゲル担体の充塡剤の方が分離機能が高いのは？
26. カラムの溶媒置換や，洗浄，保管法は？
27. ポリマー系カラムの洗浄は？
28. カラムの温度調節の必要性は？
29. アフィニティー充塡剤の特徴と取扱い上の注意点は？
30. 目的にあった HPLC の選択法とは？
31. 天然高分子ゲルの種類と分離目的は？
32. 生体成分の分離精製で，分離モードの使い分け，組合せのコツは？
33. 分離条件の最適化の方法は？

3章　移動相（溶離液）

34. 移動相には必ず HPLC 用溶媒を使わないといけない？
35. 添加剤入りの溶媒を用いるときの注意事項は？
36. 溶離液を再現性よく調製するにはどうする？
37. 溶離液の作製方法は？
38. 移動相の脱気は必要？
39. 汎用の水-メタノール系と水-アセトニトリル系の移動相の利点，欠点は？
40. 低圧グラジエントと高圧グラジエントの特徴は？
41. 移動相溶媒のつくり方，グラジエント分離条件の設定は？
42. 溶離法の特徴と応用は？
43. リニアグラジエント溶出を行う場合，設定流量の精度は？
44. 任意に連続的に変えられる濃度勾配溶出法とは？

4章　検出・定量・データ処理

45. 新しい検出系の長所，短所(限界)，開発動向は？
46. 溶離に用いる水についての具体的な基準は？
47. 短波長側で測定をするとき，どの程度の波長まで測定可能？
48. ハードウエアが原因の検出ノイズとは？
49. S/N を2倍向上させるには？
50. 間接検出法の原理は？
51. RI 検出器のベースラインを安定させるには？
52. 所定の感度が得られません！
53. 多波長検出器とは？
54. 蒸発光散乱検出器の原理と特徴は？
55. ポストカラム誘導体化法，プレカラム誘導体化法とは？
56. 重なったクロマトピークの各成分を定量するには？
57. ピーク面積法とピーク高さ法の使い分けは？
58. データの信頼性，精度などのバリデーションは？

5章　HPLC 装置

59. HPLC の設置場所の温度制御は？
60. 装置の配管を行うさいの注意点は？
61. 装置の洗浄，溶媒置換，保守は？
62. パイロジェンの除去，洗浄法は？
63. ピーク分離をよくする装置上の工夫は？
64. カラム溶離液をリサイクルする利点は，欠点は？
65. ステンレス使用の装置とメタルフリーの装置を比べると……？
66. 「流量正確さ」と「流量精密さ」，両者の違いは何？
67. ミクロ LC，キャピラリー LC の有用性と市販装置の現状は，ミクロ化は可能？
68. オートサンプラーによる注入量と注入精度は？

6章　前処理

69. 試料調製時の注意すべき点は？
70. 生体試料の取り扱い上の留意点は？
71. 固相抽出法の概要，選択方法は？
72. 試料前処理やカラムスイッチングの自動化は？
73. 血中薬物を直接注入して薬物分析が可能？
74. 試料を溶かす溶媒は，また，試料はどの移動相に溶解させるのがよい？

7章　応用

75. ピーク形状をシャープにするのには移動相に何を添加する？
76. 特定の試料のみ分離不良！
77. 溶媒だけを注入してもピークが出現！
78. TFA を添加する理由，濃度，使用上の注意点は？
79. 光学異性体分離用カラムの選択法は？
80. 数平均分子量と重量平均分子量とは？
81. 平均分子量の測定値が違ってくる！
82. 校正曲線間の相関はどうなっている？
83. サンプルがカラムへ吸着して，正確な分布が求められない！
84. 複数のカラムを連結するときの順序は？

液相色譜

液クロ 龍の巻

誰にも聞けなかった
HPLC Q&A
High Performance Liquid Chromatography

監修■東京理科大学薬学部教授
薬学博士　中村 洋

編集■(社)日本分析化学会
液体クロマトグラフィー研究懇談会

プロ集団が書いた、オフィシャルガイド!!

液クロの現場で日々発生する素朴な疑問の数々。想定されるこれらの問題に、液クロ懇談会の精鋭メンバーが分かり易く答えております。最先端の情報をもとに編集された『液クロ龍の巻』が、さまざまな現場で活用されますことを願っております。

B5版　202頁

定価■本体価格**2,850**円＋税

ISBN4-924753-48-3　C3043

発行　筑波出版会
〒305-0821 茨城県つくば市春日2-18-8
電話■029-852-6531　FAX■029-852-4522
URL■http://www.t-press.co.jp/

発売　丸善 出版事業部
〒103-8244 東京都中央区日本橋3-9-2 第2丸善ビル
電話■03-3272-0521　FAX■03-3272-0693

液クロ 龍(リュウ)の巻

『液クロ 龍(リュウ)の巻』あらまし Question 項目

1章　HPLCの基礎 ―理論と用語―
1. 移動相の流速とカラム抵抗圧との関係は？
2. 極微量の流速を得るのに用いられるスプリッターの原理は？
3. ピークの広幅化をもたらす要因は？
4. カラムの長さ，内径と注入する試料の量の関係は？
5. カラムの内径を細くすればするほど分解度が上がる？
6. カラムの平衡化の基準の判断は？
7. 分子量の差で分離する方法のよび名は？
8. 換算分子量のずれの傾向の具体例は？
9. 絶対感度，濃度感度の意味は？
10. 電気クロマトグラフィーとは？
11. pH，pK_aとはどんなもの？
12. HT分析とはどういう分析？また，条件設定のポイントは？
13. High Temperature HPLC とは？
14. 超臨界流体クロマトグラフィーと HPLC や GC との違いは何？
15. 公定法でHPLCを一般試験法として採用しているものは？
16. 3種類のバリデーションの具体的な使い分けは？
17. 固相抽出におけるuの値は？

2章　固定相と分離モード ―充塡剤，カラム―
18. 再現性よく HPLC カラムを充塡する方法は？
19. データをみるときの留意点は？
20. オープンチューブカラムが市販されていない理由は？
21. モノリスカラムとはどんなカラム？
22. 前処理や分離ではない目的で使用されるカラムとは？
23. ピーク形状の異常の原因とその対策は？
24. 気泡を抜く方法は？カラムをからにしてしまった場合は？
25. 逆相シリカゲル充塡剤の炭素含有率，比表面積，細孔径は？
26. モノメリック，ポリメリック充塡剤とは何？
27. 残存シラノールの性質は？
28. シリカ系逆相カラムの劣化はどのように起こる？
29. 保持が徐々に減少し，再現性が得られないのは？
30. C30固定相はODSと比べ，どのように異なっているか？
31. 試料負荷量の大きなODSカラムとは？
32. セミミクロカラムを使用するときの注意点は？
33. キャピラリーLC，セミミクロLCが感度的に有利である根拠は？
34. 微量試料の注入方法のメカニズムとは？
35. 試料容量を増加させて分析する方法は？
36. GPCはどこまでミクロ化が可能？

3章　移動相（溶離液）
37. カタログに表示の"高速液体クロマトグラフィー用"とは？
38. HPLCに使用する水は？
39. 混合後の容積が混合前の容積と一致しないのは？
40. 緩衝液を調製するさいにリン酸塩が頻繁に使用されるのは？
41. 再現性よく移動相を調製する方法は？
42. 移動相に，亜臨界水を用いた液体クロマトグラフィーとは？
43. カラムを平衡化させ安定した分離を行うには？
44. 逆相系でLC装置を使用後，順相系に切り換える手段は？
45. ゴーストピークを小さくするか影響を回避する方法は？
46. 移動相のみを注入したらピークが出た．原因は？
47. イオン対（ペア）試薬の種類，使用方法，注意点は？
48. イオンペアクロマトグラフィーの条件設定は？
49. イオンペアクロマトグラフィーでよく起こる問題は？
50. イオン対試薬を使用するとカラムの寿命は短くなる？
51. LC/MSやLC/NMRでもイオン対試薬を使用できる？

4章　検出・定量・データ解析
52. HPLCで使用される検出器の使い分けは？
53. UV吸収をもたない物質を分析するには？
54. 光学活性物質を選択的に検出できる検出器の種類は？
55. 検出波長を切り換えながら検出する方法は？
56. 蛍光物質の励起波長と蛍光波長の選択方法は？
57. 化学発光検出器を使用する場合，検出波長の設定は必要？
58. 測定法の開発手順は？
59. 絶対検量線法，標準添加法，内部標準法の使い分けは？

5章　HPLC装置
60. カラム本体を構成している部品の名称は？
61. 何故LCカラムに，移動相を流す方向が記載されている？
62. カラムの性能を評価する方法は？
63. カラムの接続のタイプは？
64. カラムを接続するさいの部品の名称は？
65. HPLCの配管にはどんな金属，樹脂が使われている？
66. HPLCの配管用の金属のものと合成樹脂のものとの使い分けは？
67. プレカラム，ガードカラムの使用目的，用途，また違いは？
68. メーカーごとにまちまちな圧力単位の換算法は？
69. 抵抗管や背圧管を取り付ける目的は何？
70. 分析中にシステム圧力が上昇する原因と対処方法は？
71. マニュアルインジェクターの使い方は？
72. カラム恒温槽のヒートブロックと循環式の長所・短所は？

6章　LC/MS
73. LC/MSイオン化法の原理と使い分けは？
74. LC/MSに用いられる分析計を選択するポイントは？
75. LCでMSを検出する利点と欠点は？
76. LC/MS分析に適したカラムサイズは？
77. LC/MSで使用できる溶媒は？
78. クロマトグラム上にスパイクノイズが現れる原因は？
79. LC/MSでバックグラウンドが高い理由は？
80. イオンサプレッションとは何？

7章　前処理
81. 試料や移動相の除粒子用フィルターを選ぶときの注意点は？
82. 膜を使って簡単に試料の除タンパクや濃縮ができる？
83. 測定対象物が容器等へ吸着するのを防ぐための対処方法は？
84. 固相抽出カラムでの抽出法の長所，短所は？
85. ポリマー系固相抽出カラムの特徴は？
86. 前処理後の抽出液の乾燥法の長所・短所は？
87. 固相抽出96wellプレートの長所・短所は？
88. 固相抽出の自動化とは何？
89. 超臨界抽出を分離分析測定の前処理として利用する方法は？

8章　応用
90. タンパク質をHPLCで扱う場合の一般的心得は？
91. HPLCでタンパク質を変性させずに分取するには？
92. アミノ酸のキラル分離を行うときの誘導体化試薬は？
93. 糖類の分析を行うときのカラム選択法は？
94. ダイオキシンやPCBなど有害物質はどのように処理する？
95. 光学異性体を分離するときの手法は？
96. d体の後ろに溶出するl体のピークの定量法は？
97. 光学異性体を分離しないで異性体存在比を測定する方法は？

液相色譜

液クロ 虎の巻

誰にも聞けなかった HPLC Q&A
High Performance Liquid Chromatography

監修■東京理科大学薬学部教授
薬学博士　中村 洋

編集■(社)日本分析化学会
液体クロマトグラフィー研究懇談会

プロ集団が書いた、オフィシャルガイド!!

液クロの現場で日々発生する素朴な疑問の数々。想定されるこれらの問題に、液クロ懇談会の精鋭メンバーが分かり易く答えております。最先端の情報をもとに編集された『液クロ虎の巻』が、さまざまな現場で活用されますことを願っております。

B5版　214頁
定価■本体価格**2,850**円＋税
ISBN4-924753-50-5　C3043

発行　筑波出版会
〒305-0821 茨城県つくば市春日2-18-8
電話■029-852-6531　FAX■029-852-4522
URL■http://www.t-press.co.jp/

発売　丸善 出版事業部
〒103-8244 東京都中央区日本橋3-9-2 第2丸善ビル
電話■03-3272-0521　FAX■03-3272-0693

液クロ 虎(ヒョウ)の巻

『液クロ 彪(ヒョウ)の巻』あらまし Question 項目

1章　HPLCの基礎 ――一般教養――
1. HPLCを発明した人は？
2. 液クロを短期間でマスターするためのよい方法は？
3. 液クロでわからないことが出てきたとき，相談するところ
4. 液体クロマトグラフィー研究懇談会の活動内容は？
5. LCテクノプラザとは？
6. HPLCの勉強会の参加資格や内容は？
7. 理論段数の計算法は配管と検出器セル中での広がりの度合いも含まれる？
8. 理論段数の求め方は，またその計算式は？
9. 理論段数の高いカラムは高性能カラム？
10. カラム長とピーク幅，分離能の関係は？
11. バリデーションの実施とその頻度は？
12. 2-Dクロマトグラフィーとは？どういう効果を期待？
13. 「不確かさ」とはどういうこと？
14. ベースラインが安定しないときの注意点は？
15. HPLCでピークが広がり，変形する場合の理由や対策は？
16. 検量線を引くとき誤差を大きくしないための注意点は？
17. HPLCの無人運転は問題あり，また安全対策は？
18. 室温とはどういう意味？
19. 緩衝液のpHを調整する際，温度の影響は？
20. 内標準物質とサロゲートの違いは？

2章　逆相系分離 ――固定相・充塡剤――
21. 逆相カラムの性能評価項目とその意味合いは？
22. オクタデシルシリルシリカゲル充塡剤の性能に統一された標準があるのは？
23. 反応溶媒に水分が混入した際の問題は？
24. 保持の再現性は工夫次第で得られるのでは？
25. 極性基導入型逆相型カラムの長所，短所は？
26. タンパク質の逆相分離で長いカラムが必要ないという理由は？
27. タンパク質の逆相分離で固定相の炭素鎖長さが分離に影響しない？
28. タンパク質の逆相分離で充塡剤の粒子径の違いが分離に影響しない？
29. 逆相分配モードで移動相の塩が保持に与える影響は？
30. 逆相イオン対クロマトグラフィーにおける温度管理の重要性は？

3章　非逆相系分離 ――固定相・充塡剤――
31. 高純度シリカゲルが基材として多用されるのは？
32. カラム充塡剤のリガンド密度が高ければ吸着能も高くなる？
33. モノリスカラムとは，また期待できる性能は？
34. HILICとはどんな分離モード？
35. ジルコニア基材カラムとは，またその利点は？
36. フルオロカーボン系シリカカラムの保持特性は？
37. 有機溶媒を使用して保持を調整する方法は？
38. 内面逆相カラムとはどんなもの？
39. サイズ排除クロマトグラフィーで，GPCとGFCの違い
40. 低分子リガンドをもつキラル固定相はどこのものがよい？
41. 高分子リガンドをもつキラルカラムにはどんなものがある？
42. SFCを利用した光学異性体分離は可能？
43. カラムを恒温槽で使用する場合の注意点は？

4章　移動相（溶離液）
44. HPLC用溶媒・試薬はどこの製品を選ぶ？
45. グレードの試薬を急に代用する際の留意点，必要な処理は？
46. 溶媒にアセトニトリルを使用するとカラムの理論段数が高くなる？
47. 溶媒にアセトニトリルを使用するときの健康安全上の問題は？
48. 溶媒をリサイクルする方法は？
49. 緩衝液系移動相で分析する場合の注意点は？
50. 溶離液に使用する緩衝液に，リン酸塩がよく使用されるのは？
51. 溶離液に使用する緩衝液の最適な濃度は？
52. 緩衝液を調製する際，塩の選択は？
53. 実験室内の空気中成分がクロマトグラムに影響を与える？
54. ノイズの原因の溶存酸素の効率的な除去方法は？
55. 溶媒のアースの取り方は？

5章　検　　出
56. 濃度依存型検出器と質量依存型検出器とは？
57. UV検出器で高感度検出を行うための注意点は？
58. UV検出器の検出波長を選択するときの留意点は？
59. 蛍光検出器を用いる際の留意点は？
60. 電気化学検出器のタイプと電極の種類・使用法は？
61. ELSDで使用できる溶媒範囲は？
62. ELSDの分析条件設定上の可変パラメーターとは？
63. ポストカラム法を使用する際の注意点は？

6章　HPLC分析 ――装置・試料前処理――
64. HPLCの始動時に必要な点検項目とは？
65. クロマトグラフ配管の内径は，カラム性能に影響を与える？
66. 分離膜方式とヘリウム脱気方式の脱気装置の特徴は？
67. 移動相を切り替える際にプランジャーシールは交換する？
68. オートサンプラーによって注入方法に違いが，また特徴は？
69. キャリーオーバーを少なくするオートサンプラーとは？
70. LCをLANで結ぶには？
71. オンライン固相抽出法の特長と使用法は？
72. HPLC用の除タンパク操作の具体的方法は？
73. ナノLCで分取は可能？

7章　LC/MS
74. LC/MSのインターフェイスの構造は，種類は？
75. 付加イオンとは？
76. スキャンモードとSIMモードの違いは？
77. ESIとAPCIの使い分けは？
78. ESIにおけるイオン化条件の最適化の方法は？
79. LC/MSでの最適な移動相流量は？
80. ESIで100%有機溶媒移動相では感度がでないのは？
81. ESIで多価イオンのできる理由は？
82. LC/MSで定性分析を行う際，より多くの情報を得る方法は？
83. LC/MS測定で得られたスペクトルを検索するデータベースは？
84. LC/MSで定量分析を行うときのポイントは？
85. LC/MSスペクトルから測定化合物の分子量を判定する方法は？
86. 多価イオンから分子量を計算する方法は？
87. 実試料で感度が低下するマトリックス効果とは？
88. 糖類をLC/MSで測定する方法は？
89. LC/MS測定で試料の前処理についての注意点は？
90. LC/MSでプレカラムの誘導体化法とは？
91. LC/MSに適したポストカラムの誘導体化法とは？
92. 揮発性イオンペア剤の選び方，使用上の注意点は？
93. LC/MSでTFAを使うと感度が落ちるのは？
94. 不揮発性移動相は本当に使えない？
95. MS/MSの利点と欠点は？
96. LC/MS/MSの構造と分析原理とは？

液相色譜

液クロ 武の巻

誰にも聞けなかった
HPLC Q&A
High Performance Liquid Chromatography

監修■東京理科大学薬学部教授
薬学博士　中村 洋

編集■(社)日本分析化学会
液体クロマトグラフィー研究懇談会

プロ集団が書いた、オフィシャルガイド!!

液クロの現場で日々発生する素朴な疑問の数々。想定されるこれらの問題に、液クロ懇談会の精鋭メンバーが分かり易く答えております。最先端の情報をもとに編集された『液クロ武の巻』が、さまざまな現場で活用されますことを願っております。

B5版　206頁
定価■本体価格 **2,850**円＋税
ISBN4-924753-54-8　C0043

発行　筑波出版会
〒305-0821 茨城県つくば市春日2-18-8
電話■029-852-6531　FAX■029-852-4522
URL■http://www.t-press.co.jp/

発売　丸善 出版事業部
〒103-8244 東京都中央区日本橋3-9-2 第2丸善ビル
電話■03-3272-0521　FAX■03-3272-0693

液クロ 武(ブ)の巻

『液クロ 武(ブ)の巻』あらまし Question 項目

1章 HPLCの基礎と分離

1. 生体試料中の薬物濃度分析法のバリデーションは？
2. 「液クロ虎の巻」シリーズを検索しやすいCD-ROMのような形には？
3. 理論段数や分離度，分離係数は何のために算出する？
4. クロマトグラフィー関係の用語を定義したものは？
5. どのような条件下でも t_0 を正確に測定できる試料は？
6. ゴーストピークの見分け方と，その原因・対処法は？
7. UV測定で，ネガティブピークが t_0 付近に出る原因と対策は？
8. 超高速HPLC分析を行う際の問題点とその解決方法は？
9. ベースラインが安定しない場合のよい方法は？
10. 分析事例がない物質のカラム選択と移動相の設定を行うには？
11. 分離能を改善するには？
12. グラジェント条件でのHPLC分析で，気泡が発生する原因と対策は？
13. 有機溶媒添加後の溶離液のpH調整は値が正確で再現するか？
14. 逆相系シリカベースのカラムではエンドキャップはどんな割合で導入？
15. ポリマー系カラムの利点と欠点は？
16. 分子インプリント法とは？
17. 内面イオン交換カラムとは？
18. 同じODSなのに，なぜ分離能や溶出順序が変わる？
19. 広い表面積のカラムを選択するとなぜよいか？
20. HPLC用のキャピラリーカラムにフューズドシリカが使われている訳は？
21. ミックスモード充填剤はなぜHPLCに使われていないのか？
22. 超高圧型システムの原理およびメリット，デメリットは？
23. 流速グラジェント法とは？
24. イオン抑制法とイオンペア法の違いと使い分けは？
25. 両性化合物に使うイオン対試薬は？
26. o, m, p-位置異性体分離に最適なカラムは？
27. 逆相HPLCでTHFを溶離液に加えると分離が改善するのは？
28. 極性が極端に高いサンプルから低いものまでを一斉分析するコツは？
29. 逆相固定相の分析で，移動相による固定相の濡れは必要か？
30. 逆相分離用有機溶媒-水系移動相では，有機溶媒の固定相への溶媒和の程度は？
31. 逆相HPLCで中性の移動相では，塩基性化合物がテーリングする理由は？
32. キラル分離で，不斉中心から官能基がどれほど離れると不斉認識しなくなるか？
33. シクロデキストリン充填剤のキラル分離メカニズムは？
34. キラル化合物測定による「光学純度」の算出では，ピーク面積値からの計算は？
35. 分離係数はどのくらいあれば良好にキラル分離が可能？
36. 充填カラムを用いた超臨界流体クロマトグラフィーに利用できる検出器は？
37. SFCとHPLCで，分離効率の違いはどの程度？

2章 検出・解析

38. 送液がうまくできない理由と対処法は？
39. インジェクターバルブ/オートサンプラーはμL以下の正確な注入をどう実現？
40. ハイスループット化をはかる方法は？
41. 装置が多過ぎて，電圧が不安定な場合は？
42. HPLCのマイクロチップ化の状況は？
43. マイクロ化/チップ化したHPLCの利点/欠点，技術的課題は？
44. 装置内部が汚れたときの適切な洗浄方法は？
45. グラジェント法で，移動相が設定プログラムより遅れて混ざり合う原因は？
46. 高温・高圧水を移動相とするHPLCに，用意するシステムは？
47. 充填剤粒子系2μm以下で高速分離をするHPLCシステムの注意点は？
48. ポンプからの液漏れの原因と対処法は？
49. 配管チューブの使い分けと，チューブ内径選択の重要性は？
50. キャピラリーカラムを確実に接続できるフィッティングは？
51. パルスドアンペロメトリー検出器の原理は？
52. パルスドアンペロメトリー検出器で何が測れるか？
53. 反応試薬を移動相に添加するポストカラム誘導体化法とは？
54. 蛍光検出器のセル温調の効果とは？
55. UV-VIS検出器のセル温調の効果とは？
56. 間接検出法の実例は？
57. HPLCで純度を求める際に，波長によって純度が異なるときはどうするか？

3章 試料の前処理

58. 移動相の溶媒を保管する際の注意点は？
59. HPLC用溶媒とLC/MS用溶媒の基本的な違いは？
60. 超純水製造装置を使うより，HPLC用水を購入する方が割安では？
61. 分取クロマトグラフィーのランニングコストを安くする方法は？
62. 移動相に使う引火性の有機溶媒の取扱い上の注意点は？
63. 有害性のある有機溶媒を使う際の規制は？
64. 使用済みのカラムの廃棄方法は？
65. 固相抽出カートリッジカラムの使用期限は？
66. 固相抽出用器材には分析種の非特異的吸着がないか？
67. 試料注入前に，フィルターで沪過することの是非は？
68. フィルターで除タンパクすると，未知ピークが出るのはなぜ？
69. キャピラリー用モノリスカラムで多量試料の導入ができるか？
70. 生体試料のピークがブロードになったり，テーリングするのはなぜ？
71. ペプチド類をトラップカラムに吸着させるときの最適な移動相は？
72. タンパク質の消化物を高速分析する方法は？
73. アミノ酸分析や有機酸分析に使える誘導体化試薬とは？
74. アミノ酸分析でのプレカラム誘導体化法とポストカラム誘導体化法の使い分けは？

4章 LC/MS

75. LC/MSとは？
76. LC部の汚れでLC/MSの感度が低下，どうするか？
77. LC/MS(/MS)で高いスペクトル感度が得られる分析計は？
78. LC/MS/MSで問題になるクロストークとは？
79. 高流速でLC/MS(/MS)を使う場合の注意点は？
80. LC/MSの移動相として使われる酢酸やギ酸の特徴は？
81. LC/MSのチューニングとは？
82. LC/MSのキャリブレーションとは？
83. LC/MSではなぜ分析時間の経過とともに感度が低下する？
84. LC/NMRで ^{13}C や2次元の測定ができるか？
85. LC/NMRで通常のHPLC溶媒は使えるか？
86. LC/NMRはLC/MSに比べてどんなよいところがあるか？
87. LC/MSでイオンペア試薬を使うと極端に感度が落ちる原因は？
88. 逆相カラムで保持しない成分をLC/MSで測定する方法は？
89. LC/MSの種類，長所と欠点，それぞれの利用方法とは？
90. マイクロスプリッターを使ったLC/MS分析の注意点は？
91. Nano-LC/MSでよいデータをとるための注意点は？

液クロ犬(イヌ)の巻
誰にも聞けなかった HPLC Q&A

●

発行	平成16年12月10日　初 版 発 行
	平成17年 2 月 2 日　第 2 刷発行
	平成18年 2 月 2 日　第 3 刷発行
	平成29年11月 3 日　第 4 刷発行

監修　東京理科大学 薬学部教授 中村　洋
編集　(社)日本分析化学会 液体クロマトグラフィー研究懇談会
発行人　花山　亘
発行所　株式会社 筑波出版会
　　　　〒305-0821　茨城県つくば市春日2-18-8
　　　　電 話　029-852-6531
　　　　FAX　029-852-4522
発売所　丸善出版株式会社
　　　　〒101-0051　東京都千代田区神田神保町2-17
　　　　電 話　03-3512-3256
　　　　FAX　03-3512-3270
装幀　繁田　彩
制作協力　悠朋舎
印刷・製本　(株)シナノパブリッシングプレス

●

ⓒ2004〈無断複写・転載を禁ず〉
ISBN978-4-924753-52-5 C3043
◎落丁・乱丁本は本社にてお取り替えいたします(送料小社負担)

追加情報は下記に掲載いたします
URL＝http://www.t-press.co.jp